山西省研究生优质教学资源项目(精品教材)

矩阵理论及其应用

主 编 胡红萍

副主编 梅银珍 解博丽 张亮亮 朱志峰

国防工业出版社

·北京·

内容简介

本书分为7章,主要介绍线性空间,线性变换,酉空间,特征值与Jordan标准形,向量和矩阵的范数,矩阵分析、矩阵分解、特征值的估计与广义逆矩阵.在书中加入了相应的应用实例,并给出了一定量的习题.这些习题和应用有助于读者对矩阵理论内容的理解,提高和解决实际应用问题的能力.

本书可作为理工科院校信息与通信工程、兵器科学与技术、机械工程、生物医学工程、仪器科学与技术、计算机科学与技术、软件工程、力学、仪器仪表工程、人工智能、新一代电子信息技术、轨道交通运输等专业的研究生学习用书和辅导用书,也可为相关专业和领域的教师和科研人员提供实用的参考.

图书在版编目(CIP)数据

矩阵理论及其应用 / 胡红萍主编. -- 北京 : 国防工业出版社, 2025. 8. -- ISBN 978-7-118-13833-7

Ⅰ. O151.21

中国国家版本馆CIP数据核字第2025J53Y88号

※

国防工业出版社出版发行

(北京市海淀区紫竹院南路23号　邮政编码100048)

河北文盛印刷有限公司印刷

新华书店经售

*

开本 787×1092　1/16　**印张** 13½　**字数** 252千字

2025年8月第1版第1次印刷　**印数** 1—2000册　**定价** 48.00元

国防书店:(010)88540777　书店传真:(010)88540776

发行业务:(010)88540717　发行传真:(010)88540762

前 言

矩阵理论作为高等学校理工科研究生的一门重要基础课程,不仅在控制理论、电气、力学、光学、信息科学、管理科学与工程、计算机等学科方面有着重要地位,而且随着矩阵理论的发展和完善,尤其是随着计算机科学技术的发展,也在人工智能和大数据处理等学科和很多工程领域有着广泛的应用.

本书依据工科研究生的培养目标,凝练和精简了矩阵理论的知识点,理论清晰、例题丰富、分析全面,能够激发工科读者的学习兴趣,更好地满足工科学生的实际需求.本书分7章介绍矩阵理论及应用的相关内容.第1章线性空间是以基与维数和线性子空间为例进行重点讲解,特别是生成子空间以及子空间的运算.第2章线性变换重点介绍其运算和线性变换与矩阵的对应关系.第3章酉空间重点介绍线性无关的向量组的施密特正交化、单位化,以及酉矩阵、最小二乘问题.第4章特征值与 Jordan 标准形以特征值与特征向量、对角矩阵、Jordan 标准形和哈密顿－凯莱定理的应用为重点进行讲解.第5章矩阵分析重点讲解向量和矩阵的范数、极限,矩阵微分、积分、级数和函数.第6章矩阵分解介绍了五种特殊的矩阵分解.第7章特征值的估计与广义逆矩阵讨论了矩阵的特征值的界的估计、圆盘定理的应用和广义逆矩阵求解线性方程组.矩阵理论的内容较抽象,是高等数学和线性代数相关内容的深化,对培养学生的逻辑思维能力、提高学生解决问题和分析问题的严密性和数学素养非常重要,在理工科学生和科技人员分析与解决问题中有很强的实用性.

本书是在前期薛亚奎教授和胡红萍教授的自编讲义的基础上进行编著的,共7章.第1章由梅银珍教授编写,第2章和第3章由胡红萍教授编写,第4章由朱志峰讲师编写,第5章由解博丽副教授编写,第6章和第7章由张亮亮副教授编写,胡红萍教授负责全书的审稿和校稿.

本书作为山西省研究生优质教学资源项目(精品教材),得到了中北大学研究生院和数学学院的大力支持.在编写过程中也参考和引用了同行、前辈的工作成果.在本书编写过程中,邵燕灵教授和薛亚奎教授提出了很多好的建议,研究生贺凌飞、曹瑞、李波、郭依婷、杨雅兰、张玉茹、张帆、朱鑫婵、何洋对文稿进行了认真仔细的校对. 在此向他们表示衷心的感谢.

受限于作者水平和能力,书中难免有疏漏和不当之处,恳请广大读者批评指正.

作者

2025 年 4 月

目录

第1章 线性空间

本章在线性代数的基础上介绍线性空间、线性子空间以及线性空间中向量组的线性相关性的概念,引入基与维数、交与和、同构映射分析线性空间及线性子空间的结构和不同子空间之间的关系.

1.1 线性空间

1.1.1 数域

引例 1 设 $\mathbf{N}$ 是自然数的集合,$\mathbf{Z}$ 是整数的集合,$\mathbf{Q}$ 是有理数的集合,$\mathbf{R}$ 是实数的集合,$\mathbf{C}$ 是复数的集合,则有

任意 $a,b\in\mathbf{N}$,有 $a+b\in\mathbf{N}$,$ab\in\mathbf{N}$,但 $a-b$,$\frac{a}{b}(b\neq0)$ 未必属于集合 $\mathbf{N}$.

任意 $a,b\in\mathbf{Z}$,有 $a+b\in\mathbf{Z}$,$a-b\in\mathbf{Z}$,$ab\in\mathbf{Z}$,但$\frac{a}{b}(b\neq0)$未必属于集合 $\mathbf{Z}$.

任意 $a,b\in\mathbf{Q}$,有 $a+b,a-b,ab,\frac{a}{b}(b\neq0)\in\mathbf{Q}$.

任意 $a,b\in\mathbf{R}$,有 $a+b,a-b,ab,\frac{a}{b}(b\neq0)\in\mathbf{R}$.

任意 $a,b\in\mathbf{C}$,有 $a+b,a-b,ab,\frac{a}{b}(b\neq0)\in\mathbf{C}$.

由引例 1 可知,集合 $\mathbf{Q}$,$\mathbf{R}$ 或 $\mathbf{C}$ 中任意两个数的和、差、积、商(除数不为 0)仍然在集合 $\mathbf{Q}$,$\mathbf{R}$ 或 $\mathbf{C}$ 中. 由此特性,引入如下定义.

定义 1 设 P 是由一些复数构成的集合,其中包含 0 和 1. 若 P 中任意两个数(可以相同)的和、差、积、商(除数不为 0)仍在 P 中,则称 P 为一个数域.

由定义 1 有集合 $\mathbf{Q}$,$\mathbf{R}$ 和 $\mathbf{C}$ 都是数域. 我们将数域 $\mathbf{Q}$ 称为有理数域,数域 $\mathbf{R}$ 称为实数域,数域 $\mathbf{C}$ 称为复数域.

定义 2　设 P 是一个数集,"$\circ$"是一种运算. 若任意 $a,b\in P$,$a\circ b\in P$,则称 P 对运算"$\circ$"是封闭的.

由定义 2 可知,$\mathbf{N}$ 对数的加法和乘法是封闭的,$\mathbf{Z}$ 对数的加法、减法和乘法是封闭的,而 $\mathbf{Q}$,$\mathbf{R}$ 和 $\mathbf{C}$ 对数的四则运算加法、减法、乘法和除法都是封闭的.

由定义 2 得到数域的一个等价定义.

定义 3　设 P 是由一些复数构成的集合,其中包含 0 和 1. 若 P 对数的加法、减法、乘法、除法都是封闭的,则称 P 为一个数域.

因此,判断数集 P 为数域的步骤如下:

步骤 1　$0,1\in P$;

步骤 2　任意 $a,b\in P$,都有 $a\pm b,ab,\dfrac{a}{b}(b\neq 0)\in P$.

例 1　判断集合 $\mathbf{Q}(\sqrt{2})=\{a+b\sqrt{2}\mid a,b\in\mathbf{Q}\}$ 是否构成一个数域?

解　显然,$0=0+0\sqrt{2}\in\mathbf{Q}(\sqrt{2})$,$1=1+0\sqrt{2}\in\mathbf{Q}(\sqrt{2})$.

对于任意 $a+b\sqrt{2},c+d\sqrt{2}\in\mathbf{Q}(\sqrt{2})$,其中 $a,b,c,d\in\mathbf{Q}$,都有

$$(a+b\sqrt{2})\pm(c+d\sqrt{2})=(a\pm c)+(b\pm d)\sqrt{2}\in\mathbf{Q}(\sqrt{2}),$$

$$(a+b\sqrt{2})(c+d\sqrt{2})=(ac+2bd)+(ad+bc)\sqrt{2}\in\mathbf{Q}(\sqrt{2}),$$

$$\frac{a+b\sqrt{2}}{c+d\sqrt{2}}=\frac{(a+b\sqrt{2})(c-d\sqrt{2})}{(c+d\sqrt{2})(c-d\sqrt{2})}=\frac{ac-2bd}{c^2-2d^2}+\frac{bc-ad}{c^2-2d^2}\sqrt{2}\in\mathbf{Q}(\sqrt{2}).$$

因此,集合 $\mathbf{Q}(\sqrt{2})=\{a+b\sqrt{2}\mid a,b\in\mathbf{Q}\}$ 构成一个数域.

我们还可以验证,最小的数域为有理数域 $\mathbf{Q}$,即有理数域 $\mathbf{Q}$ 是任何一个数域 P 的子集.

事实上,由 $1\in P$ 和 P 是数域有

$$1+1=2\in P,1+2=3\in P,\cdots,1+(n-1)=n\in P,\cdots.$$

由 $0\in P$ 和 P 是数域有

$$0-1=-1\in P,0-2=-2\in P,\cdots,0-n=-n\in P,\cdots.$$

从而,任何一个整数都在数域 P 中.

另外,由任何一个有理数都可以写成两个整数的商,且数域 P 对除法封闭,从而,任何一个有理数都在数域 P 中.

故有理数域 $\mathbf{Q}$ 是数域 P 的子集.

1.1.2 线性空间的定义及其性质

定义4 设 V 是一个非空集合，P 是一个数域. 若在数域 P 和 V 上定义两种运算：

1°在 V 的元素之间定义的一种代数运算，叫做加法；这就是说，给出了一个法则，对于 V 中任意两个元素 $\boldsymbol{\alpha}$ 与 $\boldsymbol{\beta}$，在 V 中都有唯一的一个元素 $\boldsymbol{\gamma}$ 与它们对应，称为 $\boldsymbol{\alpha}$ 与 $\boldsymbol{\beta}$ 的和，记作 $\boldsymbol{\gamma}=\boldsymbol{\alpha}+\boldsymbol{\beta}$.

2°在数域 P 与集合 V 的元素之间还定义了一种运算，叫做数量乘法；这就是说，对于数域 P 中任一数 k 与 V 中任一元素 $\boldsymbol{\alpha}$，在 V 中都有唯一的一个元素 $\boldsymbol{\delta}$ 与它们对应，称为 k 与 $\boldsymbol{\alpha}$ 的数量乘积，记作 $\boldsymbol{\delta}=k\boldsymbol{\alpha}$.

且加法运算满足下列四条规则：

(1)交换律：

$$\boldsymbol{\alpha}+\boldsymbol{\beta}=\boldsymbol{\beta}+\boldsymbol{\alpha};$$

(2)结合律：

$$(\boldsymbol{\alpha}+\boldsymbol{\beta})+\boldsymbol{\gamma}=\boldsymbol{\alpha}+(\boldsymbol{\beta}+\boldsymbol{\gamma});$$

(3)在 V 中存在元素 $\boldsymbol{\beta}$，使得任意 $\boldsymbol{\alpha}\in V$ 都有

$$\boldsymbol{\alpha}+\boldsymbol{\beta}=\boldsymbol{\alpha},$$

称 $\boldsymbol{\beta}$ 为 V 的零元素，记为 $\mathbf{0}$；

(4)任意 $\boldsymbol{\alpha}\in V$，都有 V 中元素 $\boldsymbol{\beta}$，使得

$$\boldsymbol{\alpha}+\boldsymbol{\beta}=\mathbf{0},$$

称 $\boldsymbol{\beta}$ 为 $\boldsymbol{\alpha}$ 的负元素，记为 $-\boldsymbol{\alpha}$.

数量乘法满足下列两条规则：

(5) $1\boldsymbol{\alpha}=\boldsymbol{\alpha}$.

(6) $(kl)\boldsymbol{\alpha}=k(l\boldsymbol{\alpha})$.

数量乘法与加法满足下列两条规则：

(7) $k(\boldsymbol{\alpha}+\boldsymbol{\beta})=k\boldsymbol{\alpha}+k\boldsymbol{\beta}$.

(8) $(k+l)\boldsymbol{\alpha}=k\boldsymbol{\alpha}+l\boldsymbol{\alpha}$.

则称 V 为数域 P 上的线性空间，也称为向量空间. 线性空间 V 中元素也称为向量.

例2 设集合

$$P^n=\{\boldsymbol{\alpha}=(a_1,a_2,\cdots,a_n)\mid a_1,a_2,\cdots,a_n\in P\},$$

$$P^{m\times n}=\{\boldsymbol{A}=(a_{ij})_{m\times n}\mid a_{ij}\in P,\quad i=1,2,\cdots m;j=1,2,\cdots,n\}.$$

在数域 P 和 P^n 上定义两种运算：

(1)加法运算：

任意 $\boldsymbol{\alpha}=(a_1,a_2,\cdots,a_n),\boldsymbol{\beta}=(b_1,b_2,\cdots,b_n)\in P^n$，$\boldsymbol{\alpha}+\boldsymbol{\beta}=(a_1+b_1,a_2+b_2,\cdots,a_n+b_n)\in P^n$；

(2)数量乘法运算：

任意 $k\in P$,任意 $\boldsymbol{\alpha}=(a_1,a_2,\cdots,a_n)\in P^n$,$k\boldsymbol{\alpha}=(ka_1,ka_2,\cdots,ka_n)\in P^n$.

在数域 P 和 $P^{m\times n}$ 上定义两种运算：

(1)加法运算：

任意 $\boldsymbol{A}=(a_{ij})_{m\times n}$,$\boldsymbol{B}=(b_{ij})_{m\times n}\in P^{m\times n}$,$\boldsymbol{A}+\boldsymbol{B}=(a_{ij}+b_{ij})_{m\times n}\in P^{m\times n}$;

(2)数量乘法运算：

任意 $k\in P$,任意 $\boldsymbol{A}=(a_{ij})_{m\times n}\in P^{m\times n}$,$k\boldsymbol{A}=(ka_{ij})_{m\times n}\in P^{m\times n}$.

可以验证 P^n 和 $P^{m\times n}$ 上定义的加法与数量乘法运算满足 8 条运算规则,由定义 4 有 P^n 和 $P^{m\times n}$ 都是数域 P 上的线性空间.

例 3 集合 $P[t]=\{a_0+a_1t+\cdots+a_mt^m\mid a_0,a_1,\cdots,a_m\in P \quad m\in\overline{\mathbf{Z}^-}\}$ 按照通常多项式的加法和数域 P 上的数与多项式的乘法构成数域 P 上的线性空间.

集合 $P[t]_n=\{a_0+a_1t+\cdots+a_{n-1}t^{n-1}\mid a_0,a_1,\cdots a_{n-1}\in P\}$ 按照通常多项式的加法和数域 P 上的数与多项式乘法构成数域 P 上的线性空间.

显然,$P[t]_n=\{0\}\cup\{a_0\mid a_0\neq 0,a\in P\}\cup\{a_0+a_1t\mid a_0,a_1\in P,a_1\neq 0\}$

$$\cup\cdots\cup\{a_0+a_1t+\cdots+a_{n-1}t^{n-1}\mid a_{n-1}\neq 0\quad a_0,a_1,\cdots,a_{n-1}\in P\}.$$

例 4 集合 $C(a,b)$ 是定义在闭区间 $[a,b]$ 上的实值连续函数构成的集合,按函数的加法和数与函数的乘法构成实数域 $\mathbf{R}$ 上的线性空间.

线性空间的一些简单性质：

性质 1 零向量是唯一的.

证明 设 $\mathbf{0}_1,\mathbf{0}_2$ 是线性空间 V 的两个零向量,则

$$\mathbf{0}_1=\mathbf{0}_1+\mathbf{0}_2=\mathbf{0}_2.$$

证毕.

性质 2 负向量是唯一的.

证明 设 $\boldsymbol{\alpha}_1,\boldsymbol{\alpha}_2$ 是线性空间 V 中向量 $\boldsymbol{\alpha}$ 的两个负向量,则

$$\boldsymbol{\alpha}+\boldsymbol{\alpha}_1=\mathbf{0},\boldsymbol{\alpha}+\boldsymbol{\alpha}_2=\mathbf{0},$$

故

$$\boldsymbol{\alpha}_1=\boldsymbol{\alpha}_1+\mathbf{0}=\boldsymbol{\alpha}_1+(\boldsymbol{\alpha}+\boldsymbol{\alpha}_2)=(\boldsymbol{\alpha}_1+\boldsymbol{\alpha})+\boldsymbol{\alpha}_2=\mathbf{0}+\boldsymbol{\alpha}_2=\boldsymbol{\alpha}_2.$$

证毕.

由负向量可定义向量的减法运算

$$\boldsymbol{\alpha}-\boldsymbol{\beta}=\boldsymbol{\alpha}+(-\boldsymbol{\beta}).$$

例 5 设集合 $V=\{x\in\mathbf{R}\mid x>0\}$. 在 V 和实数域 $\mathbf{R}$ 上分别定义加法“$\oplus$”和数乘“$\odot$”为

$$任意 x,y\in V, 任意 k\in \mathbf{R}, 有 x\oplus y=xy, k\odot x=x^k.$$

问 V 能否构成 $\mathbf{R}$ 上的线性空间?

解 显然 V 是非空的.

下面来验证定义的加法运算和数量乘法运算满足的运算规律.

(1) $x\oplus y=xy=yx=y\oplus x$.

(2) $(x\oplus y)\oplus z=(xy)\oplus z=(xy)z=x(yz)=x\oplus(yz)=x\oplus(y\oplus z)$.

(3) $x\oplus y=x$, 即 $xy=x$, 从而 $y=1$. 故 1 是 V 中的零元素.

(4) $x\oplus y=1$, 即 $xy=1$, 从而 $y=\frac{1}{x}$. 故 $\frac{1}{x}$ 是 V 中元素 x 的负元素.

(5) $1\odot x=x^1=x$.

(6) $(kl)\odot x=x^{kl}=(x^l)^k=k\odot(x^l)=k\odot(l\odot x)$.

(7) $k\odot(x\oplus y)=k\odot(xy)=(xy)^k=x^ky^k=x^k\oplus y^k=k\odot x\oplus k\odot y$.

(8) $(k+l)\odot x=x^{k+l}=x^k\cdot x^l=x^k\oplus x^l=k\odot x\oplus l\odot x$.

故由定义 4 可知, 集合 V 是 $\mathbf{R}$ 上的线性空间.

1.1.3 线性空间的基和维数

定义 5 设 V 是数域 P 上的一个线性空间, $\boldsymbol{\alpha}_1,\boldsymbol{\alpha}_2,\cdots,\boldsymbol{\alpha}_r(r\geqslant 1)$ 是 V 中的一组向量, $k_1,k_2,\cdots,k_r\in P$. 称向量 $\boldsymbol{\alpha}=k_1\boldsymbol{\alpha}_1+k_2\boldsymbol{\alpha}_2+\cdots+k_r\boldsymbol{\alpha}_r$ 为向量组 $\boldsymbol{\alpha}_1,\boldsymbol{\alpha}_2,\cdots,\boldsymbol{\alpha}_r$ 的一个线性组合, 也称向量 $\boldsymbol{\alpha}$ 可以由 $\boldsymbol{\alpha}_1,\boldsymbol{\alpha}_2,\cdots,\boldsymbol{\alpha}_r$ 线性表示.

定义 6 设 V 是数域 P 上的一个线性空间, $\boldsymbol{\alpha}_1,\boldsymbol{\alpha}_2,\cdots,\boldsymbol{\alpha}_r$ 和 $\boldsymbol{\beta}_1,\boldsymbol{\beta}_2,\cdots,\boldsymbol{\beta}_s$ 是 V 中两个向量组.

(1) 若向量组 $\boldsymbol{\alpha}_1,\boldsymbol{\alpha}_2,\cdots,\boldsymbol{\alpha}_r$ 中每个向量都可以由向量组 $\boldsymbol{\beta}_1,\boldsymbol{\beta}_2,\cdots,\boldsymbol{\beta}_s$ 线性表示, 则称向量组 $\boldsymbol{\alpha}_1,\boldsymbol{\alpha}_2,\cdots,\boldsymbol{\alpha}_r$ 可以由向量组 $\boldsymbol{\beta}_1,\boldsymbol{\beta}_2,\cdots,\boldsymbol{\beta}_s$ 线性表示.

(2) 若向量组 $\boldsymbol{\alpha}_1,\boldsymbol{\alpha}_2,\cdots,\boldsymbol{\alpha}_r$ 与向量组 $\boldsymbol{\beta}_1,\boldsymbol{\beta}_2,\cdots,\boldsymbol{\beta}_s$ 可以互相线性表示, 则称 $\boldsymbol{\alpha}_1,\boldsymbol{\alpha}_2,\cdots,\boldsymbol{\alpha}_r$ 与 $\boldsymbol{\beta}_1,\boldsymbol{\beta}_2,\cdots,\boldsymbol{\beta}_s$ 等价.

定义 7 设 V 是数域 P 上的一个线性空间, $\boldsymbol{\alpha}_1,\boldsymbol{\alpha}_2,\cdots,\boldsymbol{\alpha}_r$ 是 V 中的一个向量组. 若数域 P 中存在不全为 0 的数 $k_1,k_2,\cdots,k_r$, 使得

$$k_1\boldsymbol{\alpha}_1+k_2\boldsymbol{\alpha}_2+\cdots+k_r\boldsymbol{\alpha}_r=\mathbf{0}.$$

则称向量组 $\boldsymbol{\alpha}_1,\boldsymbol{\alpha}_2,\cdots,\boldsymbol{\alpha}_r$ 线性相关, 否则称向量组 $\boldsymbol{\alpha}_1,\boldsymbol{\alpha}_2,\cdots,\boldsymbol{\alpha}_r$ 线性无关, 即 $k_1\boldsymbol{\alpha}_1+k_2\boldsymbol{\alpha}_2+\cdots+k_r\boldsymbol{\alpha}_r=\mathbf{0}$ 当且仅当 $k_1=k_2=\cdots=k_r=0$ 时才成立.

例 6 设 $p_1(x)=1+x, p_2(x)=1-x, p_3(x)=x+x^2\in P[x]$. 证明向量组

$$p_1(x), p_2(x), p_3(x)$$

线性无关.

证明 考虑向量方程

$$k_1p_1(x)+k_2p_2(x)+k_3p_3(x)=0,$$

其中 $k_1,k_2,k_3\in P$,即

$$k_1(1+x)+k_2(1-x)+k_3(x+x^2)=0,$$

对上式整理得

$$(k_1+k_2)+(k_1-k_2+k_3)x+k_3x^2=0.$$

有

$$\begin{cases}k_1+k_2=0\\ k_1-k_2+k_3=0\\ k_3=0.\end{cases}$$

因为系数行列式

$$D=\begin{vmatrix}1&1&0\\1&-1&1\\0&0&1\end{vmatrix}=-2\neq0,$$

所以有唯一的零解 $k_1=0,k_2=0,k_3=0$,从而 $p_1(x),p_2(x),p_3(x)$线性无关.

证毕.

例 7 讨论 $P^{2\times2}$中的向量组

$$\boldsymbol{A}_1=\begin{pmatrix}a&1\\1&1\end{pmatrix},\boldsymbol{A}_2=\begin{pmatrix}1&a\\1&1\end{pmatrix},\boldsymbol{A}_3=\begin{pmatrix}1&1\\a&1\end{pmatrix},\boldsymbol{A}_4=\begin{pmatrix}1&1\\1&a\end{pmatrix}$$

的线性相关性.

解 考虑向量方程

$$k_1\boldsymbol{A}_1+k_2\boldsymbol{A}_2+k_3\boldsymbol{A}_3+k_4\boldsymbol{A}_4=\boldsymbol{O},$$

其中 $k_1,k_2,k_3,k_4\in P$,即

$$\begin{pmatrix}a_1k_1+k_2+k_3+k_4 & k_1+ak_2+k_3+k_4\\ k_1+k_2+ak_3+k_4 & k_1+k_2+k_3+ak_4\end{pmatrix}=\begin{pmatrix}0&0\\0&0\end{pmatrix},$$

由矩阵相等的定义得

$$\begin{cases}a_1k_1+k_2+k_3+k_4=0\\ k_1+ak_2+k_3+k_4=0\\ k_1+k_2+ak_3+k_4=0\\ k_1+k_2+k_3+ak_4=0.\end{cases}$$

因为系数行列式

$$D=\begin{vmatrix} a & 1 & 1 & 1\\ 1 & a & 1 & 1\\ 1 & 1 & a & 1\\ 1 & 1 & 1 & a \end{vmatrix}=(a+3)(a-1)^3,$$

所以

(1)当 $a=-3$ 或 $a=1$ 时,$D=0$,上述方程组有非零解. 故 $\boldsymbol{A}_1,\boldsymbol{A}_2,\boldsymbol{A}_3,\boldsymbol{A}_4$ 线性相关.

(2)当 $a\neq-3$ 且 $a\neq1$ 时,$D\neq0$,上述方程组只有零解. 故 $\boldsymbol{A}_1,\boldsymbol{A}_2,\boldsymbol{A}_3,\boldsymbol{A}_4$ 线性无关.

例 8 设 V 是实数域 $\mathbf{R}$ 上所有实函数构成的线性空间,讨论 V 中向量组

$$\mathrm{e}^{2t},t^2,t$$

的线性相关性.

解 考虑向量方程

$$k_1\mathrm{e}^{2t}+k_2t^2+k_3t=0,$$

其中 $k_1,k_2,k_3\in\mathbf{R}$.

两端对 t 求导,得

$$2k_1\mathrm{e}^{2t}+2k_2t+k_3=0,$$

两端对 t 求导,得

$$4k_1\mathrm{e}^{2t}+2k_2=0,$$

两端对 t 求导,得

$$8k_1\mathrm{e}^{2t}=0.$$

由 $\mathrm{e}^{2t}>0$ 有 $k_1=0$. 上述方程自下而上依次有 $k_2=0,k_3=0$. 故 e^{2t},t^2,t 线性无关.

例 9 在实函数空间中,讨论向量组 $1,\cos(2t),\cos^2t$ 的线性相关性.

解 由 $\cos^2t-\dfrac{1+\cos(2t)}{2}=0$ 有 $1,\cos(2t),\cos^2t$ 线性相关.

例 10 在线性空间 $P[t]$ 中讨论向量组 $1,t,t^2,\cdots,t^{n-1}$ 的线性相关性.

解 由向量方程 $k_01+k_1t+k_2t^2+\cdots+k_{n-1}t^{n-1}=0$ 和线性空间 $P[t]$ 中零多项式的定义有 $k_0=0,k_1=0,k_2=0,\cdots,k_{n-1}=0$,从而向量组 $1,t,t^2,\cdots,t^{n-1}$ 线性无关.

下面介绍几个常用结论.

(1)单个向量 $\boldsymbol{\alpha}$ 是线性相关的充分必要条件是 $\boldsymbol{\alpha}=\mathbf{0}$;单个向量 $\boldsymbol{\alpha}$ 是线性无关的充分必要条件是 $\boldsymbol{\alpha}\neq\mathbf{0}$.

(2)两个以上的向量 $\boldsymbol{\alpha}_1,\boldsymbol{\alpha}_2,\cdots,\boldsymbol{\alpha}_r$ 线性相关的充分必要条件是其中有一个向量是其余向量的线性组合;两个以上的向量 $\boldsymbol{\alpha}_1,\boldsymbol{\alpha}_2,\cdots,\boldsymbol{\alpha}_r$ 线性无关的充分必要条件是其中任何一个向量都不是其余向量的线性组合.

(3)设 $\boldsymbol{\alpha}_1,\boldsymbol{\alpha}_2,\cdots,\boldsymbol{\alpha}_r$ 和 $\boldsymbol{\beta}_1,\boldsymbol{\beta}_2,\cdots,\boldsymbol{\beta}_s$ 是数域 P 上线性空间 V 的两个向量组.

①若 $\boldsymbol{\alpha}_1,\boldsymbol{\alpha}_2,\cdots,\alpha_r$ 可以由 $\boldsymbol{\beta}_1,\boldsymbol{\beta}_2,\cdots,\boldsymbol{\beta}_s$ 线性表示，且 $r>s$，则 $\boldsymbol{\alpha}_1,\boldsymbol{\alpha}_2,\cdots,\boldsymbol{\alpha}_r$ 线性相关.

②若 $\boldsymbol{\alpha}_1,\boldsymbol{\alpha}_2,\cdots,\alpha_r$ 可以由 $\boldsymbol{\beta}_1,\boldsymbol{\beta}_2\cdots,\boldsymbol{\beta}_s$ 线性表示，且 $\boldsymbol{\alpha}_1,\boldsymbol{\alpha}_2,\cdots,\boldsymbol{\alpha}_r$ 线性无关，则 $r\leqslant s$.

③若 $\boldsymbol{\alpha}_1,\boldsymbol{\alpha}_2,\cdots,\boldsymbol{\alpha}_r$ 与 $\boldsymbol{\beta}_1,\boldsymbol{\beta}_2,\cdots,\boldsymbol{\beta}_s$ 等价，且 $\boldsymbol{\alpha}_1,\boldsymbol{\alpha}_2,\cdots,\boldsymbol{\alpha}_r$ 与 $\boldsymbol{\beta}_1,\boldsymbol{\beta}_2,\cdots,\boldsymbol{\beta}_s$ 都线性无关，则 $r=s$.

(4)若向量组 $\boldsymbol{\alpha}_1,\boldsymbol{\alpha}_2,\cdots,\boldsymbol{\alpha}_r$ 线性无关，但向量组 $\boldsymbol{\alpha}_1,\boldsymbol{\alpha}_2,\cdots,\boldsymbol{\alpha}_r,\boldsymbol{\beta}$ 线性相关，则 $\boldsymbol{\beta}$ 可以由 $\boldsymbol{\alpha}_1,\boldsymbol{\alpha}_2,\cdots,\boldsymbol{\alpha}_r$ 线性表示，且表示法是唯一的.

下面进一步讨论线性空间的结构.

定义 8 设 V 是数域 P 上的线性空间. 若 V 中有 n 个线性无关的向量，但不存在多于 n 个线性无关的向量，则称这 n 个线性无关的向量为 V 的一组基，称 n 为线性空间 V 的维数，记作 $\dim V=n$.

例 11 线性空间 P^n 中向量组

$$\boldsymbol{e}_1=(1,0,\cdots,0),\boldsymbol{e}_2=(0,1,\cdots,0),\cdots,\boldsymbol{e}_n=(0,0,\cdots,1)$$

线性无关，且 P^n 中任意 $s(s>n)$ 个向量 $\boldsymbol{\alpha}_1,\boldsymbol{\alpha}_2,\cdots,\boldsymbol{\alpha}_n,\boldsymbol{\alpha}_{n+1},\cdots,\boldsymbol{\alpha}_s$ 线性相关，则由定义 8 有 $\dim P^n=n$，且 $\boldsymbol{e}_1,\boldsymbol{e}_2,\cdots,\boldsymbol{e}_n$ 是 P^n 的一组基.

定理 1 设 V 是数域 P 上的线性空间，且 $\boldsymbol{\alpha}_1,\boldsymbol{\alpha}_2,\cdots,\boldsymbol{\alpha}_r\in V$. 若 $\boldsymbol{\alpha}_1,\boldsymbol{\alpha}_2,\cdots,\boldsymbol{\alpha}_r$ 满足下列两个条件：

(1) $\boldsymbol{\alpha}_1,\boldsymbol{\alpha}_2,\cdots,\boldsymbol{\alpha}_r$ 线性无关；

(2)任意 $\boldsymbol{\alpha}\in V$，$\boldsymbol{\alpha}$ 可以由 $\boldsymbol{\alpha}_1,\boldsymbol{\alpha}_2,\cdots,\boldsymbol{\alpha}_r$ 线性表示.

则 V 是 r 维线性空间，且 $\boldsymbol{\alpha}_1,\boldsymbol{\alpha}_2,\cdots,\boldsymbol{\alpha}_r$ 是 V 的一组基.

证明 设 $\boldsymbol{\beta}_1,\boldsymbol{\beta}_2,\cdots,\boldsymbol{\beta}_r,\boldsymbol{\beta}_{r+1},\cdots,\boldsymbol{\beta}_s$ 是 V 中任意 $s(s>r)$ 个向量，则由条件(2)有 $\boldsymbol{\beta}_1,\boldsymbol{\beta}_2,\cdots,\boldsymbol{\beta}_r,\boldsymbol{\beta}_{r+1},\cdots,\boldsymbol{\beta}_s$ 可以由 $\boldsymbol{\alpha}_1,\boldsymbol{\alpha}_2,\cdots,\boldsymbol{\alpha}_r$ 线性表示.

又 $s>r$，故

$$\boldsymbol{\beta}_1,\boldsymbol{\beta}_2,\cdots,\boldsymbol{\beta}_r,\boldsymbol{\beta}_{r+1},\cdots,\boldsymbol{\beta}_s$$

线性相关. 因此，结合条件(1)和定义 8 有，V 是 r 维线性空间，且 $\boldsymbol{\alpha}_1,\boldsymbol{\alpha}_2,\cdots,\boldsymbol{\alpha}_r$ 是 V 的一组基.

证毕.

例 12 求数域 P 上的线性空间 $P^{m\times n}$ 和 $P[t]_n$ 的一组基与维数.

解 (1)设 $\boldsymbol{E}_{ij}(i=1,2,\cdots,m;j=1,2,\cdots,n)\in P^{m\times n}$ 是第 i 行第 j 列元素为 1，其余元素全为 0 的 $m\times n$ 矩阵，可以验证 $\boldsymbol{E}_{ij}(i=1,2,\cdots,m;j=1,2,\cdots,n)$ 线性无关.

因为任意 $\boldsymbol{A}\in P^{m\times n}$，有

$$A = \sum_{i=1}^{m}\sum_{j=1}^{n} a_{ij}\boldsymbol{E}_{ij},$$

知 $\boldsymbol{A}$ 可以由 $\boldsymbol{E}_{ij}(i=1,2,\cdots,m;j=1,2,\cdots,n)$ 线性表示.

故由定理 1 知 $\dim P^{m\times n}=mn$, 且 $\boldsymbol{E}_{ij}(i=1,2,\cdots,m;j=1,2,\cdots,n)$ 是 $P^{m\times n}$ 的一组基.

(2) 显然, $1,t,\cdots,t^{n-1}\in P[t]_n$ 线性无关, 且任意 $f(t)=a_0+a_1t+\cdots+a_{n-1}t^{n-1}\in P[t]_n$ 有 $f(t)$ 可以由 $1,t,\cdots,t^{n-1}$ 线性表示, 则由定理 1 有 $\dim P[t]_n=n$, $1,t,\cdots,t^{n-1}$ 是 $P[t]_n$ 的一组基.

定义 9　设 V 是数域 P 上 n 维线性空间, $\boldsymbol{\varepsilon}_1,\boldsymbol{\varepsilon}_2,\cdots,\boldsymbol{\varepsilon}_n$ 是 V 的一组基, $\boldsymbol{\alpha}\in V$. 则 $\boldsymbol{\varepsilon}_1,\boldsymbol{\varepsilon}_2,\cdots,\boldsymbol{\varepsilon}_n,\boldsymbol{\alpha}$ 线性相关, 于是 $\boldsymbol{\alpha}$ 可以由 $\boldsymbol{\varepsilon}_1,\boldsymbol{\varepsilon}_2,\cdots,\boldsymbol{\varepsilon}_n$ 线性表示, 即

$$\boldsymbol{\alpha}=a_1\boldsymbol{\varepsilon}_1+a_2\boldsymbol{\varepsilon}_2+\cdots+a_n\boldsymbol{\varepsilon}_n,$$

其中, $a_1,a_2,\cdots,a_n\in P$ 是被 $\boldsymbol{\varepsilon}_1,\boldsymbol{\varepsilon}_2,\cdots,\boldsymbol{\varepsilon}_n$ 和 $\boldsymbol{\alpha}$ 唯一确定的. 则称 $a_1,a_2,\cdots,a_n$ 为 $\boldsymbol{\alpha}$ 在基 $\boldsymbol{\varepsilon}_1,\boldsymbol{\varepsilon}_2,\cdots,\boldsymbol{\varepsilon}_n$ 下的坐标, 记作 $(a_1,a_2,\cdots,a_n)$ 或 $(a_1,a_2,\cdots,a_n)^{\mathrm{T}}$.

定义 9 中 $\boldsymbol{\alpha}=a_1\boldsymbol{\varepsilon}_1+a_2\boldsymbol{\varepsilon}_2+\cdots+a_n\boldsymbol{\varepsilon}_n$ 的形式表达式为

$$\boldsymbol{\alpha}=(\boldsymbol{\varepsilon}_1,\boldsymbol{\varepsilon}_2,\cdots,\boldsymbol{\varepsilon}_n)\begin{pmatrix}a_1\\a_2\\\vdots\\a_3\end{pmatrix}.$$

例 13　已知线性空间 $P^{2\times 2}$ 中的一组基为

$$\boldsymbol{A}_1=\begin{pmatrix}1&1\\1&1\end{pmatrix},\boldsymbol{A}_2=\begin{pmatrix}1&1\\1&0\end{pmatrix},\boldsymbol{A}_3=\begin{pmatrix}1&1\\0&1\end{pmatrix},\boldsymbol{A}_4=\begin{pmatrix}1&0\\1&1\end{pmatrix},$$

求向量 $\boldsymbol{B}=\begin{pmatrix}1&2\\1&0\end{pmatrix}$ 在基 $\boldsymbol{A}_1,\boldsymbol{A}_2,\boldsymbol{A}_3,\boldsymbol{A}_4$ 下的坐标.

解　考虑向量方程

$$\boldsymbol{B}=x_1\boldsymbol{A}_1+x_2\boldsymbol{A}_2+x_3\boldsymbol{A}_3+x_4\boldsymbol{A}_4,$$

其中, $x_1,x_2,x_3,x_4\in P$, 即

$$\begin{cases}x_1+x_2+x_3+x_4=1\\x_1+x_2+x_3\qquad=2\\x_1+x_2\qquad+x_4=1\\x_1+\qquad x_3+x_4=0.\end{cases}$$

由克拉默法则求得唯一解 $x_4=-1,x_3=0,x_2=1,x_1=1$. 从而 $\boldsymbol{B}$ 在 $\boldsymbol{A}_1,\boldsymbol{A}_2,\boldsymbol{A}_3,\boldsymbol{A}_4$ 下的坐标为 $(1,1,0,-1)^{\mathrm{T}}$.

1.1.4 基变换与坐标变换

设 V 是数域 P 上的 n 维线性空间，$\boldsymbol{\varepsilon}_1,\boldsymbol{\varepsilon}_2,\cdots,\boldsymbol{\varepsilon}_n$ 和 $\boldsymbol{\eta}_1,\boldsymbol{\eta}_2,\cdots,\boldsymbol{\eta}_n$ 是 V 的两组基. 这两组基之间的关系

$$\begin{cases}\boldsymbol{\eta}_1=a_{11}\boldsymbol{\varepsilon}_1+a_{21}\boldsymbol{\varepsilon}_2+\cdots+a_{n1}\boldsymbol{\varepsilon}_n\\ \boldsymbol{\eta}_2=a_{12}\boldsymbol{\varepsilon}_1+a_{22}\boldsymbol{\varepsilon}_2+\cdots+a_{n2}\boldsymbol{\varepsilon}_n\\ \qquad\vdots\\ \boldsymbol{\eta}_n=a_{1n}\boldsymbol{\varepsilon}_1+a_{2n}\boldsymbol{\varepsilon}_2+\cdots+a_{nn}\boldsymbol{\varepsilon}_n.\end{cases}$$

称为由基 $\boldsymbol{\varepsilon}_1,\boldsymbol{\varepsilon}_2,\cdots,\boldsymbol{\varepsilon}_n$ 到基 $\boldsymbol{\eta}_1,\boldsymbol{\eta}_2,\cdots,\boldsymbol{\eta}_n$ 的基变换. 该基变换的矩阵形式如下

$$(\boldsymbol{\eta}_1,\boldsymbol{\eta}_2,\cdots,\boldsymbol{\eta}_n)=(\boldsymbol{\varepsilon}_1,\boldsymbol{\varepsilon}_2,\cdots,\boldsymbol{\varepsilon}_n)\begin{pmatrix}a_{11}&a_{12}&\cdots&a_{1n}\\a_{21}&a_{22}&\cdots&a_{2n}\\\vdots&\vdots&\ddots&\vdots\\a_{n1}&a_{n2}&\cdots&a_{nn}\end{pmatrix}.$$

记

$$\boldsymbol{A}=\begin{pmatrix}a_{11}&a_{12}&\cdots&a_{1n}\\a_{21}&a_{22}&\cdots&a_{2n}\\\vdots&\vdots&\ddots&\vdots\\a_{n1}&a_{n2}&\cdots&a_{nn}\end{pmatrix}$$

则基 $\boldsymbol{\varepsilon}_1,\boldsymbol{\varepsilon}_2,\cdots,\boldsymbol{\varepsilon}_n$ 到基 $\boldsymbol{\eta}_1,\boldsymbol{\eta}_2,\cdots,\boldsymbol{\eta}_n$ 的基变换的矩阵形式为

$$(\boldsymbol{\eta}_1,\boldsymbol{\eta}_2,\cdots,\boldsymbol{\eta}_n)=(\boldsymbol{\varepsilon}_1,\boldsymbol{\varepsilon}_2,\cdots,\boldsymbol{\varepsilon}_n)\boldsymbol{A}.$$

$\boldsymbol{A}$ 称为由基 $\boldsymbol{\varepsilon}_1,\boldsymbol{\varepsilon}_2,\cdots,\boldsymbol{\varepsilon}_n$ 到基 $\boldsymbol{\eta}_1,\boldsymbol{\eta}_2,\cdots,\boldsymbol{\eta}_n$ 的过渡矩阵.

定理 2 过渡矩阵是可逆的.

证明 设 $\boldsymbol{A}$ 为由基 $\boldsymbol{\varepsilon}_1,\boldsymbol{\varepsilon}_2,\cdots,\boldsymbol{\varepsilon}_n$ 到基 $\boldsymbol{\eta}_1,\boldsymbol{\eta}_2,\cdots,\boldsymbol{\eta}_n$ 的过渡矩阵，即

$$(\boldsymbol{\eta}_1,\boldsymbol{\eta}_2,\cdots,\boldsymbol{\eta}_n)=(\boldsymbol{\varepsilon}_1,\boldsymbol{\varepsilon}_2,\cdots,\boldsymbol{\varepsilon}_n)\boldsymbol{A}.$$

若 $\boldsymbol{A}$ 不可逆，则 $\boldsymbol{Ax}=\boldsymbol{0}$ 有非零解 $(k_1,k_2,\cdots,k_n)^{\mathrm{T}}$. 因此

$$k_1\boldsymbol{\eta}_1+k_2\boldsymbol{\eta}_2+\cdots+k_n\boldsymbol{\eta}_n=(\boldsymbol{\eta}_1,\boldsymbol{\eta}_2,\cdots,\boldsymbol{\eta}_n)\begin{pmatrix}k_1\\k_2\\\vdots\\k_n\end{pmatrix}$$

$$=(\boldsymbol{\varepsilon}_1,\boldsymbol{\varepsilon}_2,\cdots,\boldsymbol{\varepsilon}_n)\boldsymbol{A}\begin{pmatrix}k_1\\k_2\\\vdots\\k_n\end{pmatrix}=\boldsymbol{0},$$

从而$\boldsymbol{\eta}_1,\boldsymbol{\eta}_2,\cdots,\boldsymbol{\eta}_n$线性相关,矛盾.故过渡矩阵$\boldsymbol{A}$是可逆的.

证毕.

定理3　设$\boldsymbol{\alpha}\in V$,且$\boldsymbol{\alpha}$在基$\boldsymbol{\varepsilon}_1,\boldsymbol{\varepsilon}_2,\cdots,\boldsymbol{\varepsilon}_n$下的坐标为$(x_1,x_2,\cdots,x_n)^{\mathrm{T}}$,在基$\boldsymbol{\eta}_1,\boldsymbol{\eta}_2,\cdots,\boldsymbol{\eta}_n$下的坐标为$(y_1,y_2,\cdots,y_n)^{\mathrm{T}}$.若由基$\boldsymbol{\varepsilon}_1,\boldsymbol{\varepsilon}_2,\cdots,\boldsymbol{\varepsilon}_n$到$\boldsymbol{\eta}_1,\boldsymbol{\eta}_2,\cdots,\boldsymbol{\eta}_n$的过渡矩阵为$\boldsymbol{A}$,则有

$$\begin{pmatrix}x_1\\x_2\\\vdots\\x_n\end{pmatrix}=\boldsymbol{A}\begin{pmatrix}y_1\\y_2\\\vdots\\y_n\end{pmatrix}\quad\text{或}\quad\begin{pmatrix}y_1\\y_2\\\vdots\\y_n\end{pmatrix}=\boldsymbol{A}^{-1}\begin{pmatrix}x_1\\x_2\\\vdots\\x_n\end{pmatrix}.$$

证明　由已知有

$$\boldsymbol{\alpha}=(\boldsymbol{\varepsilon}_1,\boldsymbol{\varepsilon}_2,\cdots,\boldsymbol{\varepsilon}_n)\begin{pmatrix}x_1\\x_2\\\vdots\\x_n\end{pmatrix}=(\boldsymbol{\eta}_1,\boldsymbol{\eta}_2,\cdots,\boldsymbol{\eta}_n)\begin{pmatrix}y_1\\y_2\\\vdots\\y_4\end{pmatrix},$$

$$(\boldsymbol{\eta}_1,\boldsymbol{\eta}_2,\cdots,\boldsymbol{\eta}_n)=(\boldsymbol{\varepsilon}_1,\boldsymbol{\varepsilon}_2,\cdots,\boldsymbol{\varepsilon}_n)\boldsymbol{A},$$

则

$$\boldsymbol{\alpha}=(\boldsymbol{\varepsilon}_1,\boldsymbol{\varepsilon}_2,\cdots,\boldsymbol{\varepsilon}_n)\begin{pmatrix}x_1\\x_2\\\vdots\\x_n\end{pmatrix}=(\boldsymbol{\varepsilon}_1,\boldsymbol{\varepsilon}_2,\cdots,\boldsymbol{\varepsilon}_n)\boldsymbol{A}\begin{pmatrix}y_1\\y_2\\\vdots\\y_n\end{pmatrix},$$

故

$$\begin{pmatrix}x_1\\x_2\\\vdots\\x_n\end{pmatrix}=\boldsymbol{A}\begin{pmatrix}y_1\\y_2\\\vdots\\y_n\end{pmatrix}\text{或}\begin{pmatrix}y_1\\y_2\\\vdots\\y_n\end{pmatrix}=\boldsymbol{A}^{-1}\begin{pmatrix}x_1\\x_2\\\vdots\\x_n\end{pmatrix}.$$

证毕.

例 14 设

$$\boldsymbol{\alpha}_1=(1,0,0),\boldsymbol{\alpha}_2=(1,1,0),\boldsymbol{\alpha}_3=(1,1,1);$$
$$\boldsymbol{\beta}_1=(0,1,0),\boldsymbol{\beta}_2=(0,1,1),\boldsymbol{\beta}_3=(1,0,0)$$

是线性空间 P^3 的两组基. 易验证

$$\begin{cases}\boldsymbol{\beta}_1=-\boldsymbol{\alpha}_1+\boldsymbol{\alpha}_2+0\boldsymbol{\alpha}_3\\ \boldsymbol{\beta}_2=-\boldsymbol{\alpha}_1+0\boldsymbol{\alpha}_2+\boldsymbol{\alpha}_3\\ \boldsymbol{\beta}_3=\boldsymbol{\alpha}_1+0\boldsymbol{\alpha}_2+0\boldsymbol{\alpha}_3.\end{cases}$$

则由基 $\boldsymbol{\alpha}_1,\boldsymbol{\alpha}_2,\boldsymbol{\alpha}_3$ 到基 $\boldsymbol{\beta}_1,\boldsymbol{\beta}_2,\boldsymbol{\beta}_3$ 的过渡矩阵为

$$\boldsymbol{A}=\begin{pmatrix}-1&-1&1\\1&0&0\\0&1&0\end{pmatrix}.$$

又向量 $\boldsymbol{\alpha}=(1,2,0)$ 在基 $\boldsymbol{\alpha}_1,\boldsymbol{\alpha}_2,\boldsymbol{\alpha}_3$ 下的坐标为 $(-1,2,0)$，在基 $\boldsymbol{\beta}_1,\boldsymbol{\beta}_2,\boldsymbol{\beta}_3$ 下的坐标为 $(2,0,1)$，则

$$\begin{pmatrix}-1\\2\\0\end{pmatrix}=\boldsymbol{A}\begin{pmatrix}2\\0\\1\end{pmatrix}.$$

例 15 求线性空间 $P[x]_3$ 中基 $1,x,x^2$ 到基 $1+x,-2+x+x^2,1-x$ 的过渡矩阵，并求 $q=3-x^2$ 在基 $1+x,-2+x+x^2,1-x$ 下的坐标.

解 显然，由基 $1,x,x^2$ 到基 $1+x,-2+x+x^2,1-x$ 的过渡矩阵为

$$\boldsymbol{A}=\begin{pmatrix}1&-2&1\\1&1&-1\\0&1&0\end{pmatrix}.$$

$q=3-x^2$ 在基 $1+x,-2+x+x^2,1-x$ 下的坐标为

$$\boldsymbol{A}^{-1}\begin{pmatrix}3\\0\\-1\end{pmatrix}=\begin{pmatrix}\frac{1}{2}&\frac{1}{2}&\frac{1}{2}\\0&0&1\\\frac{1}{2}&-\frac{1}{2}&\frac{3}{2}\end{pmatrix}\begin{pmatrix}3\\0\\-1\end{pmatrix}=\begin{pmatrix}1\\-1\\0\end{pmatrix}.$$

例 16 已知线性空间 $P^{2\times2}$ 的两组基

$$\boldsymbol{A}_1=\begin{pmatrix}1&0\\0&1\end{pmatrix},\boldsymbol{A}_2=\begin{pmatrix}1&0\\0&-1\end{pmatrix},\boldsymbol{A}_3=\begin{pmatrix}0&1\\1&0\end{pmatrix},\boldsymbol{A}_4=\begin{pmatrix}0&1\\-1&0\end{pmatrix};$$

$$\boldsymbol{B}_1=\begin{pmatrix}1&1\\1&1\end{pmatrix},\boldsymbol{B}_2=\begin{pmatrix}1&1\\1&0\end{pmatrix},\boldsymbol{B}_3=\begin{pmatrix}1&1\\0&0\end{pmatrix},\boldsymbol{B}_4=\begin{pmatrix}1&0\\0&0\end{pmatrix}.$$

求由基 $\boldsymbol{A}_1,\boldsymbol{A}_2,\boldsymbol{A}_3,\boldsymbol{A}_4$ 到基 $\boldsymbol{B}_1,\boldsymbol{B}_2,\boldsymbol{B}_3,\boldsymbol{B}_4$ 的过渡矩阵.

解法1 利用基变换的定义可以计算出如下等式

$$\boldsymbol{B}_1=\boldsymbol{A}_1+\boldsymbol{A}_3,$$

$$\boldsymbol{B}_2=\frac{1}{2}\boldsymbol{A}_1+\frac{1}{2}\boldsymbol{A}_2+\boldsymbol{A}_3,$$

$$\boldsymbol{B}_3=\frac{1}{2}\boldsymbol{A}_1+\frac{1}{2}\boldsymbol{A}_2+\frac{1}{2}\boldsymbol{A}_3+\frac{1}{2}\boldsymbol{A}_4,$$

$$\boldsymbol{B}_4=\frac{1}{2}\boldsymbol{A}_1+\frac{1}{2}\boldsymbol{A}_2.$$

故由基 $\boldsymbol{A}_1,\boldsymbol{A}_2,\boldsymbol{A}_3,\boldsymbol{A}_4$ 到基 $\boldsymbol{B}_1,\boldsymbol{B}_2,\boldsymbol{B}_3,\boldsymbol{B}_4$ 的过渡矩阵为

$$\begin{pmatrix}1&\frac{1}{2}&\frac{1}{2}&\frac{1}{2}\\0&\frac{1}{2}&\frac{1}{2}&\frac{1}{2}\\1&1&\frac{1}{2}&0\\0&0&\frac{1}{2}&0\end{pmatrix}.$$

解法2 借助线性空间 $P^{2\times2}$ 的基 $\boldsymbol{E}_{11},\boldsymbol{E}_{12},\boldsymbol{E}_{21},\boldsymbol{E}_{22}$.

由基 $\boldsymbol{E}_{11},\boldsymbol{E}_{12},\boldsymbol{E}_{21},\boldsymbol{E}_{22}$ 到基 $\boldsymbol{A}_1,\boldsymbol{A}_2,\boldsymbol{A}_3,\boldsymbol{A}_4$ 的基变换为

$$(\boldsymbol{A}_1,\boldsymbol{A}_2,\boldsymbol{A}_3,\boldsymbol{A}_4)=(\boldsymbol{E}_{11},\boldsymbol{E}_{12},\boldsymbol{E}_{21},\boldsymbol{E}_{22})\begin{pmatrix}1&1&0&0\\0&0&1&1\\0&0&1&-1\\1&-1&0&0\end{pmatrix},$$

由基 $\boldsymbol{E}_{11},\boldsymbol{E}_{12},\boldsymbol{E}_{21},\boldsymbol{E}_{22}$ 到基 $\boldsymbol{B}_1,\boldsymbol{B}_2,\boldsymbol{B}_3,\boldsymbol{B}_4$ 的基变换为

$$(\boldsymbol{B}_1,\boldsymbol{B}_2,\boldsymbol{B}_3,\boldsymbol{B}_4)=(\boldsymbol{E}_{11},\boldsymbol{E}_{12},\boldsymbol{E}_{21},\boldsymbol{E}_{22})\begin{pmatrix}1&1&1&1\\1&1&1&0\\1&1&0&0\\1&0&0&0\end{pmatrix}.$$

记

$$\boldsymbol{A}=\begin{pmatrix}1&1&0&0\\0&0&1&1\\0&0&1&-1\\1&-1&0&0\end{pmatrix},\boldsymbol{B}=\begin{pmatrix}1&1&1&1\\1&1&1&0\\1&1&0&0\\1&0&0&0\end{pmatrix},$$

则有

$$(\boldsymbol{A}_1,\boldsymbol{A}_2,\boldsymbol{A}_3,\boldsymbol{A}_4)=(\boldsymbol{E}_{11},\boldsymbol{E}_{12},\boldsymbol{E}_{21},\boldsymbol{E}_{22})\boldsymbol{A},$$

$$(\boldsymbol{B}_1,\boldsymbol{B}_2,\boldsymbol{B}_3,\boldsymbol{B}_4)=(\boldsymbol{E}_{11},\boldsymbol{E}_{12},\boldsymbol{E}_{21},\boldsymbol{E}_{22})\boldsymbol{B}.$$

设由基 $\boldsymbol{A}_1,\boldsymbol{A}_2,\boldsymbol{A}_3,\boldsymbol{A}_4$ 到基 $\boldsymbol{B}_1,\boldsymbol{B}_2,\boldsymbol{B}_3,\boldsymbol{B}_4$ 的基变换为

$$(\boldsymbol{B}_1,\boldsymbol{B}_2,\boldsymbol{B}_3,\boldsymbol{B}_4)=(\boldsymbol{A}_1,\boldsymbol{A}_2,\boldsymbol{A}_3,\boldsymbol{A}_4)\boldsymbol{C},$$

则有

$$(\boldsymbol{E}_{11},\boldsymbol{E}_{12},\boldsymbol{E}_{21},\boldsymbol{E}_{22})\boldsymbol{B}=(\boldsymbol{E}_{11},\boldsymbol{E}_{12},\boldsymbol{E}_{21},\boldsymbol{E}_{22})\boldsymbol{AC}.$$

由于 $\boldsymbol{E}_{11},\boldsymbol{E}_{12},\boldsymbol{E}_{21},\boldsymbol{E}_{22}$ 线性无关,所以 $\boldsymbol{B}=\boldsymbol{AC}$.

因此,由基 $\boldsymbol{A}_1,\boldsymbol{A}_2,\boldsymbol{A}_3,\boldsymbol{A}_4$ 到基 $\boldsymbol{B}_1,\boldsymbol{B}_2,\boldsymbol{B}_3,\boldsymbol{B}_4$ 的过渡矩阵为

$$\boldsymbol{C}=\boldsymbol{A}^{-1}\boldsymbol{B}=\begin{pmatrix}1&\frac{1}{2}&\frac{1}{2}&\frac{1}{2}\\0&\frac{1}{2}&\frac{1}{2}&\frac{1}{2}\\1&1&\frac{1}{2}&0\\0&0&\frac{1}{2}&0\end{pmatrix}.$$

例 17 已知线性空间 $P[t]_3$ 的两组基

$$f_1(t)=1+t,f_2(t)=1+t^2,f_3(t)=1+t+t^3;$$

$$g_1(t)=1+2t,g_2(t)=1+t+2t^2,g_3(t)=t+3t^2.$$

(1)求由基 $f_1(t),f_2(t),f_3(t)$ 到基 $g_1(t),g_2(t),g_3(t)$ 的过渡矩阵;

(2)求在这两组基下有相同坐标的向量.

(1)**解法 1** 利用基变换的定义可以计算出如下等式

$$g_1(t)=f_1(t)-f_2(t)+f_3(t),$$

$$g_2(t)=-f_1(t)+2f_3(t),$$

$$g_3(t)=-3f_1(t)-f_2(t)+4f_3(t).$$

则由基 $f_1(t),f_2(t),f_3(t)$ 到基 $g_1(t),g_2(t),g_3(t)$ 的过渡矩阵为

$$\boldsymbol{C}=\begin{pmatrix}1&-1&-3\\-1&0&-1\\1&2&4\end{pmatrix}.$$

解法 2 借助 $P[t]_3$ 的基 $1,t,t^2$.

由基 $1;t,t^2$ 到基 $f_1(t),f_2(t),f_3(t)$ 的基变换为

$$(f_1(t),f_2(t),f_3(t))=(1,t,t^2)\begin{pmatrix}1&1&1\\1&0&1\\0&1&1\end{pmatrix},$$

由基 $1,t,t^2$ 到基 $g_1(t),g_2(t),g_3(t)$ 的基变换为

$$(g_1(t),g_2(t),g_3(t))=(1,t,t^2)\begin{pmatrix}1&1&0\\2&1&1\\0&2&3\end{pmatrix}.$$

记

$$\boldsymbol{A}=\begin{pmatrix}1&1&1\\1&0&1\\0&1&1\end{pmatrix},\boldsymbol{B}=\begin{pmatrix}1&1&0\\2&1&1\\0&2&3\end{pmatrix}.$$

则有

$$(f_1(t),f_2(t),f_3(t))=(1,t,t^2)\boldsymbol{A},$$
$$(g_1(t),g_2(t),g_3(t))=(1,t,t^2)\boldsymbol{B}.$$

设

$$(g_1(t),g_2(t),g_3(t))=(f_1(t),f_2(t),f_3(t))\boldsymbol{C},$$

则有

$$(1,t,t^2)\boldsymbol{B}=(1,t,t^2)\boldsymbol{AC}.$$

从而 $\boldsymbol{B}=\boldsymbol{AC}$.

因此,由基 $f_1(t),f_2(t),f_3(t)$ 到基 $g_1(t),g_2(t),g_3(t)$ 的过渡矩阵为

$$\boldsymbol{C}=\boldsymbol{A}^{-1}\boldsymbol{B}=\begin{pmatrix}1&-1&-3\\-1&0&-1\\1&2&4\end{pmatrix}.$$

(2)设线性空间 $P[t]_3$ 中多项式 $h(t)$ 在这两组基下有相同坐标 $(x_1,x_2,x_3)^{\mathrm{T}}$,则

$$\boldsymbol{C}\begin{pmatrix}x_1\\x_2\\x_3\end{pmatrix}=\begin{pmatrix}1&-1&-3\\-1&0&-1\\1&2&4\end{pmatrix}\begin{pmatrix}x_1\\x_2\\x_3\end{pmatrix}=\begin{pmatrix}x_1\\x_2\\x_3\end{pmatrix},$$

即

$$(\boldsymbol{C}-\boldsymbol{E})\begin{pmatrix}x_1\\x_2\\x_3\end{pmatrix}=\begin{pmatrix}0&-1&-3\\-1&-1&-1\\1&2&3\end{pmatrix}\begin{pmatrix}x_1\\x_2\\x_3\end{pmatrix}=\boldsymbol{0}.$$

因为

$$|\boldsymbol{C}-\boldsymbol{E}|=\begin{vmatrix}0&-1&-3\\-1&-1&-1\\1&2&3\end{vmatrix}=1\neq0,$$

所以$(x_1,x_2,x_3)^{\mathrm{T}}=(0,0,0)^{\mathrm{T}}$,故$h(t)=0$.

例 18 已知线性空间 P^2 的两组基

$$\boldsymbol{\alpha}_1=(3,2),\boldsymbol{\alpha}_2=(1,1);$$
$$\boldsymbol{\beta}_1=(2,5),\boldsymbol{\beta}_2=(1,3).$$

求由基 $\boldsymbol{\alpha}_1,\boldsymbol{\alpha}_2$ 到基 $\boldsymbol{\beta}_1,\boldsymbol{\beta}_2$ 的过渡矩阵.

解法 1 利用基变换的定义可以计算出如下等式

$$\boldsymbol{\beta}_1=-3\boldsymbol{\alpha}_1+11\boldsymbol{\alpha}_2,$$
$$\boldsymbol{\beta}_2=-2\boldsymbol{\alpha}_1+7\boldsymbol{\alpha}_2.$$

故由基 $\boldsymbol{\alpha}_1,\boldsymbol{\alpha}_2$ 到基 $\boldsymbol{\beta}_1,\boldsymbol{\beta}_2$ 的过渡矩阵为

$$\begin{pmatrix}-3 & -2\\ 11 & 7\end{pmatrix}.$$

解法 2 借助于 P^2 中基 $\boldsymbol{e}_1=(1,0),\boldsymbol{e}_2=(0,1)$.

由基 $\boldsymbol{e}_1,\boldsymbol{e}_2$ 到基 $\boldsymbol{\alpha}_1,\boldsymbol{\alpha}_2$ 的基变换为

$$(\boldsymbol{\alpha}_1,\boldsymbol{\alpha}_2)=(\boldsymbol{e}_1,\boldsymbol{e}_2)\begin{pmatrix}3 & 1\\ 2 & 1\end{pmatrix},$$

由基 $\boldsymbol{e}_1,\boldsymbol{e}_2$ 到基 $\boldsymbol{\beta}_1,\boldsymbol{\beta}_2$ 的基变换为

$$(\boldsymbol{\beta}_1,\boldsymbol{\beta}_2)=(\boldsymbol{e}_1,\boldsymbol{e}_2)\begin{pmatrix}2 & 1\\ 5 & 3\end{pmatrix}.$$

记

$$\boldsymbol{A}=\begin{pmatrix}3 & 1\\ 2 & 1\end{pmatrix},\boldsymbol{B}=\begin{pmatrix}2 & 1\\ 5 & 3\end{pmatrix},$$

则有

$$(\boldsymbol{\alpha}_1,\boldsymbol{\alpha}_2)=(\boldsymbol{e}_1,\boldsymbol{e}_2)\boldsymbol{A},$$
$$(\boldsymbol{\beta}_1,\boldsymbol{\beta}_2)=(\boldsymbol{e}_1,\boldsymbol{e}_2)\boldsymbol{B}.$$

设基 $\boldsymbol{\alpha}_1,\boldsymbol{\alpha}_2$ 到基 $\boldsymbol{\beta}_1,\boldsymbol{\beta}_2$ 的基变换为

$$(\boldsymbol{\beta}_1,\boldsymbol{\beta}_2)=(\boldsymbol{\alpha}_1,\boldsymbol{\alpha}_2)\boldsymbol{C},$$

则有

$$(\boldsymbol{e}_1,\boldsymbol{e}_2)\boldsymbol{B}=(\boldsymbol{e}_1,\boldsymbol{e}_2)\boldsymbol{AC}.$$

从而

$$\boldsymbol{B}=\boldsymbol{AC}.$$

因此,由基 $\boldsymbol{\alpha}_1,\boldsymbol{\alpha}_2$ 到基 $\boldsymbol{\beta}_1,\boldsymbol{\beta}_2$ 的过渡矩阵为

$$\boldsymbol{C}=\boldsymbol{A}^{-1}\boldsymbol{B}=\begin{pmatrix}-3 & -2\\ 11 & 7\end{pmatrix}.$$

解法3 由解法2可以看出求 P^2 的基 $\boldsymbol{\alpha}_1,\boldsymbol{\alpha}_2$ 到基 $\boldsymbol{\beta}_1,\boldsymbol{\beta}_2$ 的过渡矩阵的一种简便方法. 记

$$\boldsymbol{A}=(\boldsymbol{\alpha}_1^{\mathrm{T}},\boldsymbol{\alpha}_2^{\mathrm{T}})=\begin{pmatrix}3&1\\2&1\end{pmatrix},\boldsymbol{B}=(\boldsymbol{\beta}_1^{\mathrm{T}},\boldsymbol{\beta}_2^{\mathrm{T}})=\begin{pmatrix}2&1\\5&3\end{pmatrix}.$$

且设基 $\boldsymbol{\alpha}_1,\boldsymbol{\alpha}_2$ 到基 $\boldsymbol{\beta}_1,\boldsymbol{\beta}_2$ 的过渡矩阵为 $\boldsymbol{C}$,则有 $\boldsymbol{B}=\boldsymbol{AC}$.

因此,由基 $\boldsymbol{\alpha}_1,\boldsymbol{\alpha}_2$ 到基 $\boldsymbol{\beta}_1,\boldsymbol{\beta}_2$ 的过渡矩阵为

$$\boldsymbol{C}=\boldsymbol{A}^{-1}\boldsymbol{B}=\begin{pmatrix}-3&-2\\11&7\end{pmatrix}.$$

1.1.5 线性空间的同构

定义10 设 V,V' 都是数域 P 上的两个线性空间. 若 V 到 V' 存在一个双射 σ,且任意 $\boldsymbol{\alpha},\boldsymbol{\beta}\in V$,任意 $k\in P$ 满足

(1) $\sigma(\boldsymbol{\alpha}+\boldsymbol{\beta})=\sigma(\boldsymbol{\alpha})+\sigma(\boldsymbol{\beta})$,

(2) $\sigma(k\boldsymbol{\alpha})=k\sigma(\boldsymbol{\alpha})$.

则称 σ 为 V 到 V' 的一个同构映射,并称 V 与 V' 为同构的线性空间.

定理4 数域 P 上的任一 n 维线性空间 V 都与 P^n 同构.

证明 选取 V 的一组基 $\boldsymbol{\varepsilon}_1,\boldsymbol{\varepsilon}_2,\cdots,\boldsymbol{\varepsilon}_n$,则任意 $\boldsymbol{\alpha}\in V,\boldsymbol{\alpha}=a_1\boldsymbol{\varepsilon}_1+a_2\boldsymbol{\varepsilon}_2+\cdots+a_n\boldsymbol{\varepsilon}_n$.

定义 V 到 P^n 的映射

$$\boldsymbol{\sigma}:\boldsymbol{\alpha}\in V\to(a_1,a_2,\cdots,a_n)\in P^n,$$

即任意 $\boldsymbol{\alpha}\in V,\sigma(\boldsymbol{\alpha})=(a_1,a_2,\cdots,a_n)$.

根据向量在一组基下的坐标是唯一的,得到任意 $\boldsymbol{\alpha},\boldsymbol{\beta}\in V$ 且 $\boldsymbol{\alpha}\neq\boldsymbol{\beta}$,有 $\sigma(\boldsymbol{\alpha})\neq\sigma(\boldsymbol{\beta})$,即 σ 是 V 到 P^n 的单射;

任意 $(a_1,a_2,\cdots,a_n)\in P^n$,则

$$\boldsymbol{\alpha}=a_1\boldsymbol{\varepsilon}_1+a_2\boldsymbol{\varepsilon}_2+\cdots+a_n\boldsymbol{\varepsilon}_n.$$

显然,$\boldsymbol{\alpha}\in V$,即 σ 是 V 到 P^n 的满射. 因此,σ 是 V 到 P^n 的双射.

任意 $\boldsymbol{\alpha},\boldsymbol{\beta}\in V$,任意 $k\in P$,则

$$\boldsymbol{\alpha}=a_1\boldsymbol{\varepsilon}_1+a_2\boldsymbol{\varepsilon}_2+\cdots+a_n\boldsymbol{\varepsilon}_n,$$
$$\boldsymbol{\beta}=b_1\boldsymbol{\varepsilon}_1+b_2\boldsymbol{\varepsilon}_2+\cdots+b_n\boldsymbol{\varepsilon}_n,$$

且

$$\sigma(\boldsymbol{\alpha})=(a_1,a_2,\cdots,a_n),$$
$$\sigma(\boldsymbol{\beta})=(b_1,b_2,\cdots,b_n).$$

从而

$$\boldsymbol{\alpha}+\boldsymbol{\beta}=(a_1+b_1)\boldsymbol{\varepsilon}_1+(a_2+b_2)\boldsymbol{\varepsilon}_2+\cdots+(a_n+b_n)\boldsymbol{\varepsilon}_n,$$

$$k\boldsymbol{\alpha}=(ka_1)\boldsymbol{\varepsilon}_1+(ka_2)\boldsymbol{\varepsilon}_2+\cdots+(ka_n)\boldsymbol{\varepsilon}_n.$$

因此,

$$\begin{aligned}\sigma(\boldsymbol{\alpha}+\boldsymbol{\beta})&=(a_1+b_1,a_2+b_2,\cdots,a_n+b_n)=(a_1,a_2,\cdots,a_n)+(b_1,b_2,\cdots,b_n)\\&=\sigma(\boldsymbol{\alpha})+\sigma(\boldsymbol{\beta}),\end{aligned}$$

$$\sigma(k\boldsymbol{\alpha})=(ka_1,ka_2,\cdots,ka_n)=k(a_1,a_2,\cdots,a_n)=k\sigma(\boldsymbol{\alpha}).$$

故 σ 是 V 到 P^n 的同构映射,且 V 与 P^n 是同构的线性空间.

证毕.

由定义 10 可以看出,同构映射具有下列基本性质:

(1)$\sigma(\boldsymbol{0})=\boldsymbol{0},\sigma(-\boldsymbol{\alpha})=-\sigma(\boldsymbol{\alpha})$.

(2)$\sigma(k_1\boldsymbol{\alpha}_1+k_2\boldsymbol{\alpha}_2+\cdots+k_r\boldsymbol{\alpha}_r)=k_1\sigma(\boldsymbol{\alpha}_1)+k_2\sigma(\boldsymbol{\alpha}_2)+\cdots+k_r\sigma(\boldsymbol{\alpha}_r)$.

(3)线性空间 V 中向量组 $\boldsymbol{\alpha}_1,\boldsymbol{\alpha}_2,\cdots,\boldsymbol{\alpha}_r$ 线性相关的充分必要条件是向量组$\sigma(\boldsymbol{\alpha}_1)$,$\sigma(\boldsymbol{\alpha}_2),\cdots,\sigma(\boldsymbol{\alpha}_r)$线性相关.

(4)线性空间 V 中向量组 $\boldsymbol{\alpha}_1,\boldsymbol{\alpha}_2,\cdots,\boldsymbol{\alpha}_r$ 线性无关的充分必要条件是向量组$\sigma(\boldsymbol{\alpha}_1)$,$\sigma(\boldsymbol{\alpha}_2),\cdots,\sigma(\boldsymbol{\alpha}_r)$线性无关.

(5)设 $\boldsymbol{\alpha}_1,\boldsymbol{\alpha}_2,\cdots,\boldsymbol{\alpha}_r$ 是线性空间 V 中一个向量组,部分组 $\boldsymbol{\alpha}_{i_1},\boldsymbol{\alpha}_{i_2},\cdots,\boldsymbol{\alpha}_{i_t}$是 $\boldsymbol{\alpha}_1,\boldsymbol{\alpha}_2,\cdots,\boldsymbol{\alpha}_r$ 的极大线性无关组的充分必要条件是部分组

$$\sigma(\boldsymbol{\alpha}_{i_1}),\sigma(\boldsymbol{\alpha}_{i_2}),\cdots,\sigma(\boldsymbol{\alpha}_{i_t})$$

是向量组 $\sigma(\boldsymbol{\alpha}_1),\sigma(\boldsymbol{\alpha}_2),\cdots,\sigma(\boldsymbol{\alpha}_r)$的极大线性无关组.

例 19 求线性空间 $P^{2\times2}$中向量组

$$\boldsymbol{A}_1=\begin{pmatrix}1&-1\\0&1\end{pmatrix},\boldsymbol{A}_2=\begin{pmatrix}2&-2\\0&2\end{pmatrix},\boldsymbol{A}_3=\begin{pmatrix}1&1\\1&0\end{pmatrix},\boldsymbol{A}_4=\begin{pmatrix}2&0\\1&1\end{pmatrix}$$

的一个极大线性无关组和秩.

解 由定理 4 有线性空间 $P^{2\times2}$与线性空间 P^4 同构.取 $P^{2\times2}$的一组基 $\boldsymbol{E}_{11},\boldsymbol{E}_{12},\boldsymbol{E}_{21}$,$\boldsymbol{E}_{22}$,则 $\boldsymbol{A}_1,\boldsymbol{A}_2,\boldsymbol{A}_3,\boldsymbol{A}_4$ 在基 $\boldsymbol{E}_{11},\boldsymbol{E}_{12},\boldsymbol{E}_{21},\boldsymbol{E}_{22}$下的坐标分别为

$$\boldsymbol{\alpha}_1=\begin{pmatrix}1\\-1\\0\\1\end{pmatrix},\boldsymbol{\alpha}_2=\begin{pmatrix}2\\-2\\0\\2\end{pmatrix},\boldsymbol{\alpha}_3=\begin{pmatrix}1\\1\\1\\0\end{pmatrix},\boldsymbol{\alpha}_4=\begin{pmatrix}2\\0\\1\\1\end{pmatrix},$$

故 $\boldsymbol{A}_1,\boldsymbol{A}_2,\boldsymbol{A}_3,\boldsymbol{A}_4$ 的一个极大线性无关组和秩对应于 $\boldsymbol{\alpha}_1,\boldsymbol{\alpha}_2,\boldsymbol{\alpha}_3,\boldsymbol{\alpha}_4$ 的一个极大线性无关组和秩.

记

$$A=(\boldsymbol{\alpha}_1,\boldsymbol{\alpha}_2,\boldsymbol{\alpha}_3,\boldsymbol{\alpha}_4)=\begin{pmatrix}1&2&1&2\\-1&-2&1&0\\0&0&1&1\\1&2&0&1\end{pmatrix},$$

则

$$A\to\begin{pmatrix}1&2&1&2\\0&0&2&2\\0&0&1&1\\0&0&-1&-1\end{pmatrix}\to\begin{pmatrix}1&2&1&2\\0&0&1&1\\0&0&0&0\\0&0&0&0\end{pmatrix}.$$

从而$\boldsymbol{\alpha}_1,\boldsymbol{\alpha}_2,\boldsymbol{\alpha}_3,\boldsymbol{\alpha}_4$的秩为2,一个极大线性无关组为$\boldsymbol{\alpha}_1,\boldsymbol{\alpha}_3$,因此$\boldsymbol{A}_1,\boldsymbol{A}_2,\boldsymbol{A}_3,\boldsymbol{A}_4$的秩为2,一个极大线性无关组为$\boldsymbol{A}_1,\boldsymbol{A}_3$.

(6)若V_1是V的子集,则V_1在σ下的像集合$\sigma(V_1)=\{\sigma(\boldsymbol{\alpha})\mid\boldsymbol{\alpha}\in V_1\}$是$V'$的子集.若$V_1$构成数域$P$上的线性空间,则$\sigma(V_1)$也构成数域$P$上的线性空间.

同构作为线性空间之间的一种关系,具有如下三个性质:

(1)反身性:任何一个线性空间都与自身同构;

(2)对称性:若线性空间V和V'同构,则V'和V同构;

(3)传递性:若线性空间V和V'同构,V'和V''同构,则V和V''同构.

由定理4知数域P上任一n维线性空间都与线性空间P^n同构.由同构的对称性、传递性可得数域P上任意两个n维线性空间同构.

综上所述,我们有定理5.

定理5　数域P上两个有限维线性空间同构的充分必要条件是它们的维数相同.

证明　设V与V'是数域P上的两个有限维线性空间.

必要性.设σ是V到V'的同构映射,$\dim V=s$,$\dim V'=t$.设$\boldsymbol{\varepsilon}_1,\boldsymbol{\varepsilon}_2,\cdots,\boldsymbol{\varepsilon}_s$是$V$的一组基,则根据结论(4)有$\sigma(\boldsymbol{\varepsilon}_1),\sigma(\boldsymbol{\varepsilon}_2),\cdots,\sigma(\boldsymbol{\varepsilon}_s)$是$V'$中线性无关的向量,从而$s\leqslant t$.

设$\sigma(\boldsymbol{\eta}_1),\sigma(\boldsymbol{\eta}_2),\cdots,\sigma(\boldsymbol{\eta}_t)$是$V'$的一组基,则根据结论(4)有$\boldsymbol{\eta}_1,\boldsymbol{\eta}_2,\cdots,\boldsymbol{\eta}_t$是$V$中线性无关的向量,从而$t\leqslant s$.因此$s=t$.

充分性.设$\dim V=\dim V'=n$,则由定理4有V与线性空间P^n同构,V'与线性空间P^n同构,故由同构的对称性、传递性,有V与V'同构.

证毕.

例20　线性空间$P[t]_3$与P^3的维数都为3,因此$P[t]_3$与P^3同构,其中一个同构映射σ为

$$\sigma(a_0+a_1t+a_2t^2)=(a_0,a_1,a_2).$$

显然 $P[t]_3$ 的基 $1,t,t^2$ 在 σ 下的像

$$\begin{cases}\sigma(1)=(1,0,0)\\ \sigma(t)=(0,1,0)\\ \sigma(t^2)=(0,0,1).\end{cases}$$

是 P^3 的一组基.

例 21 数域 P 上线性空间 $P^{2\times 2}$ 与 P^4 同构,其一个同构映射 σ 为

$$\sigma\begin{pmatrix}a & b\\ c & d\end{pmatrix}=(a,b,c,d).$$

$P^{2\times 2}$ 的一组基 $\boldsymbol{E}_{11}\boldsymbol{E}_{12},\boldsymbol{E}_{21},\boldsymbol{E}_{22}$ 在 σ 下的像

$$\begin{cases}\sigma(\boldsymbol{E}_{11})=(1,0,0,0)\\ \sigma(\boldsymbol{E}_{12})=(0,1,0,0)\\ \sigma(\boldsymbol{E}_{21})=(0,0,1,0)\\ \sigma(\boldsymbol{E}_{22})=(0,0,0,1).\end{cases}$$

是 P^4 的一组基.

1.2 线性子空间

1.2.1 线性子空间的定义

定义 1 设 V 是数域 P 上的线性空间,集合 W 是 V 的非空子集. 若 W 对于 V 中所定义的加法和数量乘法运算仍构成数域 P 上的线性空间,则称 W 是 V 的线性子空间,简称 W 是 V 的子空间.

设 W 是 V 的线性子空间,由定义 1 有

$$\text{任意 }\boldsymbol{\alpha},\boldsymbol{\beta}\in W,\boldsymbol{\alpha}+\boldsymbol{\beta}\in W,$$

$$\text{任意 }\boldsymbol{\alpha}\in W,\text{任意 }k\in P,k\boldsymbol{\alpha}\in W.$$

且任意 $\boldsymbol{\alpha},\boldsymbol{\beta},\boldsymbol{\gamma}\in W$,任意 $k,l\in P$,W 满足下列 8 条运算规则:

(1) $\boldsymbol{\alpha}+\boldsymbol{\beta}=\boldsymbol{\beta}+\boldsymbol{\alpha}$;

(2) $(\boldsymbol{\alpha}+\boldsymbol{\beta})+\boldsymbol{\gamma}=\boldsymbol{\alpha}+(\boldsymbol{\beta}+\boldsymbol{\gamma})$;

(3) 在 W 中存在元素 $\boldsymbol{\beta}$,使得任意 $\boldsymbol{\alpha}\in W$ 都有

$$\boldsymbol{\alpha}+\boldsymbol{\beta}=\boldsymbol{\alpha},$$

称 $\boldsymbol{\beta}$ 为 W 的零元素,记作 $\mathbf{0}$;

(4) 任意 $\boldsymbol{\alpha}\in V$,都有 V 中元素 $\boldsymbol{\beta}$,使得

$$\boldsymbol{\alpha}+\boldsymbol{\beta}=\mathbf{0},$$

$\boldsymbol{\beta}$ 称为 $\boldsymbol{\alpha}$ 的负元素,记为 $-\boldsymbol{\alpha}$;

(5) $1\boldsymbol{\alpha}=\boldsymbol{\alpha}$;

(6) $(kl)\boldsymbol{\alpha}=k(l\boldsymbol{\alpha})$;

(7) $k(\boldsymbol{\alpha}+\boldsymbol{\beta})=k\boldsymbol{\alpha}+k\boldsymbol{\beta}$;

(8) $(k+l)\boldsymbol{\alpha}=k\boldsymbol{\alpha}+l\boldsymbol{\alpha}$.

因为 V 是线性空间,W 是 V 的非空子集,所以对于 V 的加法运算和数量乘法运算,W 中的向量满足线性空间定义中的(1),(2),(5)~(8),因此,有 W 是 V 的线性子空间,只需满足

(1)任意 $\boldsymbol{\alpha},\boldsymbol{\beta}\in W,\boldsymbol{\alpha}+\boldsymbol{\beta}\in W$;

(2)任意 $\boldsymbol{\alpha}\in W$,任意 $k\in P,k\boldsymbol{\alpha}\in W$;

(3) $\mathbf{0}\in W$;

(4)任意 $\boldsymbol{\alpha}\in W,-\boldsymbol{\alpha}\in W$.

显然,(3)和(4)直接由(2)中 $k=0,1$ 得到,故有定理1.

定理1 设 V 是数域 P 上的线性空间,W 是 V 的非空子集,则 W 是 V 的子空间的充分必要条件是 W 对于 V 定义的加法和数量乘法是封闭的.

所谓 W 对于 V 定义的加法是封闭的,是指

$$\text{任意 }\boldsymbol{\alpha},\boldsymbol{\beta}\in W,\boldsymbol{\alpha}+\boldsymbol{\beta}\in W.$$

所谓 W 对于 V 定义数量乘法是封闭的,是指

$$\text{任意 }\boldsymbol{\alpha}\in W,\text{任意 }k\in P,k\boldsymbol{\alpha}\in W.$$

既然线性子空间本身也是一个线性空间,前面引入的概念,如基、维数、坐标等,当然可以应用到线性子空间上.因为线性子空间中不可能有比在整个空间中更多数目的线性无关的向量,所以任一线性子空间的维数不能超过整个空间的维数,即

$$\dim W\leqslant\dim V.$$

例1 设 V 是数域 P 上的线性空间,可以验证 $\{\mathbf{0}\}$ 是 V 的线性子空间,称 $\{\mathbf{0}\}$ 为零子间.

例2 线性空间 V 本身也是 V 的一个子空间.

在线性空间 V 中,$\{\mathbf{0}\}$ 和 V 称为平凡子空间,而其他的线性子空间称为非平凡子空间.

1.2.2 向量组生成的子空间

设 V 是数域 P 上的线性空间,$\boldsymbol{\alpha}_1,\boldsymbol{\alpha}_2,\cdots,\boldsymbol{\alpha}_r\in V$,集合

$$W=\{\boldsymbol{\alpha}=k_1\boldsymbol{\alpha}_1+k_2\boldsymbol{\alpha}_2+\cdots+k_r\boldsymbol{\alpha}_r\mid k_1,k_2\cdots,k_r\in P\}\subset V$$

非空，而且对 V 所定义的加法和数量乘法都是封闭的，则 W 是 V 的线性子空间. 称 W 为由 $\boldsymbol{\alpha}_1,\boldsymbol{\alpha}_2,\cdots,\boldsymbol{\alpha}_r$ 生成的子空间，记作

$$L(\boldsymbol{\alpha}_1,\boldsymbol{\alpha}_2,\cdots,\boldsymbol{\alpha}_r)$$

或

$$\text{span}(\boldsymbol{\alpha}_1,\boldsymbol{\alpha}_2,\cdots,\boldsymbol{\alpha}_r).$$

关于向量组生成的子空间，有

(1) 设 W 是 V 的一个子空间，$\boldsymbol{\alpha}_1,\boldsymbol{\alpha}_2,\cdots,\boldsymbol{\alpha}_r\in W$，则

$$L(\boldsymbol{\alpha}_1,\boldsymbol{\alpha}_2,\cdots,\boldsymbol{\alpha}_r)\subset W.$$

(2) 设 V 是一个有限维线性空间，W 是 V 的一个子空间，则 W 也是有限维的. 若 $\boldsymbol{\alpha}_1,\boldsymbol{\alpha}_2,\cdots,\boldsymbol{\alpha}_r$ 是 W 的一组基，则

$$W=L(\boldsymbol{\alpha},\boldsymbol{\alpha}_2,\cdots,\boldsymbol{\alpha}_r).$$

例 3　n 元齐次线性方程组 $\boldsymbol{Ax}=\boldsymbol{0}$ 的所有解向量的集合构成 P^n 的子空间，称为 $\boldsymbol{Ax}=\boldsymbol{0}$ 的解空间，记为 S. 方程组 $\boldsymbol{Ax}=\boldsymbol{0}$ 的一个基础解系即为解空间 S 的一组基，自由未知量的个数即为解空间的维数. 例如齐次线性方程组

$$\begin{cases} x_1+x_2+x_3=0\\ 2x_1+x_2+x_3=0. \end{cases}$$

的解空间 S 的一组基为 $(0,1,-1)^{\mathrm{T}}$，维数为 2.

定理 2　(1) 两个向量组生成相同的子空间的充分必要条件是这两个向量组等价；

(2) $L(\boldsymbol{\alpha}_1,\boldsymbol{\alpha}_2,\cdots,\boldsymbol{\alpha}_r)$ 的维数等于向量组 $\boldsymbol{\alpha}_1,\boldsymbol{\alpha}_2,\cdots,\boldsymbol{\alpha}_r$ 的秩，$\boldsymbol{\alpha}_1,\boldsymbol{\alpha}_2,\cdots,\boldsymbol{\alpha}_r$ 的一个极大线性无关组是 $L(\boldsymbol{\alpha}_1,\boldsymbol{\alpha}_2,\cdots,\boldsymbol{\alpha}_r)$ 的一组基.

证明　(1) 设 $\boldsymbol{\alpha}_1,\boldsymbol{\alpha}_2,\cdots,\boldsymbol{\alpha}_r$ 和 $\boldsymbol{\beta}_1,\boldsymbol{\beta}_2,\cdots,\boldsymbol{\beta}_r$ 是线性空间 V 的两个向量组，且

$$W_1=L(\boldsymbol{\alpha}_1,\boldsymbol{\alpha}_2,\cdots,\boldsymbol{\alpha}_r),W_2=L(\boldsymbol{\beta}_1,\boldsymbol{\beta}_2,\cdots,\boldsymbol{\beta}_t).$$

显然

$$\boldsymbol{\alpha}_1,\boldsymbol{\alpha}_2,\cdots,\boldsymbol{\alpha}_r\in W_1,\boldsymbol{\beta}_1,\boldsymbol{\beta}_2,\cdots,\boldsymbol{\beta}_t\in W_2.$$

必要性. 设 $W_1=W_2$，则 $\boldsymbol{\alpha}_1,\boldsymbol{\alpha}_2,\cdots,\boldsymbol{\alpha}_r\in W_2,\boldsymbol{\beta}_1,\boldsymbol{\beta}_2,\cdots,\boldsymbol{\beta}_t\in W_1$，即 $\boldsymbol{\alpha}_1,\boldsymbol{\alpha}_2,\cdots,\boldsymbol{\alpha}_r$ 可以由 $\boldsymbol{\beta}_1,\boldsymbol{\beta}_2,\cdots,\boldsymbol{\beta}_t$ 线性表示，$\boldsymbol{\beta}_1,\boldsymbol{\beta}_2,\cdots,\boldsymbol{\beta}_t$ 可以由 $\boldsymbol{\alpha}_1,\boldsymbol{\alpha}_2,\cdots,\boldsymbol{\alpha}_r$ 线性表示，因此，$\boldsymbol{\alpha}_1,\boldsymbol{\alpha}_2,\cdots,\boldsymbol{\alpha}_r$ 与 $\boldsymbol{\beta}_1,\boldsymbol{\beta}_2,\cdots,\boldsymbol{\beta}_t$ 等价.

充分性. 设 $\boldsymbol{\alpha}_1,\boldsymbol{\alpha}_2,\cdots,\boldsymbol{\alpha}_r$ 与 $\boldsymbol{\beta}_1,\boldsymbol{\beta}_2,\cdots,\boldsymbol{\beta}_t$ 等价，则 $\boldsymbol{\alpha}_1,\boldsymbol{\alpha}_2,\cdots,\boldsymbol{\alpha}_r$ 可以由 $\boldsymbol{\beta}_1,\boldsymbol{\beta}_2,\cdots,\boldsymbol{\beta}_t$ 线性表示，$\boldsymbol{\beta}_1,\boldsymbol{\beta}_2,\cdots,\boldsymbol{\beta}_t$ 可以由 $\boldsymbol{\alpha}_1,\boldsymbol{\alpha}_2,\cdots,\boldsymbol{\alpha}_r$ 线性表示.

任意 $\boldsymbol{\alpha}\in W_1$，$\boldsymbol{\alpha}$ 可以由 $\boldsymbol{\alpha}_1,\boldsymbol{\alpha}_2,\cdots,\boldsymbol{\alpha}_r$ 线性表示，由线性表示的传递性有 $\boldsymbol{\alpha}$ 可以由 $\boldsymbol{\beta}_1,\boldsymbol{\beta}_2,\cdots,\boldsymbol{\beta}_t$ 线性表示，则 $\boldsymbol{\alpha}\in W_2$，即 $W_1\subset W_2$. 同理可证 $W_2\subset W_1$. 因此，$W_1=W_2$.

(2) 设 $\boldsymbol{\alpha}_{i_1},\boldsymbol{\alpha}_{i_2},\cdots,\boldsymbol{\alpha}_{i_s}$ 是 $\boldsymbol{\alpha}_1,\boldsymbol{\alpha}_2,\cdots,\boldsymbol{\alpha}_r$ 的一个极大线性无关组，则 $\boldsymbol{\alpha}_1,\boldsymbol{\alpha}_2,\cdots,\boldsymbol{\alpha}_r$ 与

$\boldsymbol{\alpha}_{i_1},\boldsymbol{\alpha}_{i_2},\cdots,\boldsymbol{\alpha}_{i_s}$等价，由(1)有$L(\boldsymbol{\alpha}_1,\boldsymbol{\alpha}_2,\cdots,\boldsymbol{\alpha}_r)=L(\boldsymbol{\alpha}_{i_1},\boldsymbol{\alpha}_{i_2},\cdots,\boldsymbol{\alpha}_{i_s})$. 显然，$\boldsymbol{\alpha}_{i_1},\boldsymbol{\alpha}_{i_2},\cdots,\boldsymbol{\alpha}_{i_s}$线性无关，且$\boldsymbol{\alpha}_{i_1},\boldsymbol{\alpha}_{i_2},\cdots,\boldsymbol{\alpha}_{i_s}\in L(\boldsymbol{\alpha}_1,\boldsymbol{\alpha}_2,\cdots,\boldsymbol{\alpha}_r)$. 任意$\boldsymbol{\alpha}\in L(\boldsymbol{\alpha}_1,\boldsymbol{\alpha}_2,\cdots,\boldsymbol{\alpha}_r)$，$\boldsymbol{\alpha}$可以由$\boldsymbol{\alpha}_1,\boldsymbol{\alpha}_2,\cdots,\boldsymbol{\alpha}_r$线性表示，由线性表示的传递性有$\boldsymbol{\alpha}$可以由$\boldsymbol{\alpha}_{i_1},\boldsymbol{\alpha}_{i_2},\cdots,\boldsymbol{\alpha}_{i_s}$线性表示，因此，$\boldsymbol{\alpha}_{i_1},\boldsymbol{\alpha}_{i_2},\cdots,\boldsymbol{\alpha}_{i_s}$是$L(\boldsymbol{\alpha}_1,\boldsymbol{\alpha}_2,\cdots,\boldsymbol{\alpha}_r)$的一组基，且

$$\dim L(\boldsymbol{\alpha}_1,\boldsymbol{\alpha}_2,\cdots,\boldsymbol{\alpha}_r)=s=\boldsymbol{\alpha}_1,\boldsymbol{\alpha}_2,\cdots,\boldsymbol{\alpha}_r\text{ 的秩}.$$

证毕.

例4 求向量组

$$\boldsymbol{A}_1=\begin{pmatrix}1&2\\1&1\end{pmatrix},\boldsymbol{A}_2=\begin{pmatrix}1&2\\3&4\end{pmatrix},\boldsymbol{A}_3=\begin{pmatrix}1&1\\0&1\end{pmatrix},\boldsymbol{A}_4=\begin{pmatrix}1&2\\1&3\end{pmatrix}$$

生成子空间的一组基和维数.

解 线性空间$P^{2\times2}$与P^4同构. 取$P^{2\times2}$的一组基$\boldsymbol{E}_{11},\boldsymbol{E}_{12},\boldsymbol{E}_{21},\boldsymbol{E}_{22}$，则$\boldsymbol{A}_1,\boldsymbol{A}_2,\boldsymbol{A}_3,\boldsymbol{A}_4$在基$\boldsymbol{E}_{11},\boldsymbol{E}_{12},\boldsymbol{E}_{21},\boldsymbol{E}_{22}$下的坐标分别为

$$\boldsymbol{\alpha}_1=\begin{pmatrix}1\\2\\1\\1\end{pmatrix},\boldsymbol{\alpha}_2=\begin{pmatrix}1\\2\\3\\4\end{pmatrix},\boldsymbol{\alpha}_3=\begin{pmatrix}1\\1\\0\\1\end{pmatrix},\boldsymbol{\alpha}_4=\begin{pmatrix}1\\2\\1\\3\end{pmatrix}.$$

则

$$\boldsymbol{A}=(\boldsymbol{\alpha}_1,\boldsymbol{\alpha}_2,\boldsymbol{\alpha}_3,\boldsymbol{\alpha}_4)=\begin{pmatrix}1&1&1&1\\2&2&1&2\\1&3&0&1\\1&4&1&3\end{pmatrix}\to\begin{pmatrix}1&1&1&1\\0&0&-1&0\\0&2&-1&0\\0&3&0&2\end{pmatrix}$$

$$\to\begin{pmatrix}1&1&1&1\\0&0&-1&0\\0&1&0&0\\0&3&0&2\end{pmatrix}\to\begin{pmatrix}1&1&1&1\\0&1&0&0\\0&0&-1&0\\0&0&0&2\end{pmatrix},$$

因此，$\dim L(\boldsymbol{\alpha}_1,\boldsymbol{\alpha}_2,\boldsymbol{\alpha}_3,\boldsymbol{\alpha}_4)=4$，$\boldsymbol{\alpha}_1,\boldsymbol{\alpha}_2,\boldsymbol{\alpha}_3,\boldsymbol{\alpha}_4$是$L(\boldsymbol{\alpha}_1,\boldsymbol{\alpha}_2,\boldsymbol{\alpha}_3,\boldsymbol{\alpha}_4)$的一组基，进而，$\dim L(\boldsymbol{A}_1,\boldsymbol{A}_2,\boldsymbol{A}_3,\boldsymbol{A}_4)=4$，$\boldsymbol{A}_1,\boldsymbol{A}_2,\boldsymbol{A}_3,\boldsymbol{A}_4$是$L(\boldsymbol{A}_1,\boldsymbol{A}_2,\boldsymbol{A}_3,\boldsymbol{A}_4)$的一组基.

1.2.3 子空间的交与和

定义2 设V_1和V_2是数域P上线性空间V的两个子空间，称集合

$$\{\boldsymbol{\alpha}\mid\boldsymbol{\alpha}\in V_1\text{ 且 }\boldsymbol{\alpha}\in V_2\}$$

为V_1与V_2的交，记作$V_1\cap V_2$. 称集合

$$\{\boldsymbol{\alpha}=\boldsymbol{\alpha}_1+\boldsymbol{\alpha}_2\mid\boldsymbol{\alpha}_1\in V_1,\boldsymbol{\alpha}_2\in V_2\}$$

为 V_1 与 V_2 的和,记作 V_1+V_2.

定理3 若 V_1 和 V_2 是数域 P 上线性空间 V 的两个子空间,则 $V_1\cap V_2, V_1+V_2$ 是 V 的线性子空间.

证明 显然,$V_1\cap V_2\subset V, V_1+V_2\subset V$. 由已知条件 V_1, V_2 是 V 的线性子空间有 $\mathbf{0}\in V_1$ 且 $\mathbf{0}\in V_2$,则 $\mathbf{0}\in V_1\cap V_2$,$\mathbf{0}=\mathbf{0}+\mathbf{0}\in V_1+V_2$,即 $V_1\cap V_2, V_1+V_2$ 是非空集合.

(1)任意 $\boldsymbol{\alpha},\boldsymbol{\beta}\in V_1\cap V_2$,任意 $k\in P$,则 $\boldsymbol{\alpha},\boldsymbol{\beta}\in V_1$ 且 $\boldsymbol{\alpha},\boldsymbol{\beta}\in V_2$,由 V_1, V_2 是 V 的子空间有 $\boldsymbol{\alpha}+\boldsymbol{\beta}\in V_1$ 且 $\boldsymbol{\alpha}+\boldsymbol{\beta}\in V_2$,$k\boldsymbol{\alpha}\in V_1$ 且 $k\boldsymbol{\alpha}\in V_2$,因此,$\boldsymbol{\alpha}+\boldsymbol{\beta}\in V_1\cap V_2$,$k\boldsymbol{\alpha}\in V_1\cap V_2$,故 $V_1\cap V_2$ 是 V 的线性子空间.

(2)任意 $\boldsymbol{\alpha},\boldsymbol{\beta}\in V_1+V_2$,任意 $k\in P$,则 $\boldsymbol{\alpha}=\boldsymbol{\alpha}_1+\boldsymbol{\alpha}_2$,$\boldsymbol{\beta}=\boldsymbol{\beta}_1+\boldsymbol{\beta}_2$,其中 $\boldsymbol{\alpha}_1,\boldsymbol{\beta}_1\in V_1$,$\boldsymbol{\alpha}_2,\boldsymbol{\beta}_2\in V_2$. 由 V_1, V_2 是 V 的线性子空间有

$$\boldsymbol{\alpha}_1+\boldsymbol{\beta}_1\in V_1, \boldsymbol{\alpha}_2+\boldsymbol{\beta}_2\in V_2, k\boldsymbol{\alpha}_1\in V_1, k\boldsymbol{\alpha}_2\in V_2,$$

故 $\boldsymbol{\alpha}+\boldsymbol{\beta}=(\boldsymbol{\alpha}_1+\boldsymbol{\beta}_1)+(\boldsymbol{\alpha}_2+\boldsymbol{\beta}_2)\in V_1+V_2$,$k\boldsymbol{\alpha}=k\boldsymbol{\alpha}_1+k\boldsymbol{\alpha}_2\in V_1+V_2$,即有 V_1+V_2 是 V 的线性子空间.

证毕.

例5 设 $\boldsymbol{\alpha}_1,\boldsymbol{\alpha}_2,\cdots,\boldsymbol{\alpha}_r$ 和 $\boldsymbol{\beta}_1,\boldsymbol{\beta}_2,\cdots,\boldsymbol{\beta}_t$ 是数域 P 上线性空间 V 的两组向量组,则

$$L(\boldsymbol{\alpha}_1,\boldsymbol{\alpha}_2,\cdots,\boldsymbol{\alpha}_r)+L(\boldsymbol{\beta}_1,\boldsymbol{\beta}_2,\cdots,\boldsymbol{\beta}_t)=L(\boldsymbol{\alpha}_1,\boldsymbol{\alpha}_2,\cdots,\boldsymbol{\alpha}_r,\boldsymbol{\beta}_1,\boldsymbol{\beta}_2,\cdots,\boldsymbol{\beta}_t).$$

证明 一方面,任意向量 $\boldsymbol{\gamma}\in L(\boldsymbol{\alpha}_1,\boldsymbol{\alpha}_2,\cdots,\boldsymbol{\alpha}_r)+L(\boldsymbol{\beta}_1,\boldsymbol{\beta}_2,\cdots,\boldsymbol{\beta}_t)$,则 $\boldsymbol{\gamma}=\boldsymbol{\gamma}_1+\boldsymbol{\gamma}_2$,其中

$$\boldsymbol{\gamma}_1=k_1\boldsymbol{\alpha}_1+k_2\boldsymbol{\alpha}_2+\cdots+k_r\boldsymbol{\alpha}_r\in L(\boldsymbol{\alpha}_1,\boldsymbol{\alpha}_2,\cdots,\boldsymbol{\alpha}_r),$$
$$\boldsymbol{\gamma}_2=l_1\boldsymbol{\beta}_1+l_2\boldsymbol{\beta}_2+\cdots+l_t\boldsymbol{\beta}_t\in L(\boldsymbol{\beta}_1,\boldsymbol{\beta}_2,\cdots,\boldsymbol{\beta}_t),$$

从而 $\boldsymbol{\gamma}=k_1\boldsymbol{\alpha}_1+k_2\boldsymbol{\alpha}_2+\cdots+k_r\boldsymbol{\alpha}_r+l_1\boldsymbol{\beta}_1+l_2\boldsymbol{\beta}_2+\cdots+l_t\boldsymbol{\beta}_t$,即

$$\boldsymbol{\gamma}\in L(\boldsymbol{\alpha}_1,\boldsymbol{\alpha}_2,\cdots,\boldsymbol{\alpha}_r,\boldsymbol{\beta}_1,\boldsymbol{\beta}_2,\cdots,\boldsymbol{\beta}_t),$$

故 $L(\boldsymbol{\alpha}_1,\boldsymbol{\alpha}_2,\cdots,\boldsymbol{\alpha}_r)+L(\boldsymbol{\beta}_1,\boldsymbol{\beta}_2,\cdots,\boldsymbol{\beta}_t)\subset L(\boldsymbol{\alpha}_1,\boldsymbol{\alpha}_2,\cdots,\boldsymbol{\alpha}_r,\boldsymbol{\beta}_1,\boldsymbol{\beta}_2,\cdots,\boldsymbol{\beta}_t)$.

另一方面,任意向量 $\boldsymbol{\gamma}\in L(\boldsymbol{\alpha}_1,\boldsymbol{\alpha}_2,\cdots,\boldsymbol{\alpha}_r,\boldsymbol{\beta}_1,\boldsymbol{\beta}_2,\cdots,\boldsymbol{\beta}_t)$,则

$$\begin{aligned}\boldsymbol{\gamma}&=k_1\boldsymbol{\alpha}_1+k_2\boldsymbol{\alpha}_2+\cdots+k_r\boldsymbol{\alpha}_r+l_1\boldsymbol{\beta}_1+l_2\boldsymbol{\beta}_2+\cdots+l_t\boldsymbol{\beta}_t\\&=(k_1\boldsymbol{\alpha}_1+k_2\boldsymbol{\alpha}_2+\cdots+k_r\boldsymbol{\alpha}_r)+(l_1\boldsymbol{\beta}_1+l_2\boldsymbol{\beta}_2+\cdots+l_t\boldsymbol{\beta}_t),\end{aligned}$$

从而 $\boldsymbol{\gamma}\in L(\boldsymbol{\alpha}_1,\boldsymbol{\alpha}_2,\cdots,\boldsymbol{\alpha}_r)+L(\boldsymbol{\beta}_1,\boldsymbol{\beta}_2,\cdots,\boldsymbol{\beta}_t)$,故

$$L(\boldsymbol{\alpha}_1,\boldsymbol{\alpha}_2,\cdots,\boldsymbol{\alpha}_r,\boldsymbol{\beta}_1,\boldsymbol{\beta}_2,\cdots,\boldsymbol{\beta}_t)\subset L(\boldsymbol{\alpha}_1,\boldsymbol{\alpha}_2,\cdots,\boldsymbol{\alpha}_r)+L(\boldsymbol{\beta}_1,\boldsymbol{\beta}_2,\cdots,\boldsymbol{\beta}_t).$$

因此,$L(\boldsymbol{\alpha}_1,\boldsymbol{\alpha}_2,\cdots,\boldsymbol{\alpha}_r)+L(\boldsymbol{\beta}_1,\boldsymbol{\beta}_2,\cdots,\boldsymbol{\beta}_t)=L(\boldsymbol{\alpha}_1,\boldsymbol{\alpha}_2,\cdots,\boldsymbol{\alpha}_r,\boldsymbol{\beta}_1,\boldsymbol{\beta}_2,\cdots,\boldsymbol{\beta}_t)$.

证毕.

例6 设 $V_1=L(\boldsymbol{x}_1,\boldsymbol{x}_2)$,$V_2=L(\boldsymbol{y}_1,\boldsymbol{y}_2)$,其中

$\boldsymbol{x}_1=(2,-1,0,1)^{\mathrm{T}}$,$\boldsymbol{x}_2=(1,-1,3,5)^{\mathrm{T}}$,$\boldsymbol{y}_1=(1,2,1,0)^{\mathrm{T}}$,$\boldsymbol{y}_2=(-1,1,1,1)^{\mathrm{T}}\in P^4$,

求 V_1+V_2 与 $V_1\cap V_2$ 的一组基和维数.

解 (1) $V_1+V_2=L(\boldsymbol{x}_1,\boldsymbol{x}_2,\boldsymbol{y}_1,\boldsymbol{y}_2)$,求 V_1+V_2 的一组基和维数.

$$(\boldsymbol{x}_1,\boldsymbol{x}_2,\boldsymbol{y}_1,\boldsymbol{y}_2)=\begin{pmatrix}2&1&1&-1\\-1&-1&2&1\\0&3&1&1\\1&5&0&1\end{pmatrix}\to\begin{pmatrix}-1&-1&2&1\\2&1&1&-1\\0&3&1&1\\1&5&0&1\end{pmatrix}\to\begin{pmatrix}-1&-1&2&1\\0&-1&5&1\\0&3&1&1\\0&6&2&2\end{pmatrix}$$

$$\to\begin{pmatrix}-1&-1&2&1\\0&-1&5&1\\0&3&1&1\\0&0&0&0\end{pmatrix}\to\begin{pmatrix}-1&-1&2&1\\0&-1&5&1\\0&0&16&4\\0&0&0&0\end{pmatrix},$$

则 V_1+V_2 的维数是 3,一组基为 $\boldsymbol{x}_1,\boldsymbol{x}_2,\boldsymbol{y}_1$.

(2)求 $V_1\cap V_2$ 的一组基和维数.

任意 $\boldsymbol{z}\in V_1\cap V_2$,则 $\boldsymbol{z}=k_1\boldsymbol{x}_1+k_2\boldsymbol{x}_2=-l_1\boldsymbol{y}_1-l_2\boldsymbol{y}_2$,即 $k_1\boldsymbol{x}_1+k_2\boldsymbol{x}_2+l_1\boldsymbol{y}_1+l_2\boldsymbol{y}_2=0$,故

$$\begin{cases}2k_1+k_2+d_1+l_2=0\\-k_1-k_2+2l_1+l_2=0\\3k_2+l_1+l_2=0\\k_1+7k_2+l_2=0.\end{cases}$$

又系数矩阵

$$\begin{pmatrix}2&1&1&-1\\-1&-1&2&1\\0&3&1&1\\1&5&0&1\end{pmatrix}\to\begin{pmatrix}-1&-1&2&1\\0&-1&5&1\\0&0&16&4\\0&0&0&0\end{pmatrix}$$

$$\to\begin{pmatrix}-1&-1&2&1\\0&-1&5&1\\0&0&4&1\\0&0&0&0\end{pmatrix}\to\begin{pmatrix}1&1&-2&-1\\0&1&-5&-1\\0&0&4&1\\0&0&0&0\end{pmatrix},$$

则同解线性方程组为

$$\begin{cases}k_1+k_2-2l_1-l_2=0\\k_2-5l_1-l_2=0\\4l_1+l_2=0,\end{cases}$$

其一个基础解系为 $\boldsymbol{\xi}=(-3,1,1,-4)^{\mathrm{T}}$,故 $(k_1,k_2,l_1,l_2)^{\mathrm{T}}=c(-3,1,1,-4)^{\mathrm{T}}$,其中 c 为任意常数,则 $\boldsymbol{z}=-3c\boldsymbol{x}_1+c\boldsymbol{x}_2=c(-3\boldsymbol{x}_1+\boldsymbol{x}_2)=c(-5,2,3,4)^{\mathrm{T}}$.

显然,$(-5,2,3,4)^{\mathrm{T}} \in V_1 \cap V_2$,且线性无关,故 $V_1 \cap V_2$ 的维数为 1,一组基为$(-5,2,3,4)^{\mathrm{T}}$.

例 6 中 $\dim(V_1+V_2)=3$,$\dim(V_1 \cap V_2)=1$,可以计算出 $\dim V_1=2$,$\dim V_2=2$,有

$$\dim V_1+\dim V_2=\dim(V_1+V_2)+\dim(V_1 \cap V_2)$$

成立.下面给出一般情况下的结果.

定理 4 设 V 是数域 P 上的 n 维线性空间,则 V 中的任一线性无关的向量组都可以扩充为 V 的一组基,即对于 V 中任一线性无关的向量组 $\boldsymbol{\alpha}_1,\boldsymbol{\alpha}_2,\cdots,\boldsymbol{\alpha}_r$,都存在向量组 $\boldsymbol{\alpha}_{r+1},\cdots,\boldsymbol{\alpha}_n \in V$,使得 $\boldsymbol{\alpha}_1,\boldsymbol{\alpha}_2,\cdots,\boldsymbol{\alpha}_r,\boldsymbol{\alpha}_{r+1},\cdots,\boldsymbol{\alpha}_n$ 为 V 的一组基.

证明 对 $n-r$ 作数学归纳法证明.

当 $n-r=0$ 时,$\boldsymbol{\alpha}_1,\boldsymbol{\alpha}_2,\cdots,\boldsymbol{\alpha}_r$ 已经为 V 的一组基,结论成立.

假设 $n-r=k>0$ 时,结论成立.则当 $n-r=k+1$ 时,在 V 中一定存在向量 $\boldsymbol{\alpha}_{r+1}$,使得 $\boldsymbol{\alpha}_1,\boldsymbol{\alpha}_2,\cdots,\boldsymbol{\alpha}_r,\boldsymbol{\alpha}_{r+1}$线性无关,又 $n-(r+1)=n-r-1=k$,由归纳假设存在向量组 $\boldsymbol{\alpha}_{r+2},\cdots,\boldsymbol{\alpha}_n \in V$,使得 $\boldsymbol{\alpha}_1,\boldsymbol{\alpha}_2,\cdots,\boldsymbol{\alpha}_r,\boldsymbol{\alpha}_{r+1},\cdots,\boldsymbol{\alpha}_n$ 为 V 的一组基.

由数学归纳法原理,结论成立.

证毕.

定理 5 (维数公式)若 V_1 和 V_2 是数域 P 上有限维线性空间 V 的两个子空间,则

$$\dim V_1+\dim V_2=\dim(V_1+V_2)+\dim(V_1 \cap V_2)$$

证明 设 $\dim V_1=s$,$\dim V_2=t$,$\dim V_1 \cap V_2=m$.取 $V_1 \cap V_2$ 的一组基

$$\boldsymbol{\alpha}_1,\boldsymbol{\alpha}_2,\cdots,\boldsymbol{\alpha}_m.$$

若 $m=0$,则基 $\boldsymbol{\alpha}_1,\boldsymbol{\alpha}_2,\cdots,\boldsymbol{\alpha}_m$ 是空集.下面的讨论 $\boldsymbol{\alpha}_1,\boldsymbol{\alpha}_2,\cdots,\boldsymbol{\alpha}_m$ 不出现,但讨论同样可以进行.

将 $\boldsymbol{\alpha}_1,\boldsymbol{\alpha}_2,\cdots,\boldsymbol{\alpha}_m$ 扩充为 V_1 的一组基

$$\boldsymbol{\alpha}_1,\boldsymbol{\alpha}_2,\cdots,\boldsymbol{\alpha}_m,\boldsymbol{\beta}_1,\boldsymbol{\beta}_2,\cdots,\boldsymbol{\beta}_{s-m},$$

将 $\boldsymbol{\alpha}_1,\boldsymbol{\alpha}_2,\cdots,\boldsymbol{\alpha}_m$ 扩充为 V_2 的一组基

$$\boldsymbol{\alpha}_1,\boldsymbol{\alpha}_2,\cdots,\boldsymbol{\alpha}_m,\boldsymbol{\gamma}_1,\boldsymbol{\gamma}_2,\cdots,\boldsymbol{\gamma}_{t-m},$$

则 $V_1=L(\boldsymbol{\alpha}_1,\boldsymbol{\alpha}_2,\cdots,\boldsymbol{\alpha}_m,\boldsymbol{\beta}_1,\boldsymbol{\beta}_2,\cdots,\boldsymbol{\beta}_{s-m})$,$V_2=L(\boldsymbol{\alpha}_1,\boldsymbol{\alpha}_2,\cdots,\boldsymbol{\alpha}_m,\boldsymbol{\gamma}_1,\boldsymbol{\gamma}_2,\cdots,\boldsymbol{\gamma}_{t-m})$,故

$$V_1+V_2=L(\boldsymbol{\alpha}_1,\boldsymbol{\alpha}_2,\cdots,\boldsymbol{\alpha}_m,\boldsymbol{\beta}_1,\boldsymbol{\beta}_2,\cdots,\boldsymbol{\beta}_{s-m},\boldsymbol{\gamma}_1,\boldsymbol{\gamma}_2,\cdots,\boldsymbol{\gamma}_{t-m}).$$

下面证明 $\boldsymbol{\alpha}_1,\boldsymbol{\alpha}_2,\cdots,\boldsymbol{\alpha}_m,\boldsymbol{\beta}_1,\boldsymbol{\beta}_2,\cdots,\boldsymbol{\beta}_{s-m},\boldsymbol{\gamma}_1,\boldsymbol{\gamma}_2,\cdots,\boldsymbol{\gamma}_{t-m}$是 V_1+V_2 的一组基,即 $\dim(V_1+V_2)=s+t-m$,因而维数公式成立.

先证明 $\boldsymbol{\alpha}_1,\boldsymbol{\alpha}_2,\cdots,\boldsymbol{\alpha}_m,\boldsymbol{\beta}_1,\boldsymbol{\beta}_2,\cdots,\boldsymbol{\beta}_{s-m},\boldsymbol{\gamma}_1,\boldsymbol{\gamma}_2,\cdots,\boldsymbol{\gamma}_{t-m}$是线性无关的.

考虑向量方程

$$k_1\boldsymbol{\alpha}_1+k_2\boldsymbol{\alpha}_2+\cdots+k_m\boldsymbol{\alpha}_m+p_1\boldsymbol{\beta}_1+p_2\boldsymbol{\beta}_2+\cdots+p_{s-m}\boldsymbol{\beta}_{s-m}+q_1\boldsymbol{\gamma}_1+q_2\boldsymbol{\gamma}_2+\cdots+q_{t-m}\boldsymbol{\gamma}_{t-m}=\mathbf{0},$$

其中 $k_1,k_2,\cdots,k_m,p_1,p_2,\cdots,p_{s-m},q_1,q_2,\cdots,q_{t-m} \in P$.

记

$$\begin{aligned}\boldsymbol{\alpha} &= k_1\boldsymbol{\alpha}_1 + k_2\boldsymbol{\alpha}_2 + \cdots + k_m\boldsymbol{\alpha}_m + p_1\boldsymbol{\beta}_1 + p_2\boldsymbol{\beta}_2 + \cdots + p_{s-m}\boldsymbol{\beta}_{s-m} \\ &= -q_1\boldsymbol{\gamma}_1 - q_2\boldsymbol{\gamma}_2 - \cdots - q_{t-m}\boldsymbol{\gamma}_{t-m}.\end{aligned}$$

由

$$\boldsymbol{\alpha} = k_1\boldsymbol{\alpha}_1 + k_2\boldsymbol{\alpha}_2 + \cdots + k_m\boldsymbol{\alpha}_m + p_1\boldsymbol{\beta}_1 + p_2\boldsymbol{\beta}_2 + \cdots + p_{s-m}\boldsymbol{\beta}_{s-m},$$

$$\boldsymbol{\alpha} = -q_1\boldsymbol{\gamma}_1 - q_2\boldsymbol{\gamma}_2 - \cdots - q_{t-m}\boldsymbol{\gamma}_{t-m}$$

有 $\boldsymbol{\alpha} \in V_1, \boldsymbol{\alpha} \in V_2$，于是 $\boldsymbol{\alpha} \in V_1 \cap V_2$，则 $\boldsymbol{\alpha}$ 可以由 $\boldsymbol{\alpha}_1, \boldsymbol{\alpha}_2, \cdots, \boldsymbol{\alpha}_m$ 线性表示，即有

$$\boldsymbol{\alpha} = l_1\boldsymbol{\alpha}_1 + l_2\boldsymbol{\alpha}_2 + \cdots + l_m\boldsymbol{\alpha}_m,$$

则

$$l_1\boldsymbol{\alpha}_1 + l_2\boldsymbol{\alpha}_2 + \cdots + l_m\boldsymbol{\alpha}_m + q_1\boldsymbol{\gamma}_1 + q_2\boldsymbol{\gamma}_2 + \cdots + q_{t-m}\boldsymbol{\gamma}_{t-m} = \mathbf{0}.$$

由 $\boldsymbol{\alpha}_1, \boldsymbol{\alpha}_2, \cdots, \boldsymbol{\alpha}_m, \boldsymbol{\gamma}_1, \boldsymbol{\gamma}_2, \cdots, \boldsymbol{\gamma}_{t-m}$ 线性无关有

$$l_1 = 0, l_2 = 0, \cdots, l_m = 0, q_1 = 0, q_2 = 0, \cdots, q_{t-m} = 0,$$

因而 $\boldsymbol{\alpha} = \mathbf{0}$，从而有

$$k_1\boldsymbol{\alpha}_1 + k_2\boldsymbol{\alpha}_2 + \cdots + k_m\boldsymbol{\alpha}_m + p_1\boldsymbol{\beta}_1 + p_2\boldsymbol{\beta}_2 + \cdots + p_{s-m}\boldsymbol{\beta}_{s-m} = \mathbf{0}.$$

由 $\boldsymbol{\alpha}_1, \boldsymbol{\alpha}_2, \cdots, \boldsymbol{\alpha}_m, \boldsymbol{\beta}_1, \boldsymbol{\beta}_2, \cdots, \boldsymbol{\beta}_{s-m}$ 线性无关有

$$k_1 = 0, k_2 = 0, \cdots, k_m = 0, p_1 = 0, p_2 = 0, \cdots, p_{s-m} = 0,$$

这就证明了向量组 $\boldsymbol{\alpha}_1, \boldsymbol{\alpha}_2, \cdots, \boldsymbol{\alpha}_m, \boldsymbol{\beta}_1, \boldsymbol{\beta}_2, \cdots, \boldsymbol{\beta}_{s-m}, \boldsymbol{\gamma}_1, \boldsymbol{\gamma}_2, \cdots, \boldsymbol{\gamma}_{t-m}$ 是线性无关的.

又 $V_1 + V_2 = L(\boldsymbol{\alpha}_1, \boldsymbol{\alpha}_2, \cdots, \boldsymbol{\alpha}_m, \boldsymbol{\beta}_1, \boldsymbol{\beta}_2, \cdots, \boldsymbol{\beta}_{s-m}, \boldsymbol{\gamma}_1, \boldsymbol{\gamma}_2, \cdots, \boldsymbol{\gamma}_{t-m})$，则

$$\boldsymbol{\alpha}_1, \boldsymbol{\alpha}_2, \cdots, \boldsymbol{\alpha}_m, \boldsymbol{\beta}_1, \boldsymbol{\beta}_2, \cdots, \boldsymbol{\beta}_{s-m}, \boldsymbol{\gamma}_1, \boldsymbol{\gamma}_2, \cdots, \boldsymbol{\gamma}_{t-m}$$

是 $V_1 + V_2$ 的一组基，且 $\dim(V_1 + V_2) = s + t - m = \dim V_1 + \dim V_2 - \dim(V_1 \cap V_2)$，故

$$\dim V_1 + \dim V_2 = \dim(V_1 + V_2) + \dim(V_1 \cap V_2).$$

证毕.

推论 若 n 维线性空间 V 的两个子空间 V_1 与 V_2 的维数之和大于 n，则 V_1 与 V_2 必含有非零公共向量.

证明 由维数公式有

$$\dim(V_1 \cap V_2) = \dim(V_1) + \dim(V_2) - \dim(V_1 + V_2),$$

由已知有 $\dim V_1 + \dim V_2 > n$，$\dim(V_1 + V_2) \leqslant n$，所以 $\dim(V_1 \cap V_2) > 0$，即 $V_1 \cap V_2$ 中含有非零向量.

证毕.

1.2.4 子空间的直和

定义3 设 V_1 和 V_2 是数域 P 上线性空间 V 的两个子空间，若和 $V_1 + V_2$ 中每个向量

$\boldsymbol{\alpha}$ 的分解式：

$$\boldsymbol{\alpha}=\boldsymbol{\alpha}_1+\boldsymbol{\alpha}_2,\text{其中 }\boldsymbol{\alpha}_1\in V_1,\boldsymbol{\alpha}_2\in V_2,$$

是唯一的，则称和 V_1+V_2 是直和，记作 $V_1\oplus V_2$.

例 7 设线性空间 P^3 的子空间

$$V_1=\{(u,v,0)\mid u,v\in P\},V_2=\{(u,0,w)\mid u,w\in P\},V_3=\{(0,0,w)\mid w\in P\},$$

证明 $V_1+V_2=P^3$ 和 $V_1+V_3=P^3$. 并问 V_1+V_2，V_1+V_3 是否是直和?

解 显然 $V_1+V_2\subset P^3$，$V_1+V_3\subset P^3$. 任意 $\boldsymbol{\alpha}=(x,y,z)\in P^3$，则

$$\boldsymbol{\alpha}=(x,y,0)+(0,0,w)\in V_1+V_3,\boldsymbol{\alpha}=\left(\frac{x}{2},y,0\right)+\left(\frac{x}{2},0,w\right)\in V_1+V_2,$$

故 $P^3\subset V_1+V_3$，$P^3\subset V_1+V_2$，因此，$V_1+V_3=P^3$，$V_1+V_2=P^3$.

任意 $\boldsymbol{\alpha}=(x,y,z)\in P^3=V_1+V_3$，$\boldsymbol{\alpha}$ 的分解式只能为 $\boldsymbol{\alpha}=(x,y,0)+(0,0,w)$，即分解式是唯一的，则 V_1+V_3 是直和.

$(2,3,4)\in P^3=V_1+V_2$，则$(2,3,4)=(2,3,0)+(0,0,4)=(-1,3,0)+(3,3,4)$，即分解式是不唯一的，则 V_1+V_2 不是直和.

定理 6 设 V_1 和 V_2 是数域 P 上线性空间 V 的两个子空间，则和 V_1+V_2 是直和的充分必要条件是和 V_1+V_2 中零向量的分解式是唯一的，即

$$\boldsymbol{\alpha}=\boldsymbol{\alpha}_1+\boldsymbol{\alpha}_2,\text{其中 }\boldsymbol{\alpha}_1\in V_1,\boldsymbol{\alpha}_2\in V_2$$

只有在 $\boldsymbol{\alpha}_1=0$，$\boldsymbol{\alpha}_2=0$ 时才成立.

证明 必要性. 结论显然成立.

充分性. 任意 $\boldsymbol{\alpha}\in V_1+V_2$，有两个分解式

$$\boldsymbol{\alpha}=\boldsymbol{\alpha}_1+\boldsymbol{\alpha}_2,\text{其中 }\boldsymbol{\alpha}_1\in V_1,\boldsymbol{\alpha}_2\in V_2,$$

$$\boldsymbol{\alpha}=\boldsymbol{\beta}_1+\boldsymbol{\beta}_2,\text{其中 }\boldsymbol{\beta}_1\in V_1,\boldsymbol{\beta}_2\in V_2,$$

于是$(\boldsymbol{\alpha}_1-\boldsymbol{\beta}_1)+(\boldsymbol{\alpha}_2-\boldsymbol{\beta}_2)=\mathbf{0}$，其中 $\boldsymbol{\alpha}_1-\boldsymbol{\beta}_1\in V_1$，$\boldsymbol{\alpha}_2-\boldsymbol{\beta}_2\in V_2$. 由条件有 $\boldsymbol{\alpha}_1-\boldsymbol{\beta}_1=\mathbf{0}$，$\boldsymbol{\alpha}_2-\boldsymbol{\beta}_2=\mathbf{0}$，即 $\boldsymbol{\alpha}_1=\boldsymbol{\beta}_1$，$\boldsymbol{\alpha}_2=\boldsymbol{\beta}_2$，即 $\boldsymbol{\alpha}$ 的分解式唯一，故 V_1+V_2 是直和.

证毕.

推论 设 V_1 和 V_2 是数域 P 上线性空间 V 的两个子空间，则和 V_1+V_2 是直和的充分必要条件是 $V_1\cap V_2=\{\mathbf{0}\}$.

证明 必要性. 任意 $\boldsymbol{\alpha}\in V_1\cap V_2$，则 $\boldsymbol{\alpha}\in V_1$ 且 $\boldsymbol{\alpha}\in V_2$，故零向量可以表示成

$$\mathbf{0}=\boldsymbol{\alpha}+(-\boldsymbol{\alpha}),\text{其中 }\boldsymbol{\alpha}\in V_1,-\boldsymbol{\alpha}\in V_2.$$

由 V_1+V_2 是直和有 $\boldsymbol{\alpha}=-\boldsymbol{\alpha}=\mathbf{0}$，则 $V_1\cap V_2=\{\mathbf{0}\}$.

充分性. 假设有等式

$$\boldsymbol{\alpha}_1+\boldsymbol{\alpha}_2=\mathbf{0},\text{其中 }\boldsymbol{\alpha}_1\in V_1,\boldsymbol{\alpha}_2\in V_2,$$

则 $\boldsymbol{\alpha}_2=-\boldsymbol{\alpha}_1\in V_1$，故 $\boldsymbol{\alpha}_2\in V_1\cap V_2$. 由已知 $V_1\cap V_2=\{\mathbf{0}\}$ 有 $\boldsymbol{\alpha}_2=-\boldsymbol{\alpha}_1=\mathbf{0}$，故 $\boldsymbol{\alpha}_1=\mathbf{0}$，$\boldsymbol{\alpha}_2=\mathbf{0}$，

从而 V_1+V_2 是直和.

证毕.

定理7 设 V_1 和 V_2 是数域 P 上有限维线性空间 V 的两个子空间,则和 V_1+V_2 是直和的充分必要条件是 $\dim(V_1+V_2)=\dim V_1+\dim V_2$.

证明 由上述推论有 V_1+V_2 是直和的充分必要条件是 $V_1\cap V_2=\{\mathbf{0}\}$,而 $V_1\cap V_2=\{\mathbf{0}\}$ 的充分必要条件是 $\dim(V_1\cap V_2)=0$. 由维数公式

$$\dim(V_1+V_2)=\dim V_1+\dim V_2-\dim(V_1\cap V_2)$$

有 V_1+V_2 是直和的充分必要条件是

$$\dim(V_1+V_2)=\dim V_1+\dim V_2.$$

证毕.

定理8 设 U 是数域 P 上有限维线性空间 V 的一个子空间,则一定存在 V 的一个子空间 W,使得 $V=U\oplus W$,此时称 W 为 U 的补空间,或者 U 与 W 是互补子空间.

证明 设 $\dim V=n,\dim U=m$. 取 U 的一组基 $\boldsymbol{e}_1,\boldsymbol{e}_2,\cdots,\boldsymbol{e}_m$,则

$$U=L(\boldsymbol{e}_1,\boldsymbol{e}_2,\cdots,\boldsymbol{e}_m).$$

将 $\boldsymbol{e}_1,\boldsymbol{e}_2,\cdots,\boldsymbol{e}_m$ 扩充为 V 的一组基 $\boldsymbol{e}_1,\boldsymbol{e}_2,\cdots,\boldsymbol{e}_m,\boldsymbol{e}_{m+1},\cdots,\boldsymbol{e}_n$,则

$$V=L(\boldsymbol{e}_1,\boldsymbol{e}_2,\cdots,\boldsymbol{e}_m,\boldsymbol{e}_{m+1},\cdots,\boldsymbol{e}_n).$$

记 $W=L(\boldsymbol{e}_{m+1},\cdots,\boldsymbol{e}_n)$,则 $V=U+W$,且 $\dim W=n-m$,即 $\dim W+\dim U=\dim V$,故 $V=U\oplus V$.

证毕.

例8 设 $\boldsymbol{\varepsilon}_1,\boldsymbol{\varepsilon}_2,\boldsymbol{\varepsilon}_3,\boldsymbol{\varepsilon}_4$ 是线性空间 P^4 的一组基. 若

$$V_1=L(\boldsymbol{\varepsilon}_1+2\boldsymbol{\varepsilon}_2,\boldsymbol{\varepsilon}_2),$$
$$V_2=L(3\boldsymbol{\varepsilon}_3+\boldsymbol{\varepsilon}_4,\boldsymbol{\varepsilon}_1+\boldsymbol{\varepsilon}_2-\boldsymbol{\varepsilon}_4),$$

问 V_1+V_2 是否为直和?

解 显然,$V_1+V_2=L(\boldsymbol{\varepsilon}_1+2\boldsymbol{\varepsilon}_2,\boldsymbol{\varepsilon}_2,3\boldsymbol{\varepsilon}_3+\boldsymbol{\varepsilon}_4,\boldsymbol{\varepsilon}_1+\boldsymbol{\varepsilon}_2-\boldsymbol{\varepsilon}_4)$.

$\boldsymbol{\varepsilon}_1+2\boldsymbol{\varepsilon}_2,\boldsymbol{\varepsilon}_2,3\boldsymbol{\varepsilon}_3+\boldsymbol{\varepsilon}_4,\boldsymbol{\varepsilon}_1+\boldsymbol{\varepsilon}_2-\boldsymbol{\varepsilon}_4$ 在基 $\boldsymbol{\varepsilon}_1,\boldsymbol{\varepsilon}_2,\boldsymbol{\varepsilon}_3,\boldsymbol{\varepsilon}_4$ 的坐标为

$$\boldsymbol{\eta}_1=\begin{pmatrix}1\\2\\0\\0\end{pmatrix},\boldsymbol{\eta}_2=\begin{pmatrix}0\\1\\0\\0\end{pmatrix},\boldsymbol{\eta}_3=\begin{pmatrix}0\\0\\-3\\1\end{pmatrix},\boldsymbol{\eta}_4=\begin{pmatrix}1\\1\\0\\-1\end{pmatrix}.$$

易知 $\boldsymbol{\eta}_1,\boldsymbol{\eta}_2$ 线性无关,$\boldsymbol{\eta}_3,\boldsymbol{\eta}_4$ 线性无关,从而 $\boldsymbol{\varepsilon}_1+2\boldsymbol{\varepsilon}_2,\boldsymbol{\varepsilon}_2$ 线性无关,$3\boldsymbol{\varepsilon}_3+\boldsymbol{\varepsilon}_4,\boldsymbol{\varepsilon}_1+\boldsymbol{\varepsilon}_2-\boldsymbol{\varepsilon}_4$ 线性无关,故 $\dim V_1=2,\dim V_2=2$. 又

$$(\boldsymbol{\eta}_1,\boldsymbol{\eta}_2,\boldsymbol{\eta}_3,\boldsymbol{\eta}_4)=\begin{pmatrix}1&0&0&1\\2&1&0&1\\0&0&3&0\\0&0&1&-1\end{pmatrix}\to\begin{pmatrix}1&0&0&1\\0&1&0&-1\\0&0&3&0\\0&0&1&-1\end{pmatrix}\to\begin{pmatrix}1&0&0&1\\0&1&0&-1\\0&0&1&0\\0&0&0&-1\end{pmatrix},$$

则 $\boldsymbol{\eta}_1,\boldsymbol{\eta}_2,\boldsymbol{\eta}_3,\boldsymbol{\eta}_4$ 的秩为 4,且线性无关,从而 $\boldsymbol{\varepsilon}_1+2\boldsymbol{\varepsilon}_2,\boldsymbol{\varepsilon}_2,3\boldsymbol{\varepsilon}_3+\boldsymbol{\varepsilon}_4,\boldsymbol{\varepsilon}_1+\boldsymbol{\varepsilon}_2-\boldsymbol{\varepsilon}_4$ 线性无关,有 $\dim(V_1+V_2)=4=\dim V_1+\dim V_2$,故 V_1+V_2 为直和.

例 9 已知线性空间 $P^{n\times n}$ 的两个线性子空间

$$S_1=\{\boldsymbol{A}\mid\boldsymbol{A}^{\mathrm{T}}=\boldsymbol{A},\boldsymbol{A}\in P^{n\times n}\},S_2=\{\boldsymbol{A}\mid\boldsymbol{A}^{\mathrm{T}}=-\boldsymbol{A},\boldsymbol{A}\in P^{n\times n}\}.$$

求证 $P^{n\times n}=S_1\oplus S_2$.

证明 显然 $S_1+S_2\subset P^{n\times n}$. 任意 $\boldsymbol{A}\in P^{n\times n}$,则 $\boldsymbol{A}=\dfrac{\boldsymbol{A}+\boldsymbol{A}^{\mathrm{T}}}{2}+\dfrac{\boldsymbol{A}-\boldsymbol{A}^{\mathrm{T}}}{2}$.

记

$$\boldsymbol{B}=\frac{\boldsymbol{A}+\boldsymbol{A}^{\mathrm{T}}}{2},\boldsymbol{C}=\frac{\boldsymbol{A}-\boldsymbol{A}^{\mathrm{T}}}{2},$$

则 $\boldsymbol{A}=\boldsymbol{B}+\boldsymbol{C}$. 易证 $\boldsymbol{B}^{\mathrm{T}}=\boldsymbol{B},\boldsymbol{C}^{\mathrm{T}}=-\boldsymbol{C}$,则 $\boldsymbol{B}\in S_1,\boldsymbol{C}\in S_2$,有 $\boldsymbol{A}\in S_1+S_2$,故

$$P^{n\times n}\subset S_1+S_2.$$

因此,$P^{n\times n}=S_1+S_2$.

任意 $\boldsymbol{A}\in S_1\cap S_2$,则 $\boldsymbol{A}\in S_1$ 且 $\boldsymbol{A}\in S_2$,有 $\boldsymbol{A}^{\mathrm{T}}=\boldsymbol{A}$ 且 $\boldsymbol{A}^{\mathrm{T}}=-\boldsymbol{A}$,得到 $\boldsymbol{A}=0$,从而 $S_1\cap S_2=\{\boldsymbol{0}\}$,故 S_1+S_2 是直和. 因此,$P^{n\times n}=S_1\oplus S_2$.

习题 1

1. 证明:集合 $\boldsymbol{Q}(\sqrt{n})=\{a+b\sqrt{n}\mid a,b\in\boldsymbol{Q}\}$ 是数域,其中 n 不是完全平方数.

2. 证明:集合 $\{a+b\sqrt[3]{2}\mid a,b\in\boldsymbol{Q}\}$ 不是数域.

3. 判断下列各数集是否构成数域?请说明原因.

(1) $P_1=A\cap B$,其中 A,B 是两个数域;

(2) $P_2=\{$偶数的全体$\}$.

4. 判断下列集合是否是给定数域上的线性空间,请说明理由,其中(2)~(7)的加法与数量乘法按数域 P 上线性空间 P^n 所定义的加法与数量乘法.

(1) 实数域 $\mathbf{R}$ 上全体实对称矩阵按矩阵的加法与数量乘法构成数域 $\mathbf{R}$ 上的线性空间.

(2) 集合 $V=\{(0,x_2,x_3,\cdots,x_n)\mid x_i\in P,i=2,3,\cdots,n\}$ 构成数域 P 上的线性空间.

(3) 集合 $V=\{(1,x_2,x_3,\cdots,x_n)\mid x_i\in P,i=2,3,\cdots,n\}$ 构成数域 P 上的线性空间.

(4) 集合 $V=\{(x_1,0,\cdots,0,x_n)\mid x_1,x_n\in P\}$ 构成数域 P 上的线性空间.

(5)集合 $V=\{(x_1,x_2,\cdots,x_n)\mid x_1+x_2+\cdots+x_n=0,x_i\in P\}$ 构成数域 P 上的线性空间.

(6)集合 $V=\{(x_1,x_2,\cdots,x_n)\mid x_1+x_2+\cdots+x_n=1,x_i\in P,i=1,2,\cdots,n\}$ 构成数域 P 上的线性空间.

(7)集合 $V=\{(x_1,0,\cdots,0,0)\mid x_1\in P\}$ 构成数域 P 上的线性空间.

5. 设线性空间 P^3 的一组基为 $\boldsymbol{\alpha}_1=(1,1,1),\boldsymbol{\alpha}_2=(0,1,1),\boldsymbol{\alpha}_3=(0,0,1)$,求向量 $\boldsymbol{\alpha}=(1,2,3)$ 在 $\boldsymbol{\alpha}_1,\boldsymbol{\alpha}_2,\boldsymbol{\alpha}_3$ 下的坐标.

6. 求矩阵 $\boldsymbol{A}=\begin{pmatrix}-1&2&3\\2&4&-2\end{pmatrix}$ 在线性空间 $P^{2\times3}$ 的一组基 $\boldsymbol{E}_{11},\boldsymbol{E}_{12},\boldsymbol{E}_{13},\boldsymbol{E}_{21},\boldsymbol{E}_{22},\boldsymbol{E}_{23}$ 下的坐标.

7. 求 $2x^3-3x^2+5$ 在线性空间 $P[x]_4$ 的基 $1,x,x^2,x^3$ 下的坐标.

8. 判断下列向量组的线性相关性:

(1)线性空间 P^4 中向量组

$$\begin{pmatrix}1\\-2\\1\\1\end{pmatrix},\begin{pmatrix}-1\\1\\2\\1\end{pmatrix},\begin{pmatrix}0\\1\\1\\1\end{pmatrix},\begin{pmatrix}1\\2\\1\\-1\end{pmatrix},\begin{pmatrix}0\\1\\2\\0\end{pmatrix};$$

(2)线性空间 $P^{2\times2}$ 中向量组

$$\boldsymbol{A}_1=\begin{pmatrix}1&2\\3&4\end{pmatrix},\boldsymbol{A}_2=\begin{pmatrix}-1&1\\1&1\end{pmatrix},\boldsymbol{A}_3=\begin{pmatrix}0&1\\1&0\end{pmatrix},\boldsymbol{A}_4=\begin{pmatrix}1&0\\0&0\end{pmatrix},\boldsymbol{A}_5=\begin{pmatrix}0&0\\1&1\end{pmatrix};$$

(3)线性空间 $P[x]_4$ 中向量组

$$1+x+x^2,2+2x+x^3,x+2x^2-x^3.$$

9. 问 k 取何值时,向量组 $\boldsymbol{\alpha}_1=(1,2,1),\boldsymbol{\alpha}_2=(2,3,k),\boldsymbol{\alpha}_3=(3,k,3)$ 为 $\mathbf{R}^3$ 的一组基.

10. 判断题(判断并说明理由).

(1)设 V 是数域 P 上的线性空间,$\boldsymbol{\alpha}_1,\boldsymbol{\alpha}_2,\cdots,\boldsymbol{\alpha}_r,\cdots,\boldsymbol{\alpha}_n\in V$,若 $\boldsymbol{\alpha}_1,\boldsymbol{\alpha}_2,\cdots,\boldsymbol{\alpha}_r,\cdots,\boldsymbol{\alpha}_n$ 线性无关,则 $\boldsymbol{\alpha}_1,\boldsymbol{\alpha}_2,\cdots,\boldsymbol{\alpha}_r$ 线性无关.

(2)设 V 是数域 P 上的线性空间,$\boldsymbol{\alpha}_1,\boldsymbol{\alpha}_2,\cdots,\boldsymbol{\alpha}_r,\cdots,\boldsymbol{\alpha}_n\in V$,若 $\boldsymbol{\alpha}_1,\boldsymbol{\alpha}_2,\cdots,\boldsymbol{\alpha}_r$ 线性无关,则 $\boldsymbol{\alpha}_1,\boldsymbol{\alpha}_2,\cdots,\boldsymbol{\alpha}_r,\cdots,\boldsymbol{\alpha}_n$ 线性无关.

(3)设 V 是数域 P 上的线性空间,$\boldsymbol{\alpha}_1,\boldsymbol{\alpha}_2,\cdots,\boldsymbol{\alpha}_r\in V,\boldsymbol{\beta}_1,\boldsymbol{\beta}_2,\cdots,\boldsymbol{\beta}_s\in V$,且 $\boldsymbol{\alpha}_1,\boldsymbol{\alpha}_2,\cdots,\boldsymbol{\alpha}_r$ 可以由 $\boldsymbol{\beta}_1,\boldsymbol{\beta}_2,\cdots,\boldsymbol{\beta}_s$ 线性表示. 若 $r>s$,则 $\boldsymbol{\alpha}_1,\boldsymbol{\alpha}_2,\cdots,\boldsymbol{\alpha}_r$ 线性无关.

11. (1)已知 $\boldsymbol{\alpha}_1,\boldsymbol{\alpha}_2,\boldsymbol{\alpha}_3$ 是 V 的一组基,则下列向量组(　　)是 $\mathbf{R}^3$ 的一组基.

A. $\boldsymbol{\alpha}_1+\boldsymbol{\alpha}_2,\boldsymbol{\alpha}_2+\boldsymbol{\alpha}_3,\boldsymbol{\alpha}_3-\boldsymbol{\alpha}_1$　　B. $\boldsymbol{\alpha}_1+2\boldsymbol{\alpha}_2,2\boldsymbol{\alpha}_2+3\boldsymbol{\alpha}_3,3\boldsymbol{\alpha}_3+\boldsymbol{\alpha}_1$

C. $\boldsymbol{\alpha}_1+\boldsymbol{\alpha}_2,\boldsymbol{\alpha}_2+\boldsymbol{\alpha}_3,\boldsymbol{\alpha}_1+2\boldsymbol{\alpha}_2+\boldsymbol{\alpha}_3$　　D. $\boldsymbol{\alpha}_1+\boldsymbol{\alpha}_2+\boldsymbol{\alpha}_3,2\boldsymbol{\alpha}_1-3\boldsymbol{\alpha}_2+22\boldsymbol{\alpha}_3,3\boldsymbol{\alpha}_1+5\boldsymbol{\alpha}_2-5\boldsymbol{\alpha}_3$

(2)已知$\boldsymbol{\alpha}_1,\boldsymbol{\alpha}_2,\boldsymbol{\alpha}_3$是$V$的一组基,则下列向量组(　　)不是$V$的一组基.

A. $\boldsymbol{\alpha}_1+\boldsymbol{\alpha}_2,\boldsymbol{\alpha}_2+\boldsymbol{\alpha}_3,\boldsymbol{\alpha}_1+\boldsymbol{\alpha}_3$　　B. $\boldsymbol{\alpha}_1+2\boldsymbol{\alpha}_2,\boldsymbol{\alpha}_2+2\boldsymbol{\alpha}_3,\boldsymbol{\alpha}_3+2\boldsymbol{\alpha}_1$

C. $\boldsymbol{\alpha}_1-\boldsymbol{\alpha}_2,\boldsymbol{\alpha}_2-\boldsymbol{\alpha}_3,\boldsymbol{\alpha}_1-\boldsymbol{\alpha}_3$　　D. $\boldsymbol{\alpha}_1-2\boldsymbol{\alpha}_2,\boldsymbol{\alpha}_2-2\boldsymbol{\alpha}_3,\boldsymbol{\alpha}_1-2\boldsymbol{\alpha}_3$

12. 设V是数域P上的线性空间,且$\boldsymbol{\alpha}_1,\boldsymbol{\alpha}_2,\cdots,\boldsymbol{\alpha}_r$线性无关,$\boldsymbol{\alpha}_1,\boldsymbol{\alpha}_2,\cdots,\boldsymbol{\alpha}_r,\boldsymbol{\beta}$线性相关. 证明:$\boldsymbol{\beta}$可以由$\boldsymbol{\alpha}_1,\boldsymbol{\alpha}_2,\cdots,\boldsymbol{\alpha}_r$线性表示,且表示法唯一.

13. 设$\boldsymbol{\alpha}_1=(1,1,1),\boldsymbol{\alpha}_2=(1,2,3),\boldsymbol{\alpha}_3=(1,0,0),\boldsymbol{\beta}=(-1,4,1)$是线性空间$\mathbf{R}^3$的向量.

(1)证明:$\boldsymbol{\alpha}_1,\boldsymbol{\alpha}_2,\boldsymbol{\alpha}_3$是$\mathbf{R}^3$的一组基;

(2)求$\boldsymbol{\beta}$在$\boldsymbol{\alpha}_1,\boldsymbol{\alpha}_2,\boldsymbol{\alpha}_3$下的坐标.

14. 证明:在实函数线性空间中,$\mathrm{e}^x,x\mathrm{e}^x,(x+1)\mathrm{e}^{2x}$线性无关.

15. 设$\boldsymbol{\varepsilon}_1=(1,1,1,1),\boldsymbol{\varepsilon}_2=(1,1,-1,-1),\boldsymbol{\varepsilon}_3=(1,-1,1,-1),\boldsymbol{\varepsilon}_4=(1,-1,-1,1)$,是$P^4$的一组基,$\boldsymbol{\xi}=(1,2,1,1)$,求$\boldsymbol{\xi}$在基$\boldsymbol{\varepsilon}_1,\boldsymbol{\varepsilon}_2,\boldsymbol{\varepsilon}_3,\boldsymbol{\varepsilon}_4$下的坐标.

16. 设$\boldsymbol{A}_1=\begin{pmatrix}1&1\\1&1\end{pmatrix},\boldsymbol{A}_2=\begin{pmatrix}1&1\\1&0\end{pmatrix},\boldsymbol{A}_3=\begin{pmatrix}1&1\\0&0\end{pmatrix},\boldsymbol{A}_4=\begin{pmatrix}1&0\\0&0\end{pmatrix}$是线性空间$P^{2\times2}$中的向量组.

(1)证明:$\boldsymbol{A}_1,\boldsymbol{A}_2,\boldsymbol{A}_3,\boldsymbol{A}_4$是$P^{2\times2}$的一组基;

(2)求$\boldsymbol{B}=\begin{pmatrix}2&1\\2&3\end{pmatrix}$在$\boldsymbol{A}_1,\boldsymbol{A}_2,\boldsymbol{A}_3,\boldsymbol{A}_4$下的坐标.

17. 求数域P上的线性空间$V=\{\boldsymbol{A}\mid\boldsymbol{A}^{\mathrm{T}}=\boldsymbol{A},\boldsymbol{A}\in P^{n\times n}\}$的一组基和维数.

18. 求数域P上的线性空间

$$V=\left\{\begin{pmatrix}a&b&c\\d&e&f\end{pmatrix}\middle|\,a,b,c,d,e,f\in P,a+b+c+d+e+f=0,a-b+c+2e+3f=0\right\}$$

的一组基和维数.

19. 求数域P上的线性空间

$$V_1=\{(0,x_2,x_3,\cdots,x_n)\mid x_2,x_3,\cdots,x_n\in P\},$$
$$V_2=\{(0,x_2,x_3,\cdots,x_n)\mid x_2+x_3+\cdots+x_n=0\}$$

的一组基和维数.

20. 设$\boldsymbol{\alpha}_1,\boldsymbol{\alpha}_2,\boldsymbol{\alpha}_3$和$\boldsymbol{\beta}_1,\boldsymbol{\beta}_2,\boldsymbol{\beta}_3$是数域$P$上线性空间$V$的两组基,且

$$\boldsymbol{\beta}_1=2\boldsymbol{\alpha}_1+3\boldsymbol{\alpha}_3,\boldsymbol{\beta}_2=-\boldsymbol{\alpha}_1+\boldsymbol{\alpha}_2,\boldsymbol{\beta}_3=\boldsymbol{\alpha}_1+\boldsymbol{\alpha}_2+\boldsymbol{\alpha}_3.$$

求由基$\boldsymbol{\alpha}_1,\boldsymbol{\alpha}_2,\boldsymbol{\alpha}_3$到基$\boldsymbol{\beta}_1,\boldsymbol{\beta}_2,\boldsymbol{\beta}_3$的过渡矩阵,及由基$\boldsymbol{\beta}_1,\boldsymbol{\beta}_2,\boldsymbol{\beta}_3$到基$\boldsymbol{\alpha}_1,\boldsymbol{\alpha}_2,\boldsymbol{\alpha}_3$的过渡矩阵.

21. 设

$$\begin{cases}\boldsymbol{\alpha}_1=(1,2,1)\\\boldsymbol{\alpha}_2=(2,1,-1)\\\boldsymbol{\alpha}_3=(1,1,1)\end{cases}\text{和}\begin{cases}\boldsymbol{\beta}_1=(1,0,1)\\\boldsymbol{\beta}_2=(0,1,0)\\\boldsymbol{\beta}_3=(1,1,2)\end{cases}$$

是线性空间 P^3 的两组基.

(1)求由基 $\boldsymbol{\alpha}_1,\boldsymbol{\alpha}_2,\boldsymbol{\alpha}_3$ 到基 $\boldsymbol{\beta}_1,\boldsymbol{\beta}_2,\boldsymbol{\beta}_3$ 的过渡矩阵;

(2)已知向量 $\boldsymbol{\alpha}$ 在基 $\boldsymbol{\alpha}_1,\boldsymbol{\alpha}_2,\boldsymbol{\alpha}_3$ 下的坐标为 $\begin{pmatrix}1\\0\\-1\end{pmatrix}$,求 $\boldsymbol{\alpha}$ 在基 $\boldsymbol{\beta}_1,\boldsymbol{\beta}_2,\boldsymbol{\beta}_3$ 下的坐标;

(3)已知向量 $\boldsymbol{\beta}$ 在基 $\boldsymbol{\beta}_1,\boldsymbol{\beta}_2,\boldsymbol{\beta}_3$ 下的坐标为 $\begin{pmatrix}1\\-1\\2\end{pmatrix}$,求 $\boldsymbol{\beta}$ 在基 $\boldsymbol{\alpha}_1,\boldsymbol{\alpha}_2,\boldsymbol{\alpha}_3$ 下的坐标;

(4)求 P^3 中在这两组基下坐标相同的向量.

22. 设

$$\boldsymbol{A}_1=\begin{pmatrix}1&2\\-1&0\end{pmatrix},\boldsymbol{A}_2=\begin{pmatrix}1&-1\\1&1\end{pmatrix},\boldsymbol{A}_3=\begin{pmatrix}-1&2\\1&1\end{pmatrix},\boldsymbol{A}_4=\begin{pmatrix}-1&-1\\1&0\end{pmatrix}$$

和

$$\boldsymbol{B}_1=\begin{pmatrix}2&1\\0&1\end{pmatrix},\boldsymbol{B}_2=\begin{pmatrix}0&1\\2&2\end{pmatrix},\boldsymbol{B}_3=\begin{pmatrix}-2&1\\1&2\end{pmatrix},\boldsymbol{B}_4=\begin{pmatrix}1&3\\1&2\end{pmatrix}$$

是线性空间 $P^{2\times2}$ 的两组基.

(1)求由基 $\boldsymbol{A}_1,\boldsymbol{A}_2,\boldsymbol{A}_3,\boldsymbol{A}_4$ 到基 $\boldsymbol{B}_1,\boldsymbol{B}_2,\boldsymbol{B}_3,\boldsymbol{B}_4$ 的过渡矩阵;

(2)求 $P^{2\times2}$ 中在这两组基下坐标互为相反的向量.

23. 设

$$\begin{cases}f_1(x)=1+x-x^2-x^3\\f_2(x)=1+x+x^2+x^3\\f_3(x)=1-x+x^2-x^3\\f_4(x)=1-x-x^2+x^3\end{cases}\text{和}\begin{cases}g_1(x)=1+x+x^3\\g_2(x)=2+x+3x^2+x^3\\g_3(x)=1+x\\g_4(x)=x-x^2-x^3\end{cases}$$

是线性空间 $P[x]_4$ 的两组基,求由基 $f_1(x),f_2(x),f_3(x),f_4(x)$ 到基 $g_1(x),g_2(x),g_3(x),g_4(x)$ 的过渡矩阵.

24. 设

$$\begin{cases}\boldsymbol{\varepsilon}_1=(1,0,0,0)\\\boldsymbol{\varepsilon}_2=(0,1,0,0)\\\boldsymbol{\varepsilon}_3=(0,0,1,0)\\\boldsymbol{\varepsilon}_4=(0,0,0,1)\end{cases}\text{和}\begin{cases}\boldsymbol{\eta}_1=(2,1,-1,1)\\\boldsymbol{\eta}_2=(0,3,1,0)\\\boldsymbol{\eta}_3=(5,3,2,1)\\\boldsymbol{\eta}_4=(6,6,1,3)\end{cases}$$

是线性空间 P^4 的两组基. 求一非零向量 $\boldsymbol{\xi}$,使得它在基 $\boldsymbol{\varepsilon}_1,\boldsymbol{\varepsilon}_2,\boldsymbol{\varepsilon}_3,\boldsymbol{\varepsilon}_4$ 与基 $\boldsymbol{\eta}_1,\boldsymbol{\eta}_2,\boldsymbol{\eta}_3,\boldsymbol{\eta}_4$ 下有相同的坐标.

25. 证明数域 P 上的线性空间

$$V=\left\{\begin{pmatrix} a & b & c \\ d & e & f \end{pmatrix} \middle| a,b,c,d,e,f\in P, a+b+c+d+e+f=0, a-b+c+2e+3f=0\right\}$$

与 P^4 同构.

26. 证明数域 P 上的线性空间

$$V_1=\{(0,x_2,x_3,\cdots,x_n) \mid x_2,x_3,\cdots,x_n\in P\},$$

$$V_2=\{(x_1,x_2,x_3,\cdots,x_n) \mid x_1+x_2+x_3+\cdots+x_n=0, x_1,x_2,x_3,\cdots,x_n\in P\}$$

是同构的.

27. 设线性空间

$$V_1=\left\{\begin{pmatrix} a & b \\ c & d \end{pmatrix} \middle| a+b+c+d=0, a,b,c,d\in P\right\},$$

$$V_2=\{(x_1,x_2,x_3,x_4) \mid x_1-x_2=0, x_i\in P(i=1,2,3,4)\}.$$

判断 V_1,V_2 是否同构,请说明理由.

28. 设 $V_1=L(\boldsymbol{\alpha}_1,\boldsymbol{\alpha}_2,\cdots,\boldsymbol{\alpha}_m)$, $V_2=L(\boldsymbol{\beta}_1,\boldsymbol{\beta}_2,\cdots,\boldsymbol{\beta}_m)$ 都是数域 P 上的 m 维线性空间,试给出 V_1 到 V_2 的一个同构映射.

29. 在 P^4 中,求由齐次线性方程组

$$\begin{cases} x_1+x_2+x_3+x_4=0 \\ x_1+2x_2+x_3+3x_4=0 \\ -x_1+2x_2+3x_3+x_4=0 \end{cases}$$

确定的解空间的一组基与维数.

30. 设 $\boldsymbol{A}\in P^{n\times n}$.

(1)证明:全体与 $\boldsymbol{A}$ 可交换的矩阵组成 $P^{n\times n}$ 的一子空间,记作 $C(\boldsymbol{A})$;

(2)当 $\boldsymbol{A}=\boldsymbol{E}$ 时,求 $C(\boldsymbol{A})$;

(3)当 $\boldsymbol{A}=\begin{pmatrix} 1 & 0 & \cdots & 0 \\ 0 & 2 & \cdots & 0 \\ \vdots & \vdots & \ddots & \vdots \\ 0 & 0 & \cdots & n \end{pmatrix}$ 时,求 $C(\boldsymbol{A})$ 的一组基与维数.

31. 设 $\boldsymbol{\alpha}_1=(2,1,3,1)$, $\boldsymbol{\alpha}_2=(1,2,0,1)$, $\boldsymbol{\alpha}_3=(-1,1,-3,0)$, $\boldsymbol{\alpha}_4=(1,1,1,1)$ 是线性空间 P^4 中的向量组,求 $L(\boldsymbol{\alpha}_1,\boldsymbol{\alpha}_2,\boldsymbol{\alpha}_3,\boldsymbol{\alpha}_4)$ 的一组基与维数.

32. 设 $\boldsymbol{A}_1=\begin{pmatrix} 2 & 1 \\ 3 & -1 \end{pmatrix}$, $\boldsymbol{A}_2=\begin{pmatrix} -1 & 1 \\ -3 & 1 \end{pmatrix}$, $\boldsymbol{A}_3=\begin{pmatrix} 4 & 5 \\ 3 & -1 \end{pmatrix}$, $\boldsymbol{A}_4=\begin{pmatrix} 1 & 5 \\ -3 & 1 \end{pmatrix}$ 是 $P^{2\times 2}$ 中的向量组,求 $L(\boldsymbol{A}_1,\boldsymbol{A}_2,\boldsymbol{A}_3,\boldsymbol{A}_4)$ 的一组基与维数.

33. 设 $\boldsymbol{\alpha}_1=(1,1,1,1),\boldsymbol{\alpha}_2=(1,2,0,0),\boldsymbol{\alpha}_3=(0,1,1,0)\in P^4,W=L(\boldsymbol{\alpha}_1,\boldsymbol{\alpha}_2,\boldsymbol{\alpha}_3)$.

(1)求 W 的一组基和维数;

(2)若 W 的维数为3,在 P^4 中找一个向量 $\boldsymbol{\beta}$,使得 $\boldsymbol{\alpha}_1,\boldsymbol{\alpha}_2,\boldsymbol{\alpha}_3,\boldsymbol{\beta}$ 是 P^4 的一组基.

34. 证明:线性空间 $P^{2\times 2}$ 中向量组

$$\boldsymbol{A}_1=\begin{pmatrix}1 & 2\\ -1 & 0\end{pmatrix},\boldsymbol{A}_2=\begin{pmatrix}1 & -1\\ 1 & 1\end{pmatrix},\boldsymbol{A}_3=\begin{pmatrix}-1 & 2\\ 1 & 1\end{pmatrix},\boldsymbol{A}_4=\begin{pmatrix}-1 & -1\\ 1 & 0\end{pmatrix},$$

$$\boldsymbol{A}_5=\begin{pmatrix}2 & 1\\ 0 & 1\end{pmatrix},\boldsymbol{A}_6=\begin{pmatrix}0 & 1\\ 2 & 2\end{pmatrix},\boldsymbol{A}_7=\begin{pmatrix}-2 & 1\\ 1 & 2\end{pmatrix},\boldsymbol{B}_8=\begin{pmatrix}1 & 3\\ 1 & 2\end{pmatrix}$$

生成的子空间与 P^4 同构.

35. 设 V_1 和 V_2 是数域 P 上线性空间 V 的两个子空间,且

$$\dim(V_1)=2,\dim(V_2)=3,\dim(V_1+V_2)=4,$$

求 $\dim(V_1\cap V_2)$.

36. 设 V_1 和 V_2 是数域 P 上线性空间 V 的两个子空间,且

$$\dim(V_1)=3,\dim(V_2)=4,\dim(V_1\cap V_2)=6,$$

求 $\dim(V_1+V_2)$.

37. 设 V_1 和 V_2 是数域 P 上线性空间 V 的两个子空间. 若 $V_1\subset V_2$,求 V_1+V_2 和 $V_1\cap V_2$.

38. 设 V_1 是齐次线性方程组

$$x_1+x_2+x_3+x_4=0$$

的解空间,V_2 是齐次线性方程组

$$\begin{cases}x_1+2x_2+x_3-x_4=0\\ x_1+x_2-3x_4=0\end{cases}$$

的解空间,求 $V_1\cap V_2$ 和 V_1+V_2 的一组基和维数.

39. 设

$$\boldsymbol{\alpha}_1=(1,2,1,0),\boldsymbol{\alpha}_2=(-1,1,1,1),\boldsymbol{\beta}_1=(2,-1,0,1),\boldsymbol{\beta}_2=(1,-1,3,7),$$

分别求 $L(\boldsymbol{\alpha}_1,\boldsymbol{\alpha}_2)\cap L(\boldsymbol{\beta}_1,\boldsymbol{\beta}_2)$,$L(\boldsymbol{\alpha}_1,\boldsymbol{\alpha}_2)+L(\boldsymbol{\beta}_1,\boldsymbol{\beta}_2)$的一组基与维数.

40. 设

$$\boldsymbol{A}_1=\begin{pmatrix}1 & 2\\ -1 & -2\end{pmatrix},\boldsymbol{A}_2=\begin{pmatrix}3 & 1\\ 1 & 1\end{pmatrix},\boldsymbol{A}_3=\begin{pmatrix}-1 & 0\\ 1 & -1\end{pmatrix},$$

$$\boldsymbol{B}_1=\begin{pmatrix}2 & 5\\ -6 & -5\end{pmatrix},\boldsymbol{B}_2=\begin{pmatrix}-1 & 2\\ -7 & 3\end{pmatrix},$$

分别求 $L(\boldsymbol{A}_1,\boldsymbol{A}_2,\boldsymbol{A}_3)\cap L(\boldsymbol{B}_1,\boldsymbol{B}_2)$,$L(\boldsymbol{A}_1,\boldsymbol{A}_2,\boldsymbol{A}_3)+L(\boldsymbol{B}_1,\boldsymbol{B}_2)$的一组基与维数.

41. 设

$$f_1(x)=1+x, f_2(x)=1+x^2+x^3,$$
$$g_1(x)=x^2+x^3, g_2(x)=x+x^2,$$

求

$$L(f_1(x), f_2(x)) \cap L(g_1(x), g_2(x)),$$
$$L(f_1(x), f_2(x)) + L(g_1(x), g_2(x))$$

的一组基与维数.

42. 设

$$V_1=\left\{\begin{pmatrix} a & b \\ c & d \end{pmatrix} \middle| a+b+c+d=0, a,b,c,d \in \mathbf{R}\right\},$$

$$V_2=\left\{\begin{pmatrix} a & b \\ c & d \end{pmatrix} \middle| a-b+c-d=0, a,b,c,d \in \mathbf{R}\right\}.$$

(1)分别求 V_1, V_2 的一组基和维数;

(2)求 V_1+V_2 的一组基和维数;

(3)求 $V_1 \cap V_2$ 的一组基和维数.

43. 设 V_1, V_2 分别是齐次线性方程组 $x_1+x_2+\cdots+x_n=0$ 与 $x_1=x_2=\cdots=x_n$ 的解空间,证明: $P^n=V_1 \oplus V_2$.

44. 证明:每个 n 维线性空间都可以表示成 n 个一维子空间的直和.

45. 设

$$f_1(x)=1+x, f_2(x)=x^2+x^3,$$
$$g_1(x)=1+x^2, g_2(x)=x-x^3,$$

且

$$V_1=L(f_1(x), f_2(x)), V_2=L(g_1(x), g_2(x)).$$

证明: $P[x]_4=V_1 \oplus V_2$.

第 2 章 线性变换

本章是在线性空间的基础上引入线性变换,介绍在给定一组基下,线性变换与矩阵之间的对应关系,且线性变换在不同基下的矩阵之间的关系,进而讨论有限维线性变换空间与矩阵空间的同构,并给出不变子空间的概念.

2.1 线性变换的定义

定义 1 设 V 是数域 P 上的线性空间,$\mathscr{A}$ 是 V 到 V 的一个映射,则称 $\mathscr{A}$ 是 V 的一个变换.

定义 2 设 V 是数域 P 上的线性空间,$\mathscr{A}$ 是 V 的一个变换. 若任意 $\boldsymbol{\alpha},\boldsymbol{\beta}\in V$,任意 $k\in P$,有

(1) $\mathscr{A}(\boldsymbol{\alpha}+\boldsymbol{\beta})=\mathscr{A}(\boldsymbol{\alpha})+\mathscr{A}(\boldsymbol{\beta})$,

(2) $\mathscr{A}(k\boldsymbol{\alpha})=k\mathscr{A}(\boldsymbol{\alpha})$,

则称 $\mathscr{A}$ 是 V 的线性变换.

以后我们一般用 $\mathscr{A}$, $\mathscr{B}$, $\mathscr{C}$ 代表 V 的变换,$\mathscr{A}(\boldsymbol{\alpha})$ 或 $\mathscr{A}\boldsymbol{\alpha}$ 代表 $\boldsymbol{\alpha}$ 在 $\mathscr{A}$ 下的像,定义 2 中 (1) 称为线性变换 $\mathscr{A}$ 保持向量的加法,(2) 称为线性变换 $\mathscr{A}$ 保持向量的数量乘法.

例 1 设 V 是数域 P 上的线性空间,$\mathscr{A}$ 是 V 的一个变换,$k\in P$.

(1) 若任意 $\boldsymbol{\alpha}\in V$,有 $\mathscr{A}(\boldsymbol{\alpha})=\boldsymbol{\alpha}$,则称 $\mathscr{A}$ 为 V 的恒等变换或单位变换,此时将 $\mathscr{A}$ 记作 $\mathscr{E}$.

(2) 若任意 $\boldsymbol{\alpha}\in V$,有 $\mathscr{A}(\boldsymbol{\alpha})=\mathbf{0}$,则称 $\mathscr{A}$ 为 V 的零变换,此时将 $\mathscr{A}$ 记作 $\mathscr{O}$.

(3) 若任意 $\boldsymbol{\alpha}\in V$,有 $\mathscr{A}(\boldsymbol{\alpha})=k\boldsymbol{\alpha}$,则称 $\mathscr{A}$ 为由数 k 决定的数乘变换,此时将 $\mathscr{A}$ 记作 $\mathscr{K}$.

可以验证 $\mathscr{E}$, $\mathscr{O}$, $\mathscr{K}$ 都是线性变换. 特别的,当 $k=1$ 时,$\mathscr{K}=\mathscr{E}$,当 $k=0$ 时,$\mathscr{K}=\mathscr{O}$.

例 2 设 $\mathscr{D}$ 是线性空间 $P[x]$ 或 $P[x]_n$ 的一个变换:

$$\text{任意} f(x) \in P[x] \text{或} P[x]_n, \mathscr{D} f(x) = f'(x),$$

称$\mathscr{D}$为$P[x]$或$P[x]_n$的微商变换.可以验证得到$\mathscr{D}$是线性变换.

例 3 设$C(a,b)$为闭区间$[a,b]$上的全体实连续函数构成的实数域$\mathbf{R}$上的线性空间,$\mathscr{I}$是$C(a,b)$上的变换:

$$\text{任意} f(x) \in C(a,b)\ \mathscr{I}(f(x)) = \int_a^x f(t)\,\mathrm{d}t,$$

称$\mathscr{I}$是$C(a,b)$的积分变换.可以验证$\mathscr{I}$是线性变换.

线性变换有以下简单性质:

性质 1 设$\mathscr{A}$是数域P上线性空间V的线性变换,则

$$\mathscr{A}(\mathbf{0}) = \mathbf{0}, \mathscr{A}(-\boldsymbol{\alpha}) = -\mathscr{A}(\boldsymbol{\alpha}).$$

性质 2 线性变换保持向量的线性组合与线性关系式不变.

证明 一方面,设$\boldsymbol{\alpha}_1,\boldsymbol{\alpha}_2,\cdots,\boldsymbol{\alpha}_r,\boldsymbol{\alpha}\in V$,若$\boldsymbol{\alpha}$是$\boldsymbol{\alpha}_1,\boldsymbol{\alpha}_2,\cdots,\boldsymbol{\alpha}_r$的线性组合,则存在$k_1$,$k_2,\cdots,k_r\in P$,使得

$$\boldsymbol{\alpha} = k_1\boldsymbol{\alpha}_1 + k_2\boldsymbol{\alpha}_2 + \cdots + k_r\boldsymbol{\alpha}_r,$$

则

$$\mathscr{A}(\boldsymbol{\alpha}) = k_1\mathscr{A}(\boldsymbol{\alpha})_1 + k_2\mathscr{A}(\boldsymbol{\alpha}_2) + \cdots + k_r\mathscr{A}(\boldsymbol{\alpha}_r),$$

也就是说,$\mathscr{A}(\boldsymbol{\alpha})$是$\mathscr{A}(\boldsymbol{\alpha}_1),\mathscr{A}(\boldsymbol{\alpha}_2),\cdots,\mathscr{A}(\boldsymbol{\alpha}_r)$的线性组合,即线性变换$\mathscr{A}$保持线性组合不变.

另一方面,若向量组$\boldsymbol{\alpha}_1,\boldsymbol{\alpha}_2,\cdots,\boldsymbol{\alpha}_r$有关系式

$$k_1\boldsymbol{\alpha}_1 + k_2\boldsymbol{\alpha}_2 + \cdots + k_r\boldsymbol{\alpha}_r = \mathbf{0},$$

其中$k_1,k_2,\cdots,k_r\in P$,则上式在$\mathscr{A}$的作用下,有

$$k_1\mathscr{A}(\boldsymbol{\alpha}_1) + k_2\mathscr{A}(\boldsymbol{\alpha}_2) + \cdots + k_r\mathscr{A}(\boldsymbol{\alpha}_r) = \mathbf{0},$$

即线性变换$\mathscr{A}$保持线性关系式不变.

证毕.

性质 3 线性变换把线性相关的向量组变成线性相关的向量组.

证明略.

值得注意的是性质 3 的逆是不对的,线性变换可能把线性无关的向量组也变成线性相关的向量组,例如零变换.

2.2 线性变换的运算

2.2.1 线性变换的乘积

定义 1 设$\mathscr{A}$和$\mathscr{B}$是数域P上线性空间V的两个线性变换,定义$\mathscr{A}$与$\mathscr{B}$的乘积

$\mathscr{A}\mathscr{B}$ 为

$$\text{任意 } \boldsymbol{\alpha} \in V, (\mathscr{A}\mathscr{B})(\boldsymbol{\alpha}) = \mathscr{A}(\mathscr{B}(\boldsymbol{\alpha})).$$

线性变换的乘积具有如下两个性质：

性质 1　线性变换的乘积仍是线性变换.

证明　设 $\mathscr{A}$ 和 $\mathscr{B}$ 是数域 P 上线性空间 V 的两个线性变换，则 $\mathscr{A}\mathscr{B}$ 是 V 的一个变换. 任意 $\boldsymbol{\alpha}, \boldsymbol{\beta} \in V$，任意 $k \in P$，有

$$\begin{aligned} \mathscr{A}(\mathscr{B}(\boldsymbol{\alpha}+\boldsymbol{\beta})) &= \mathscr{A}(\mathscr{B}(\boldsymbol{\alpha}+\boldsymbol{\beta})) = \mathscr{A}(\mathscr{B}(\boldsymbol{\alpha}) + \mathscr{B}(\boldsymbol{\beta})) \\ &= \mathscr{A}(\mathscr{B}(\boldsymbol{\alpha})) + \mathscr{A}(\mathscr{B}(\boldsymbol{\beta})) = (\mathscr{A}\mathscr{B})(\boldsymbol{\alpha}) + (\mathscr{A}\mathscr{B})(\boldsymbol{\beta}), \end{aligned}$$

$$\mathscr{A}(\mathscr{B}(k\boldsymbol{\alpha})) = \mathscr{A}(\mathscr{B}(k\boldsymbol{\alpha})) = \mathscr{A}(k\mathscr{B}(\boldsymbol{\alpha})) = k\mathscr{A}(\mathscr{B}(\boldsymbol{\alpha})) = k(\mathscr{A}\mathscr{B})(\boldsymbol{\alpha}),$$

则由定义 1 有 $\mathscr{A}\mathscr{B}$ 是 V 上的线性变换.

证毕.

性质 2　线性变换的乘积满足结合律，即对于数域 P 上线性空间 V 的线性变换 $\mathscr{A}$，$\mathscr{B}$，$\mathscr{C}$，有

$$(\mathscr{A}\mathscr{B})\mathscr{C} = \mathscr{A}(\mathscr{B}\mathscr{C}).$$

证明略.

注意：线性变换的乘法一般不满足交换律.

例 1　实数域 **R** 上的线性空间 $R[x]$ 定义的线性变换

$$\text{任意 } f(x) \in R[x], \mathscr{D}(f(x)) = f'(x), \mathscr{I}(f(x)) = \int_0^x f(t)\,\mathrm{d}t,$$

可以验证 $\mathscr{D}\mathscr{I} = \mathscr{E}$，但一般 $\mathscr{I}\mathscr{D} \neq \mathscr{E}$.

对于乘法，单位变换 $\mathscr{E}$ 有特殊地位. 对于任何线性变换 $\mathscr{A}$，都有

$$\mathscr{A}\mathscr{E} = \mathscr{E}\mathscr{A} = \mathscr{A}.$$

2.2.2　线性变换的加法

定义 2　设 $\mathscr{A}$ 和 $\mathscr{B}$ 是数域 P 上线性空间 V 的两个线性变换. 定义 $\mathscr{A}$ 与 $\mathscr{B}$ 的乘积 $\mathscr{A}\mathscr{B}$ 为

$$\text{任意 } \boldsymbol{\alpha} \in V, (\mathscr{A}+\mathscr{B})(\boldsymbol{\alpha}) = \mathscr{A}(\boldsymbol{\alpha}) + \mathscr{B}(\boldsymbol{\alpha}).$$

线性变换的乘积具有如下两个性质：

性质 3　线性变换的和仍是线性变换.

证明　设 $\mathscr{A}$ 和 $\mathscr{B}$ 是数域 P 上线性空间 V 的两个线性变换，则 $\mathscr{A}+\mathscr{B}$ 是 V 的变换. 任意 $\boldsymbol{\alpha}, \boldsymbol{\beta} \in V$，任意 $k \in P$，有

$$\begin{aligned} (\mathscr{A}+\mathscr{B})(\boldsymbol{\alpha}+\boldsymbol{\beta}) &= \mathscr{A}(\boldsymbol{\alpha}+\boldsymbol{\beta}) + \mathscr{B}(\boldsymbol{\alpha}+\boldsymbol{\beta}) = \mathscr{A}(\boldsymbol{\alpha}) + \mathscr{A}(\boldsymbol{\beta}) + \mathscr{B}(\boldsymbol{\alpha}) + \mathscr{B}(\boldsymbol{\beta}) \\ &= (\mathscr{A}(\boldsymbol{\alpha}) + \mathscr{B}(\boldsymbol{\alpha})) + (\mathscr{A}(\boldsymbol{\beta}) + \mathscr{B}(\boldsymbol{\beta})) = (\mathscr{A}+\mathscr{B})(\boldsymbol{\alpha}) + (\mathscr{A}+\mathscr{B})(\boldsymbol{\beta}), \end{aligned}$$

$$(\mathscr{A}+\mathscr{B})(k\boldsymbol{\alpha}) = \mathscr{A}(k\boldsymbol{\alpha}) + \mathscr{B}(k\boldsymbol{\alpha}) = k\mathscr{A}(\boldsymbol{\alpha}) + k\mathscr{B}(\boldsymbol{\alpha}) = k(\mathscr{A}(\boldsymbol{\alpha}) + \mathscr{B}(\boldsymbol{\alpha})) = k((\mathscr{A}+\mathscr{B})(\boldsymbol{\alpha})),$$

则由定义 1 有$\mathscr{A}+\mathscr{B}$是 V 的线性变换.

证毕.

性质 4 零变换与所有线性变换$\mathscr{A}$的和仍等于$\mathscr{A}$,即

$$\mathscr{A}+\mathscr{O}=\mathscr{A}.$$

定义线性变换$\mathscr{A}$的负变换$-\mathscr{A}$为

$$任意\ \boldsymbol{\alpha}\in V,(-\mathscr{A})(\boldsymbol{\alpha})=-\mathscr{A}(\boldsymbol{\alpha}).$$

线性变换的加法满足下列运算规律:

(1)交换律:$\mathscr{A}+\mathscr{B}=\mathscr{B}+\mathscr{A}$;

(2)结合律:$(\mathscr{A}+\mathscr{B})+\mathscr{C}=\mathscr{A}+(\mathscr{B}+\mathscr{C})$;

(3)$\mathscr{A}+(-\mathscr{A})=\mathscr{O}$;

(4)分配律:

$$\mathscr{A}(\mathscr{B}+\mathscr{C})=\mathscr{A}\mathscr{B}+\mathscr{A}\mathscr{C};$$

$$(\mathscr{B}+\mathscr{C})\mathscr{A}=\mathscr{B}\mathscr{A}+\mathscr{C}\mathscr{A}.$$

2.2.3 线性变换的数量乘法

定义 3 设$\mathscr{A}$是数域 P 上线性空间 V 的线性变换,$k\in P$. 定义 k 与$\mathscr{A}$的数量乘法为

$$k\mathscr{A}=\mathscr{K}\mathscr{A},$$

即任意 $\boldsymbol{\alpha}\in V,(k\mathscr{A})(\boldsymbol{\alpha})=(\mathscr{K}\mathscr{A})\boldsymbol{\alpha}=\mathscr{K}(\mathscr{A}\boldsymbol{\alpha})=k\mathscr{A}\boldsymbol{\alpha}$.

显然,$k\mathscr{A}$是线性变换.

线性变换的数量乘法满足下列运算规律:

(1)$(kl)\mathscr{A}=k(l\mathscr{A})$;

(2)$(k+l)=k\mathscr{A}+l\mathscr{A}$;

(3)$k(\mathscr{A}+\mathscr{B})=k\mathscr{A}+k\mathscr{B}$;

(4)$1\,\mathscr{A}=\mathscr{A}$.

设 V 是数域 P 上的线性空间,集合 $L(V)=\{\mathscr{A}\mid\mathscr{A}是 V 的变换\}$对于定义 2 定义的线性变换的加法和定义 3 定义的数量乘法以及相应的运算规律构成数域 P 上的线性空间. 因此,若$\mathscr{A},\mathscr{B}\in L(V)$,则$\mathscr{A}+\mathscr{B},\mathscr{A}\mathscr{B},k\mathscr{A}\in L(V)$.

2.2.4 线性空间的逆变换

定义 4 设 V 是数域 P 上的线性空间,$\mathscr{A}\in L(V)$. 若存在 V 的一个变换$\mathscr{B}$,使得

$$\mathscr{A}\mathscr{B}=\mathscr{B}\mathscr{A}=\mathscr{E},$$

则称$\mathscr{B}$为$\mathscr{A}$的逆变换,记为$\mathscr{A}^{-1}$.

定理 1 设 V 是数域 P 上的线性空间,$\mathscr{A}\in L(V)$. 若$\mathscr{A}$是可逆的,则$\mathscr{A}^{-1}$也是 V 上的

一个线性变换,即$\mathscr{A}^{-1}\in L(V)$.

证明　显然,$\mathscr{A}^{-1}$是 V 的一个变换,且满足$\mathscr{A}\mathscr{A}^{-1}=\mathscr{A}^{-1}\mathscr{A}=\mathscr{E}$.任意 $\boldsymbol{\alpha},\boldsymbol{\beta}\in V$,任意 $k\in P$,有

$$\begin{aligned}\mathscr{A}^{-1}(\boldsymbol{\alpha}+\boldsymbol{\beta})&=\mathscr{A}^{-1}(\mathscr{E}(\boldsymbol{\alpha})+\mathscr{E}(\boldsymbol{\beta}))=\mathscr{A}^{-1}((\mathscr{A}\mathscr{A}^{-1})(\boldsymbol{\alpha})+(\mathscr{A}\mathscr{A}^{-1})(\boldsymbol{\beta}))\\&=\mathscr{A}^{-1}[\mathscr{A}(\mathscr{A}^{-1}(\boldsymbol{\alpha}))+\mathscr{A}(\mathscr{A}^{-1}(\boldsymbol{\beta}))]=\mathscr{A}^{-1}[\mathscr{A}(\mathscr{A}^{-1}(\boldsymbol{\alpha})+\mathscr{A}^{-1}(\boldsymbol{\beta}))]\\&=(\mathscr{A}^{-1}\mathscr{A})(\mathscr{A}^{-1}(\boldsymbol{\alpha})+\mathscr{A}^{-1}(\boldsymbol{\beta}))=\mathscr{E}(\mathscr{A}^{-1}(\boldsymbol{\alpha})+\mathscr{A}^{-1}(\boldsymbol{\beta}))=\mathscr{A}^{-1}(\boldsymbol{\alpha})+\mathscr{A}^{-1}(\boldsymbol{\beta}),\end{aligned}$$

$$\begin{aligned}\mathscr{A}^{-1}(k\boldsymbol{\alpha})&=\mathscr{A}^{-1}(k\mathscr{E}(\boldsymbol{\alpha}))=\mathscr{A}^{-1}(k(\mathscr{A}\mathscr{A}^{-1})(\boldsymbol{\alpha}))=\mathscr{A}^{-1}(k\mathscr{A}(\mathscr{A}^{-1}(\boldsymbol{\alpha})))\\&=\mathscr{A}^{-1}(\mathscr{A}(k\mathscr{A}^{-1}(\boldsymbol{\alpha})))=(\mathscr{A}^{-1}\mathscr{A})(k\mathscr{A}^{-1}(\boldsymbol{\alpha}))=\mathscr{E}(k\mathscr{A}^{-1}(\boldsymbol{\alpha}))=k\mathscr{A}^{-1}(\boldsymbol{\alpha}),\end{aligned}$$

则由定义 1 有$\mathscr{A}^{-1}$是 V 的线性变换.

证毕.

2.2.5　线性变换的多项式

定义 5　设 V 是数域 P 上的线性空间,$\mathscr{A}\in L(V)$,n 为非负整数,定义 n 个$\mathscr{A}$的乘积

$$\underbrace{\mathscr{A}\mathscr{A}\cdots\mathscr{A}}_{n\text{个}\mathscr{A}}$$

为$\mathscr{A}$的 n 次幂,记作$\mathscr{A}^n$. 规定$\mathscr{A}^0=\mathscr{E}$.

$\mathscr{A}$的 n 次幂满足下列运算规律:

$$\mathscr{A}^n=\mathscr{A}^{n-1}\mathscr{A},\mathscr{A}^{m+n}=\mathscr{A}^m\mathscr{A}^n,(\mathscr{A}^m)^n=\mathscr{A}^{mn}\quad(m,n\geqslant 0).$$

若$\mathscr{A}$可逆,定义$\mathscr{A}$的负整数幂为

$$\mathscr{A}^{-n}=(\mathscr{A}^{-1})^n(n\geqslant 0).$$

一般来说,$(\mathscr{A}\mathscr{B})^n\neq\mathscr{A}^n\mathscr{B}^n$.

定义 6　设 $f(x)=a_mx^m+\cdots+a_1x+a_0\in P[x]$,$V$ 是数域 P 上的线性空间,$\mathscr{A}\in L(V)$,称

$$a_m\mathscr{A}^m+\cdots+a_1\mathscr{A}+a_0\mathscr{E}$$

为线性变换$\mathscr{A}$的多项式,记为 $f(\mathscr{A})$.

显然,$f(\mathscr{A})\in L(V)$.

设 $f(x),g(x)\in P[x]$,有

$$f(\mathscr{A})+g(\mathscr{A})=g(\mathscr{A})+f(\mathscr{A}),f(\mathscr{A})g(\mathscr{A})=g(\mathscr{A})f(\mathscr{A}).$$

2.3　线性变换的值域与核

定义 1　设 V 是数域 P 上的线性空间,$\mathscr{A}\in L(V)$. 称集合$\{\mathscr{A}(\boldsymbol{\alpha})\mid\boldsymbol{\alpha}\in V\}$为$\mathscr{A}$的值域,记作$\mathscr{A}V$,即

$$\mathscr{A} V=\{\mathscr{A}(\boldsymbol{\alpha}) \mid \boldsymbol{\alpha}\in V\}.$$

称集合$\{\boldsymbol{\alpha} \mid \mathscr{A}(\boldsymbol{\alpha})=\mathbf{0},\boldsymbol{\alpha}\in V\}$为$\mathscr{A}$的核,记作$\mathscr{A}^{-1}(\mathbf{0})$或 $\mathrm{kerf}(\mathscr{A})$,即

$$\mathscr{A}^{-1}(\mathbf{0})=\{\boldsymbol{\alpha} \mid \mathscr{A}(\boldsymbol{\alpha})=\mathbf{0},\boldsymbol{\alpha}\in V\}.$$

定理 1　设 V 是数域 P 上的线性空间,$\mathscr{A}\in L(V)$. 则$\mathscr{A}V$和$\mathscr{A}^{-1}(\mathbf{0})$是 V 的子空间.

证明　显然,$\mathscr{A}V\subset V,\mathscr{A}^{-1}(0)\subset V$. 由$\mathscr{A}(\mathbf{0})=\mathbf{0}$有$\mathbf{0}\in\mathscr{A}V,\mathbf{0}\in\mathscr{A}^{-1}(\mathbf{0})$,即$\mathscr{A}V$和$\mathscr{A}^{-1}(\mathbf{0})$是非空集合.

(1)任意$\boldsymbol{\alpha},\boldsymbol{\beta}\in\mathscr{A}V$,任意$k\in P$,则存在$\boldsymbol{\xi},\boldsymbol{\eta}\in V$,使得$\mathscr{A}(\boldsymbol{\xi})=\boldsymbol{\alpha},\mathscr{A}(\boldsymbol{\eta})=\boldsymbol{\beta}$. 从而

$$\boldsymbol{\xi}+\boldsymbol{\eta}\in V,k\boldsymbol{\xi}\in V,$$

$$\boldsymbol{\alpha}+\boldsymbol{\beta}=\mathscr{A}(\boldsymbol{\xi})+\mathscr{A}(\boldsymbol{\eta})=\mathscr{A}(\boldsymbol{\xi}+\boldsymbol{\eta})\in\mathscr{A}V,$$

$$k\boldsymbol{\alpha}=k\mathscr{A}(\boldsymbol{\xi})=\mathscr{A}(k\boldsymbol{\xi})\in\mathscr{A}V,$$

因此,$\mathscr{A}V$是 V 的子空间.

(2)任意$\boldsymbol{\alpha},\boldsymbol{\beta}\in\mathscr{A}^{-1}(\mathbf{0})$,任意$k\in P$,且$\mathscr{A}(\boldsymbol{\alpha})=0,\mathscr{A}(\boldsymbol{\beta})=\mathbf{0}$,从而有

$$\mathscr{A}(\boldsymbol{\alpha}+\boldsymbol{\beta})=\mathscr{A}(\boldsymbol{\alpha})+\mathscr{A}(\boldsymbol{\beta})=\mathbf{0}+\mathbf{0}=\mathbf{0},\mathscr{A}(k\boldsymbol{\alpha})=k\mathscr{A}\boldsymbol{\alpha}=k\mathbf{0}=\mathbf{0},$$

即$\boldsymbol{\alpha}+\boldsymbol{\beta}\in\mathscr{A}^{-1}(\mathbf{0}),k\boldsymbol{\alpha}\in\mathscr{A}^{-1}(\mathbf{0})$,因此,从而$\mathscr{A}^{-1}(\mathbf{0})$是 V 的子空间.

证毕.

定义 2　线性变换$\mathscr{A}$的值域$\mathscr{A}V$的维数称为$\mathscr{A}$的秩,$\mathscr{A}$的核$\mathscr{A}^{-1}(\mathbf{0})$的维数称为$\mathscr{A}$的零度.

例 1　在线性空间$P[x]_n$中,令$\mathscr{D}(f(x))=f'(x)$,则$\mathscr{D}(P[x]_n)=P[x]_{n-1}$,$\mathscr{D}^{-1}(\mathbf{0})=P$,从而,$\mathscr{D}$的秩为 $n-1$,零度为 1,满足

$$\mathscr{D}\text{的秩}+\mathscr{D}\text{的零度}=n.$$

因此,有如下定理.

定理 2　设 V 是数域 P 上的 n 维线性空间,$\mathscr{A}\in L(V)$,则$\mathscr{A}V$的一组基的原像及$\mathscr{A}^{-1}(\mathbf{0})$的一组基合起来就是 V 的一组基,由此还有

$$\mathscr{A}\text{的秩}+\mathscr{A}\text{的零度}=n.$$

证明　设$\mathscr{A}V$的一组基$\boldsymbol{\eta}_1,\boldsymbol{\eta}_2\cdots,\boldsymbol{\eta}_r$,它们的原像为$\boldsymbol{\varepsilon}_1,\boldsymbol{\varepsilon}_2,\cdots,\boldsymbol{\varepsilon}_r$,则

$$\mathscr{A}\boldsymbol{\varepsilon}_i=\boldsymbol{\eta}_i,\ i=1,2,\cdots,r.$$

又取$\mathscr{A}^{-1}(\mathbf{0})$的一组基为$\boldsymbol{\gamma}_1,\boldsymbol{\gamma}_2,\cdots,\boldsymbol{\gamma}_s$,现在来证明$\boldsymbol{\varepsilon}_1,\boldsymbol{\varepsilon}_2,\cdots,\boldsymbol{\varepsilon}_r,\boldsymbol{\gamma}_1,\boldsymbol{\gamma}_2,\cdots,\boldsymbol{\gamma}_s$为 V 的一组基.

考虑向量方程

$$k_1\boldsymbol{\varepsilon}_1+k_2\boldsymbol{\varepsilon}_2+\cdots+k_r\boldsymbol{\varepsilon}_r+l_1\boldsymbol{\gamma}_1+l_2\boldsymbol{\gamma}_2+\cdots+l_s\boldsymbol{\gamma}_s=\mathbf{0},$$

其中 $k_1,k_2,\cdots,k_r,l_1,l_2,\cdots,l_s\in P$.

上式两端在$\mathscr{A}$的作用下,有

$$k_1\mathscr{A}(\boldsymbol{\varepsilon}_1)+k_2\mathscr{A}(\boldsymbol{\varepsilon}_2)+\cdots+k_r\mathscr{A}(\boldsymbol{\varepsilon}_r)+l_1\mathscr{A}(\boldsymbol{\gamma}_1)+l_2\mathscr{A}(\boldsymbol{\gamma}_2)+\cdots+l_s\mathscr{A}(\boldsymbol{\gamma}_s)=\mathbf{0}.$$

由 $\boldsymbol{\gamma}_1,\boldsymbol{\gamma}_2,\cdots,\boldsymbol{\gamma}_s\in\mathscr{A}^{-1}(0)$ 有 $\mathscr{A}(\boldsymbol{\gamma}_1)=\mathbf{0},\mathscr{A}(\boldsymbol{\gamma}_2)=\mathbf{0},\cdots,\mathscr{A}(\boldsymbol{\gamma}_s)=\mathbf{0}$，故

$$k_1\boldsymbol{\eta}_1+k_2\boldsymbol{\eta}_2+\cdots+k_r\boldsymbol{\eta}_r=\mathbf{0}$$

又 $\boldsymbol{\eta}_1,\boldsymbol{\eta}_2,\cdots,\boldsymbol{\eta}_r$ 线性无关，从而

$$k_1=0,k_2=0,\cdots,k_r=0,$$

故

$$l_1\boldsymbol{\gamma}_1+l_2\boldsymbol{\gamma}_2+\cdots+l_s\boldsymbol{\gamma}_s=\mathbf{0}.$$

又 $\boldsymbol{\gamma}_1,\boldsymbol{\gamma}_2,\cdots,\boldsymbol{\gamma}_s$ 线性无关，从而

$$l_1=0,l_2=0,\cdots,l_s=0$$

因此，$\boldsymbol{\varepsilon}_1,\boldsymbol{\varepsilon}_2,\cdots,\boldsymbol{\varepsilon}_r,\boldsymbol{\gamma}_1,\boldsymbol{\gamma}_2,\cdots,\boldsymbol{\gamma}_s$ 线性无关.

下面来证明任意 $\boldsymbol{\alpha}\in V$，$\boldsymbol{\alpha}$ 由 $\boldsymbol{\varepsilon}_1,\boldsymbol{\varepsilon}_2,\cdots,\boldsymbol{\varepsilon}_r,\boldsymbol{\gamma}_1,\boldsymbol{\gamma}_2,\cdots,\boldsymbol{\gamma}_s$ 线性表示.

任意 $\boldsymbol{\alpha}\in V$，则 $\mathscr{A}(\boldsymbol{\alpha})\in AV$，从而 $\mathscr{A}(\boldsymbol{\alpha})$ 可以由 $\boldsymbol{\eta}_1,\boldsymbol{\eta}_2,\cdots,\boldsymbol{\eta}_r$ 线性表示，即存在 $p_1,p_2,\cdots,p_r\in P$，使得

$$\begin{aligned}\mathscr{A}(\boldsymbol{\alpha})&=p_1\boldsymbol{\eta}_1+p_2\boldsymbol{\eta}_2+\cdots+p_r\boldsymbol{\eta}_r=p_1\mathscr{A}_1(\boldsymbol{\varepsilon}_1)+p_2\mathscr{A}(\boldsymbol{\varepsilon}_2)+\cdots+p_r\mathscr{A}(\boldsymbol{\varepsilon}_r)\\&=\mathscr{A}(p_1\boldsymbol{\varepsilon}_1+p_2\boldsymbol{\varepsilon}_2+\cdots+p_r\boldsymbol{\varepsilon}_r),\end{aligned}$$

于是

$$\mathscr{A}(\boldsymbol{\alpha}-p_1\boldsymbol{\varepsilon}_1-p_2\boldsymbol{\varepsilon}_2-\cdots-p_r\boldsymbol{\varepsilon}_r)=\mathbf{0},$$

即

$$\boldsymbol{\alpha}-p_1\boldsymbol{\varepsilon}_1-p_2\boldsymbol{\varepsilon}_2-\cdots-p_r\boldsymbol{\varepsilon}_r\in\mathscr{A}^{-1}(\mathbf{0}).$$

又 $\boldsymbol{\gamma}_1,\boldsymbol{\gamma}_2,\cdots,\boldsymbol{\gamma}_s$ 是 $\mathscr{A}^{-1}(\mathbf{0})$ 的基，则存在 $q_1,q_2,\cdots,q_s\in P$，使得

$$\boldsymbol{\alpha}-p_1\boldsymbol{\varepsilon}_1-p_2\boldsymbol{\varepsilon}_2-\cdots-p_r\boldsymbol{\varepsilon}_r=q_1\boldsymbol{\gamma}_1+q_2\boldsymbol{\gamma}_2+\cdots+q_s\boldsymbol{\gamma}_s.$$

于是有

$$\boldsymbol{\alpha}=p_1\boldsymbol{\varepsilon}_1+p_2\boldsymbol{\varepsilon}_2+\cdots+p_r\boldsymbol{\varepsilon}_r+q_1\boldsymbol{\gamma}_1+q_2\boldsymbol{\gamma}_2+\cdots+q_s\boldsymbol{\gamma}_s,$$

这就说明 $\boldsymbol{\alpha}$ 是 $\boldsymbol{\varepsilon}_1,\boldsymbol{\varepsilon}_2,\cdots,\boldsymbol{\varepsilon}_r,\boldsymbol{\gamma}_1,\boldsymbol{\gamma}_2,\cdots,\boldsymbol{\gamma}_s$ 的线性组合，从而 $\boldsymbol{\varepsilon}_1,\boldsymbol{\varepsilon}_2,\cdots,\boldsymbol{\varepsilon}_r,\boldsymbol{\gamma}_1,\boldsymbol{\gamma}_2,\cdots,\boldsymbol{\gamma}_s$ 是 V 的一组基.

由 $\dim V=n$ 知 $r+s=n$，又 $\dim\mathscr{A}V=r$，即 $\mathscr{A}$ 的秩为 r，$\dim\mathscr{A}^{-1}(\mathbf{0})=s$，即 $\mathscr{A}$ 的零度，从而

$$\mathscr{A}\text{ 的秩}+\mathscr{A}\text{ 的零度}=n.$$

证毕.

应该指出，尽管 $\dim\mathscr{A}V+\dim\mathscr{A}^{-1}(\mathbf{0})=n$，但 $\mathscr{A}V+\mathscr{A}^{-1}(\mathbf{0})$ 未必为 V.

例 2　设 $V=P[x]_n$，则

$$\mathscr{D}V=P[x]_{n-1},\mathscr{D}^{-1}(0)=P,$$

显然，$\dim V=n$，$\dim\mathscr{D}V=n-1$，$\dim\mathscr{D}^{-1}(\mathbf{0})=1$，满足

$$\dim \mathscr{D} V+\dim \mathscr{D}^{-1}(\mathbf{0})=n=\dim V,$$

但$\mathscr{D}V+\mathscr{D}^{-1}(\mathbf{0})=P[x]_{n-1}\neq V$.

2.4 不变子空间

定义1 设 V 是数域 P 上的线性空间,$\mathscr{A}\in L(V)$,且 W 是 V 的子空间.若任意 $\boldsymbol{\alpha}\in W$ 都有$\mathscr{A}(\boldsymbol{\alpha})\in W$,则称 W 是$\mathscr{A}$的不变子空间,简称$\mathscr{A}$-子空间.

线性空间 $P[x]_n$ 是线性空间 $P[x]$的子空间,容易验证 $P[x]_n$ 是微商变换$\mathscr{D}$的不变子空间.

例1 设 V 是数域 P 上的线性空间,$\mathscr{A}\in L(V)$.则$\mathscr{A}$的值域$\mathscr{A}V$和核$\mathscr{A}^{-1}(\mathbf{0})$都是$\mathscr{A}$-子空间.

证明 显然,$\mathscr{A}V$,$\mathscr{A}^{-1}(\mathbf{0})$都是 V 的子空间.

任意$\boldsymbol{\alpha}\in\mathscr{A}V$,则存在$\boldsymbol{\xi}\in V$,使得$\boldsymbol{\alpha}=\mathscr{A}(\boldsymbol{\xi})$,故$\mathscr{A}(\boldsymbol{\alpha})=\mathscr{A}(\mathscr{A}(\boldsymbol{\xi}))\in\mathscr{A}V$,从而,$\mathscr{A}V$是$\mathscr{A}$-子空间.

任意$\boldsymbol{\beta}\in A^{-1}(\mathbf{0})$,有$\mathscr{A}(\boldsymbol{\beta})=\mathbf{0}$,而$\mathscr{A}(\mathbf{0})=\mathbf{0}$,即$\mathbf{0}\in\mathscr{A}^{-1}(\mathbf{0})$故$\mathscr{A}(\boldsymbol{\beta})\in\mathscr{A}^{-1}(\mathbf{0})$,从而$\mathscr{A}^{-1}(\mathbf{0})$是$\mathscr{A}$-子空间.

证毕.

定理1 设 V 是数域 P 上的线性空间,$\mathscr{A}\in L(V)$,且 V_1 和 V_2 是 V 的两个子空间.若 V_1 和 V_2 都是$\mathscr{A}$-子空间,则 V_1+V_2,$V_1\cap V_2$ 也是$\mathscr{A}$-子空间.

证明 任意$\boldsymbol{\alpha}\in V_1+V_2$,则$\boldsymbol{\alpha}=\boldsymbol{\alpha}_1+\boldsymbol{\alpha}_2$,其中$\boldsymbol{\alpha}_1\in V_1$,$\boldsymbol{\alpha}_2\in V_2$,于是

$$\mathscr{A}(\boldsymbol{\alpha})=\mathscr{A}(\boldsymbol{\alpha}_1)+\mathscr{A}(\boldsymbol{\alpha}_2).$$

由 V_1 和 V_2 是$\mathscr{A}$-子空间有$\mathscr{A}(\boldsymbol{\alpha}_1)\in V_1$,$\mathscr{A}(\boldsymbol{\alpha}_2)\in V_2$,从而,$\mathscr{A}(\boldsymbol{\alpha})\in V_1+V_2$,这就是说 V_1+V_2 是$\mathscr{A}$-子空间.

任意$\boldsymbol{\beta}\in V_1\cap V_2$,则$\boldsymbol{\beta}\in V_1$ 且$\boldsymbol{\beta}\in V_2$.由 V_1 和 V_2 都是$\mathscr{A}$-子空间有

$$\mathscr{A}(\boldsymbol{\beta})\in V_1,\ \mathscr{A}(\boldsymbol{\beta})\in V_2,$$

从而$\mathscr{A}(\boldsymbol{\beta})\in V_1\cap V_2$,故 $V_1\cap V_2$ 是$\mathscr{A}$-子空间.

证毕.

例2 设 V 是数域P上的3维线性空间,$\boldsymbol{\alpha}_1,\boldsymbol{\alpha}_2,\boldsymbol{\alpha}_3$ 是 V 的一组基,$\mathscr{A}\in L(V)$,若

$$\mathscr{A}(\boldsymbol{\alpha}_1)=\boldsymbol{\alpha}_1+2\boldsymbol{\alpha}_2+2\boldsymbol{\alpha}_3,\ \mathscr{A}(\boldsymbol{\alpha}_2)=2\boldsymbol{\alpha}_1+\boldsymbol{\alpha}_2+2\boldsymbol{\alpha}_3,\ \mathscr{A}(\boldsymbol{\alpha}_3)=2\boldsymbol{\alpha}_1+2\boldsymbol{\alpha}_2+\boldsymbol{\alpha}_3,$$

则 $W=L(-\boldsymbol{\alpha}_1+\boldsymbol{\alpha}_2,-\boldsymbol{\alpha}_1+\boldsymbol{\alpha}_3)$是$\mathscr{A}$-子空间.

证明 显然,W 是 V 的子空间.任意$\boldsymbol{\beta}\in W$,则

$$\boldsymbol{\beta}=k_1(-\boldsymbol{\alpha}_1+\boldsymbol{\alpha}_2)+k_2(-\boldsymbol{\alpha}_1+\boldsymbol{\alpha}_3)=-(k_1+k_2)\boldsymbol{\alpha}_1+k_1\boldsymbol{\alpha}_2+k_2\boldsymbol{\alpha}_3.$$

于是

$$\begin{aligned}\mathscr{A}\boldsymbol{\beta} &= -(k_1+k_2)\mathscr{A}(\boldsymbol{\alpha}_1)+k_1\mathscr{A}(\boldsymbol{\alpha}_2)+k_2\mathscr{A}(\boldsymbol{\alpha}_3)\\ &= -(k_1+k_2)(\boldsymbol{\alpha}_1+2\boldsymbol{\alpha}_2+2\boldsymbol{\alpha}_3)+k_1(2\boldsymbol{\alpha}_1+\boldsymbol{\alpha}_2+2\boldsymbol{\alpha}_3)+k_2(2\boldsymbol{\alpha}_1+2\boldsymbol{\alpha}_2+\boldsymbol{\alpha}_3)\\ &= (k_1+k_2)\boldsymbol{\alpha}_1-k_1\boldsymbol{\alpha}_2-k_2\boldsymbol{\alpha}_3=-k_1(-\boldsymbol{\alpha}_1+\boldsymbol{\alpha}_2)-k_2(-\boldsymbol{\alpha}_1+\boldsymbol{\alpha}_3)\in W,\end{aligned}$$

从而 W 是 $\mathscr{A}$ - 子空间.

证毕.

2.5 线性变换的矩阵

设 V 是数域 P 上的 n 维线性空间,$\boldsymbol{\varepsilon}_1,\boldsymbol{\varepsilon}_2,\cdots,\boldsymbol{\varepsilon}_n$ 是 V 的一组基,$\mathscr{A}\in L(V)$. 任意 $\boldsymbol{\alpha}\in V$,则 $\boldsymbol{\alpha}$ 可以由基 $\boldsymbol{\varepsilon}_1,\boldsymbol{\varepsilon}_2,\cdots,\boldsymbol{\varepsilon}_n$ 线性表示,即

$$\boldsymbol{\alpha}=x_1\boldsymbol{\varepsilon}_1+x_2\boldsymbol{\varepsilon}_2+\cdots+x_n\boldsymbol{\varepsilon}_n,$$

其中,$x_1,x_2,\cdots,x_n$ 由 $\boldsymbol{\alpha},\boldsymbol{\varepsilon}_1,\boldsymbol{\varepsilon}_2,\cdots,\boldsymbol{\varepsilon}_n$ 唯一确定,是 $\boldsymbol{\alpha}$ 在基 $\boldsymbol{\varepsilon}_1,\boldsymbol{\varepsilon}_2,\cdots,\boldsymbol{\varepsilon}_n$ 下的坐标.

由线性变换保持线性组合不变有

$$\mathscr{A}(\boldsymbol{\alpha})=x_1\mathscr{A}(\boldsymbol{\varepsilon}_1)+x_2\mathscr{A}(\boldsymbol{\varepsilon}_2)+\cdots+x_n\mathscr{A}(\boldsymbol{\varepsilon}_n).$$

上式表明,若已知 $\mathscr{A}(\boldsymbol{\varepsilon}_1),\mathscr{A}(\boldsymbol{\varepsilon}_2),\cdots,\mathscr{A}(\boldsymbol{\varepsilon}_n)$,则 $\mathscr{A}(\boldsymbol{\alpha})$ 就确定了. 或者说:

(1)设 $\boldsymbol{\varepsilon}_1,\boldsymbol{\varepsilon}_2,\cdots,\boldsymbol{\varepsilon}_n$ 是 V 的一组基,$\mathscr{A},\mathscr{B}\in L(V)$. 若 $\mathscr{A}(\boldsymbol{\varepsilon}_i)=\mathscr{B}(\boldsymbol{\varepsilon}_i)$,$i=1,2,\cdots,n$,则 $\mathscr{A}=\mathscr{B}$.

该结论说明一个线性变换完全被它在一组基上的作用所决定.

(2)设 $\boldsymbol{\varepsilon}_1,\boldsymbol{\varepsilon}_2,\cdots,\boldsymbol{\varepsilon}_n$ 是线性空间 V 的一组基,$\boldsymbol{\alpha}_1,\boldsymbol{\alpha}_2,\cdots,\boldsymbol{\alpha}_n$ 是 V 中的 n 个向量,则在 $L(V)$ 中存在唯一的线性变换 $\mathscr{A}$,使得 $\mathscr{A}(\boldsymbol{\varepsilon}_i)=\boldsymbol{\alpha}_i$,$i=1,2,\cdots,n$.

该结论说明基向量的像完全可以是任意的.

有了以上的讨论,可以建立线性变换与矩阵的联系.

定义 1 设 V 是数域 P 上的 n 维线性空间,$\mathscr{A}\in L(V)$. 若 $\boldsymbol{\varepsilon}_1,\boldsymbol{\varepsilon}_2,\cdots,\boldsymbol{\varepsilon}_n$ 是 V 的一组基,则基 $\boldsymbol{\varepsilon}_1,\boldsymbol{\varepsilon}_2,\cdots,\boldsymbol{\varepsilon}_n$ 的像 $\mathscr{A}(\boldsymbol{\varepsilon}_1),\mathscr{A}(\boldsymbol{\varepsilon}_2),\cdots,\mathscr{A}(\boldsymbol{\varepsilon}_n)$ 可以由 $\boldsymbol{\varepsilon}_1,\boldsymbol{\varepsilon}_2,\cdots,\boldsymbol{\varepsilon}_n$ 线性表示:

$$\begin{cases}\mathscr{A}(\boldsymbol{\varepsilon}_1)=a_{11}\boldsymbol{\varepsilon}_1+a_{21}\boldsymbol{\varepsilon}_2+\cdots+a_{n1}\boldsymbol{\varepsilon}_n\\ \mathscr{A}(\boldsymbol{\varepsilon}_2)=a_{12}\boldsymbol{\varepsilon}_1+a_{22}\boldsymbol{\varepsilon}_2+\cdots+a_{n2}\boldsymbol{\varepsilon}_n\\ \qquad\vdots\\ \mathscr{A}(\boldsymbol{\varepsilon}_n)=a_{1n}\boldsymbol{\varepsilon}_1+a_{2n}\boldsymbol{\varepsilon}_2+\cdots+a_{nn}\boldsymbol{\varepsilon}_n,\end{cases}$$

上式的矩阵表示是

$$(\mathscr{A}(\boldsymbol{\varepsilon}_1),\mathscr{A}(\boldsymbol{\varepsilon}_2),\cdots,\mathscr{A}(\boldsymbol{\varepsilon}_n))=(\boldsymbol{\varepsilon}_1,\boldsymbol{\varepsilon}_2,\cdots,\boldsymbol{\varepsilon}_n)\begin{pmatrix}a_{11}&a_{12}&\cdots&a_{1n}\\a_{21}&a_{22}&\cdots&a_{2n}\\\vdots&\vdots&\vdots&\vdots\\a_{n1}&a_{n2}&\cdots&a_{nn}\end{pmatrix},$$

记

$$\mathscr{A}(\boldsymbol{\varepsilon}_1,\boldsymbol{\varepsilon}_2,\cdots,\boldsymbol{\varepsilon}_n)=(\mathscr{A}(\boldsymbol{\varepsilon}_1),\mathscr{A}(\boldsymbol{\varepsilon}_2),\cdots,\mathscr{A}(\boldsymbol{\varepsilon}_n)),$$

称

$$\boldsymbol{A}=\begin{pmatrix} a_{11} & a_{12} & \cdots & a_{1n} \\ a_{21} & a_{22} & \cdots & a_{2n} \\ \vdots & \vdots & & \vdots \\ a_{n1} & a_{n2} & \cdots & a_{nn} \end{pmatrix}$$

为$\mathscr{A}$在基 $\boldsymbol{\varepsilon}_1,\boldsymbol{\varepsilon}_2,\cdots,\boldsymbol{\varepsilon}_n$ 下的矩阵.

可以看到 $\boldsymbol{A}$ 的第 $i(i=1,2,\cdots,n)$ 列为$\mathscr{A}(\boldsymbol{\varepsilon}_i)$在基 $\boldsymbol{\varepsilon}_1,\boldsymbol{\varepsilon}_2,\cdots,\boldsymbol{\varepsilon}_n$ 下的坐标.

例 1 设 $\boldsymbol{\varepsilon}_1,\boldsymbol{\varepsilon}_2,\cdots,\boldsymbol{\varepsilon}_8$ 是数域 P 上 12 维线性空间 V 的子空间 W 的一组基. 将 $\boldsymbol{\varepsilon}_1$, $\boldsymbol{\varepsilon}_2,\cdots,\boldsymbol{\varepsilon}_8$ 扩充为 V 的一组基 $\boldsymbol{\varepsilon}_1,\boldsymbol{\varepsilon}_2,\cdots,\boldsymbol{\varepsilon}_{12}$. 定义线性变换$\mathscr{A}$,使得

$$\mathscr{A}(\boldsymbol{\varepsilon}_i)=i\boldsymbol{\varepsilon}_i \qquad i=1,2,\cdots,8$$

$$\mathscr{A}(\boldsymbol{\varepsilon}_i)=\boldsymbol{0} \qquad i=9,10,11,12.$$

则$\mathscr{A}$在基 $\boldsymbol{\varepsilon}_1,\boldsymbol{\varepsilon}_2,\cdots,\boldsymbol{\varepsilon}_{12}$ 下的矩阵为

$$\begin{pmatrix} 1 &&&&&&&&&&& \\ & 2 &&&&&&&&&& \\ && 3 &&&&&&&&& \\ &&& 4 &&&&&&&& \\ &&&& 5 &&&&&&& \\ &&&&& 6 &&&&&& \\ &&&&&& 7 &&&&& \\ &&&&&&& 8 &&&& \\ &&&&&&&& 0 &&& \\ &&&&&&&&& 0 && \\ &&&&&&&&&& 0 & \\ &&&&&&&&&&& 0 \end{pmatrix}.$$

设 V 是数域 P 上的 n 维线性空间,$\boldsymbol{\varepsilon}_1,\boldsymbol{\varepsilon}_2,\cdots,\boldsymbol{\varepsilon}_n$ 是 V 的一组基,则任意$\mathscr{A}\in L(V)$,$\mathscr{A}$在基 $\boldsymbol{\varepsilon}_1,\boldsymbol{\varepsilon}_2,\cdots,\boldsymbol{\varepsilon}_n$ 下的矩阵为 $\boldsymbol{A}$,于是取定基 $\boldsymbol{\varepsilon}_1,\boldsymbol{\varepsilon}_2,\cdots,\boldsymbol{\varepsilon}_n$,定义映射 σ:

$$\mathscr{A}\to\boldsymbol{A}$$

即 $\sigma(\mathscr{A})=\boldsymbol{A}$,也就是,$\sigma:L(V)\to P^{n\times n}$. 由上述结论(1)和(2)可以验证 σ 是 $L(V)$ 到 $P^{n\times n}$ 的一个双射. 这个映射的重要性表现在以下定理 1 中.

定理1　设$\boldsymbol{\varepsilon}_1,\boldsymbol{\varepsilon}_2,\cdots,\boldsymbol{\varepsilon}_n$是数域$P$上$n$维线性空间$V$的一组基,任意$\mathscr{A},\mathscr{B}\in L(V)$,任意$k\in P$,且

$$\mathscr{A}(\boldsymbol{\varepsilon}_1,\boldsymbol{\varepsilon}_2,\cdots,\boldsymbol{\varepsilon}_n)=(\boldsymbol{\varepsilon}_1,\boldsymbol{\varepsilon}_2,\cdots,\boldsymbol{\varepsilon}_n)A,\mathscr{B}(\boldsymbol{\varepsilon}_1,\boldsymbol{\varepsilon}_2,\cdots,\boldsymbol{\varepsilon}_n)=(\boldsymbol{\varepsilon}_1,\boldsymbol{\varepsilon}_2,\cdots,\boldsymbol{\varepsilon}_n)B.$$

即由上述映射有$\sigma(\mathscr{A})=\boldsymbol{A}$,$\sigma(\mathscr{B})=\boldsymbol{B}$,则有如下对应关系:

(1)$\sigma(\mathscr{A}+\mathscr{B})=\boldsymbol{A}+\boldsymbol{B}$,

(2)$\sigma(\mathscr{A}\mathscr{B})=\boldsymbol{AB}$,

(3)$\sigma(k\mathscr{A})=k\boldsymbol{A}$,

(4)若$\mathscr{A}$是可逆的,则$\boldsymbol{A}$可逆,且$\sigma(\mathscr{A}^{-1})=\boldsymbol{A}^{-1}$.

证明　(1)由

$$\begin{aligned}&(\mathscr{A}+\mathscr{B})(\boldsymbol{\varepsilon}_1,\boldsymbol{\varepsilon}_2,\cdots,\boldsymbol{\varepsilon}_n)=((\mathscr{A}+\mathscr{B})\boldsymbol{\varepsilon}_1,(\mathscr{A}+\mathscr{B})\boldsymbol{\varepsilon}_2,\cdots,(\mathscr{A}+\mathscr{B})\boldsymbol{\varepsilon}_n)\\&=(\mathscr{A}(\boldsymbol{\varepsilon}_1)+\mathscr{B}(\boldsymbol{\varepsilon}_1),\mathscr{A}(\boldsymbol{\varepsilon}_2)+\mathscr{B}(\boldsymbol{\varepsilon}_2),\cdots,\mathscr{A}(\boldsymbol{\varepsilon}_n)+\mathscr{B}(\boldsymbol{\varepsilon}_n))\\&=(\mathscr{A}(\boldsymbol{\varepsilon}_1),\mathscr{A}(\boldsymbol{\varepsilon}_2),\cdots,\mathscr{A}(\boldsymbol{\varepsilon}_n))+(\mathscr{B}(\boldsymbol{\varepsilon}_1),\mathscr{B}(\boldsymbol{\varepsilon}_2),\cdots,\mathscr{B}(\boldsymbol{\varepsilon}_n))\\&=(\boldsymbol{\varepsilon}_1,\boldsymbol{\varepsilon}_2,\cdots,\boldsymbol{\varepsilon}_n)\boldsymbol{A}+(\boldsymbol{\varepsilon}_1,\boldsymbol{\varepsilon}_2,\cdots,\boldsymbol{\varepsilon}_n)\boldsymbol{B}\\&=(\boldsymbol{\varepsilon}_1,\boldsymbol{\varepsilon}_2,\cdots,\boldsymbol{\varepsilon}_n)(\boldsymbol{A}+\boldsymbol{B})\end{aligned}$$

有$\sigma(\mathscr{A}+\mathscr{B})=\boldsymbol{A}+\boldsymbol{B}$.

(2)由

$$\begin{aligned}&(\mathscr{A}\mathscr{B})(\boldsymbol{\varepsilon}_1,\boldsymbol{\varepsilon}_2,\cdots,\boldsymbol{\varepsilon}_n)=((\mathscr{A}\mathscr{B})(\boldsymbol{\varepsilon}_1),(\mathscr{A}\mathscr{B})(\boldsymbol{\varepsilon}_2)\cdots,(\mathscr{A}\mathscr{B})(\boldsymbol{\varepsilon}_n))\\&=(\mathscr{A}(\mathscr{B}(\boldsymbol{\varepsilon}_1)),\mathscr{A}(\mathscr{B}(\boldsymbol{\varepsilon}_2)),\cdots,\mathscr{A}(\mathscr{B}(\boldsymbol{\varepsilon}_n)))=\mathscr{A}(\mathscr{B}(\boldsymbol{\varepsilon}_1),\mathscr{B}(\boldsymbol{\varepsilon}_2),\cdots,\mathscr{B}(\boldsymbol{\varepsilon}_n))\\&=\mathscr{A}((\boldsymbol{\varepsilon}_1,\boldsymbol{\varepsilon}_2,\cdots,\boldsymbol{\varepsilon}_n)\boldsymbol{B})=(\mathscr{A}(\boldsymbol{\varepsilon}_1,\boldsymbol{\varepsilon}_2,\cdots,\boldsymbol{\varepsilon}_n))\boldsymbol{B}=((\boldsymbol{\varepsilon}_1,\boldsymbol{\varepsilon}_2,\cdots,\boldsymbol{\varepsilon}_n)\boldsymbol{A})\boldsymbol{B})=(\boldsymbol{\varepsilon}_1,\boldsymbol{\varepsilon}_2,\cdots,\boldsymbol{\varepsilon}_n)(\boldsymbol{AB})\end{aligned}$$

有$\sigma(\mathscr{A}\mathscr{B})=\boldsymbol{AB}$.

(3)数乘变换$\mathscr{K}$是由数k决定的线性变换,则$\mathscr{K}\boldsymbol{\varepsilon}_i=k\boldsymbol{\varepsilon}_i,i=1,2,\cdots,n$,从而$\mathscr{K}$在$\boldsymbol{\varepsilon}_1,\boldsymbol{\varepsilon}_2,\cdots,\boldsymbol{\varepsilon}_n$下的矩阵为$k\boldsymbol{E}$,即$\sigma(\mathscr{K})=k\boldsymbol{E}$,故

$$\sigma(k\mathscr{A})=\sigma(\mathscr{K}\mathscr{A})=k\boldsymbol{EA}=k\boldsymbol{A}.$$

(4)若$\mathscr{A}$可逆,则存在$\mathscr{B}\in L(V)$,使得$\mathscr{A}\mathscr{B}=\mathscr{B}\mathscr{A}=\mathscr{E}$,则由(1)和(3)有

$$\boldsymbol{AB}=\boldsymbol{BA}=\boldsymbol{E},$$

从而$\boldsymbol{A}$可逆,且$\sigma(\mathscr{B})=\boldsymbol{B}$,故$\sigma(\mathscr{A}^{-1})=\boldsymbol{A}^{-1}$.

证毕.

由定理1有σ是$L(V)$到$P^{n\times n}$的同构映射,故$L(V)$与$P^{n\times n}$同构,且$\dim L(V)=n^2$.

定理2　设V是数域P上的n维线性空间,$\mathscr{A}\in L(V)$,$\boldsymbol{\alpha}\in V$,$\boldsymbol{\varepsilon}_1,\boldsymbol{\varepsilon}_2,\cdots,\boldsymbol{\varepsilon}_n$是$V$的一组基.若$\mathscr{A}$在基$\boldsymbol{\varepsilon}_1,\boldsymbol{\varepsilon}_2,\cdots,\boldsymbol{\varepsilon}_n$下的矩阵为$\boldsymbol{A}$,$\boldsymbol{\alpha}$在基$\boldsymbol{\varepsilon}_1,\boldsymbol{\varepsilon}_2,\cdots,\boldsymbol{\varepsilon}_n$下的坐标为$(x_1,x_2,\cdots,x_n)^{\mathrm{T}}$,则$\mathscr{A}(\boldsymbol{\alpha})$在基$\boldsymbol{\varepsilon}_1,\boldsymbol{\varepsilon}_2,\cdots,\boldsymbol{\varepsilon}_n$下的坐标$(y_1,y_2,\cdots,y_n)^{\mathrm{T}}$满足

$$\begin{pmatrix} y_1 \\ y_2 \\ \vdots \\ y_n \end{pmatrix} = \boldsymbol{A} \begin{pmatrix} x_1 \\ x_2 \\ \vdots \\ x_n \end{pmatrix}.$$

证明 由已知有

$$\mathscr{A}(\boldsymbol{\varepsilon}_1, \boldsymbol{\varepsilon}_2, \cdots, \boldsymbol{\varepsilon}_n) = (\boldsymbol{\varepsilon}_1, \boldsymbol{\varepsilon}_2, \cdots, \boldsymbol{\varepsilon}_n)\boldsymbol{A},$$

$$\boldsymbol{\alpha} = (\boldsymbol{\varepsilon}_1, \boldsymbol{\varepsilon}_2, \cdots, \boldsymbol{\varepsilon}_n)\begin{pmatrix} x_1 \\ x_2 \\ \vdots \\ x_n \end{pmatrix},$$

则

$$\mathscr{A}(\boldsymbol{\alpha}) = \mathscr{A}(\boldsymbol{\varepsilon}_1, \boldsymbol{\varepsilon}_2, \cdots, \boldsymbol{\varepsilon}_n)\begin{pmatrix} x_1 \\ x_2 \\ \vdots \\ x_n \end{pmatrix} = (\boldsymbol{\varepsilon}_1, \boldsymbol{\varepsilon}_2, \cdots, \boldsymbol{\varepsilon}_n)\boldsymbol{A}\begin{pmatrix} x_1 \\ x_2 \\ \vdots \\ x_n \end{pmatrix},$$

所以

$$\begin{pmatrix} y_1 \\ y_2 \\ \vdots \\ y_n \end{pmatrix} = \boldsymbol{A} \begin{pmatrix} x_1 \\ x_2 \\ \vdots \\ x_n \end{pmatrix}.$$

证毕.

2.6 线性变换在不同基下的矩阵之间的关系

定理 1 设 V 是数域 P 上的 n 维线性空间, $\mathscr{A} \in L(V)$, $\boldsymbol{\varepsilon}_1, \boldsymbol{\varepsilon}_2, \cdots, \boldsymbol{\varepsilon}_n$ 和 $\boldsymbol{\eta}_1, \boldsymbol{\eta}_2, \cdots, \boldsymbol{\eta}_n$ 是 V 的两组基. 若 $\mathscr{A}$ 在这两组基下的矩阵分别为 $\boldsymbol{A}, \boldsymbol{B}$, 且由基 $\boldsymbol{\varepsilon}_1, \boldsymbol{\varepsilon}_2, \cdots, \boldsymbol{\varepsilon}_n$ 到基 $\boldsymbol{\eta}_1, \boldsymbol{\eta}_2, \cdots, \boldsymbol{\eta}_n$ 的过渡矩阵是 $\boldsymbol{X}$, 则 $\boldsymbol{B} = \boldsymbol{X}^{-1}\boldsymbol{A}\boldsymbol{X}$.

证明 由已知有

$$\mathscr{A}(\boldsymbol{\varepsilon}_1, \boldsymbol{\varepsilon}_2, \cdots, \boldsymbol{\varepsilon}_n) = (\boldsymbol{\varepsilon}_1, \boldsymbol{\varepsilon}_2, \cdots, \boldsymbol{\varepsilon}_n)\boldsymbol{A},$$
$$\mathscr{A}(\boldsymbol{\eta}_1, \boldsymbol{\eta}_2, \cdots, \boldsymbol{\eta}_n) = (\boldsymbol{\eta}_1, \boldsymbol{\eta}_2, \cdots, \boldsymbol{\eta}_n)\boldsymbol{B},$$
$$(\boldsymbol{\eta}_1, \boldsymbol{\eta}_2, \cdots, \boldsymbol{\eta}_n) = (\boldsymbol{\varepsilon}_1, \boldsymbol{\varepsilon}_2, \cdots, \boldsymbol{\varepsilon}_n)\boldsymbol{X}.$$

由后两式有

$$\mathscr{A}(\boldsymbol{\varepsilon}_1,\boldsymbol{\varepsilon}_2,\cdots,\boldsymbol{\varepsilon}_n)\boldsymbol{X}=(\boldsymbol{\varepsilon}_1,\boldsymbol{\varepsilon}_2,\cdots,\boldsymbol{\varepsilon}_n)\boldsymbol{XB},$$

由 $\boldsymbol{X}$ 是可逆矩阵有

$$\mathscr{A}(\boldsymbol{\varepsilon}_1,\boldsymbol{\varepsilon}_2,\cdots,\boldsymbol{\varepsilon}_n)=(\boldsymbol{\varepsilon}_1,\boldsymbol{\varepsilon}_2,\cdots,\boldsymbol{\varepsilon}_n)\boldsymbol{XBX}^{-1},$$

由第一式有

$$\boldsymbol{A}=\boldsymbol{XBX}^{-1},$$

即

$$\boldsymbol{B}=\boldsymbol{X}^{-1}\boldsymbol{AX}.$$

证毕.

由定理 1 有同一线性变换在不同基下的矩阵是相似的. 反过来,若两个矩阵是相似的,则这两个矩阵可以看作同一线性变换在不同基下对应的矩阵.

例 1　设 $V=P^2$ 是数域 P 上的 2 维线性空间,$\mathscr{A}\in L(V)$ 在基 $\boldsymbol{\varepsilon}_1=(1,0),\boldsymbol{\varepsilon}_2=(0,1)$ 下的矩阵是

$$\boldsymbol{A}=\begin{pmatrix}2&3\\4&3\end{pmatrix}.$$

(1) 求 $\mathscr{A}$ 在基 $\boldsymbol{\eta}_1=\boldsymbol{\varepsilon}_1-\boldsymbol{\varepsilon}_2,\boldsymbol{\eta}_2=3\boldsymbol{\varepsilon}_1+4\boldsymbol{\varepsilon}_2$ 下的矩阵 $\boldsymbol{B}$;

(2) 求 $\boldsymbol{A}^n$(n 为正整数).

解　(1) 由已知条件有

$$\mathscr{A}(\boldsymbol{\varepsilon}_1,\boldsymbol{\varepsilon}_2)=(\boldsymbol{\varepsilon}_1,\boldsymbol{\varepsilon}_2)\boldsymbol{A},(\boldsymbol{\eta}_1,\boldsymbol{\eta}_2)=(\boldsymbol{\varepsilon}_1,\boldsymbol{\varepsilon}_2)\begin{pmatrix}1&3\\-1&4\end{pmatrix},$$

而

$$\begin{pmatrix}1&3\\-1&4\end{pmatrix}^{-1}=\frac{1}{7}\begin{pmatrix}4&-3\\1&1\end{pmatrix},$$

从而

$$\boldsymbol{B}=\begin{pmatrix}1&3\\-1&4\end{pmatrix}^{-1}\boldsymbol{A}\begin{pmatrix}1&3\\-1&4\end{pmatrix}=\begin{pmatrix}-1&0\\0&6\end{pmatrix}.$$

(2) 由 (1) 有

$$\boldsymbol{A}=\begin{pmatrix}1&3\\-1&4\end{pmatrix}\boldsymbol{B}\begin{pmatrix}1&3\\-1&4\end{pmatrix}^{-1}.$$

从而

$$\boldsymbol{A}^n=\begin{pmatrix}1&3\\-1&4\end{pmatrix}\boldsymbol{B}^n\begin{pmatrix}1&3\\-1&4\end{pmatrix}^{-1}=\frac{1}{7}\begin{pmatrix}4(-1)^n+3\cdot6^n&3(-1)^{n+1}+3\cdot6^n\\4(-1)^{n+1}+4\cdot6^n&3(-1)^n+4\cdot6^n\end{pmatrix}.$$

2.7 数字信号处理中的线性变换

离散时间系统 S 可以抽象为一种变换$\mathscr{A}$,把输入信号 $\boldsymbol{x}(n)$变换为输出信号 $\boldsymbol{y}(n)$,即

$$\boldsymbol{y}(n)=\mathscr{A}(\boldsymbol{x}(n)).$$

这种输入、输出关系的离散时间系统 S 如图 2-1 所示.

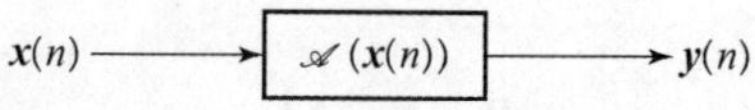

图 2-1　离散时间系统 S

设离散时间系统 S 对输入信号 $\boldsymbol{x}_1(n)$,$\boldsymbol{x}_2(n)$响应的输出信号分别为 $\boldsymbol{y}_1(n)$,$\boldsymbol{y}_2(n)$,即

$$\boldsymbol{y}_1(n)=\mathscr{A}(\boldsymbol{x}_1(n)),$$

$$\boldsymbol{y}_2(n)=\mathscr{A}(\boldsymbol{x}_2(n)),$$

若离散时间系统 S 对输入信号 $\boldsymbol{x}_1(n)$,$\boldsymbol{x}_2(n)$的线性组合 $\alpha\boldsymbol{x}_1(n)+\beta\boldsymbol{x}_2(n)$响应的输出信号 $\boldsymbol{y}(n)$为 $\alpha\boldsymbol{y}_1(n)+\beta\boldsymbol{y}_2(n)$,即满足

$$\boldsymbol{y}(n)=\mathscr{A}(\alpha\boldsymbol{x}_1(n)+\beta\boldsymbol{x}_2(n))=\alpha\boldsymbol{y}_1(n)+\beta\boldsymbol{y}_2(n)=\alpha\mathscr{A}(\boldsymbol{x}_1(n))+\beta\mathscr{A}(\boldsymbol{x}_2(n)),$$

则由线性变换的定义有$\mathscr{A}$是线性变换,即离散时间系统 S 是线性的,否则是非线性系统.

例如,对于任意常数 α,β,系统 $\boldsymbol{y}(n)=\mathscr{A}(\boldsymbol{x}(n))=n\boldsymbol{x}(n)$满足

$$\begin{aligned}\mathscr{A}(\alpha\boldsymbol{x}_1(n)+\beta\boldsymbol{x}_2(n))&=n(\alpha\boldsymbol{x}_1(n)+\beta\boldsymbol{x}_2(n))=\alpha(n\boldsymbol{x}_1(n))+\beta(n\boldsymbol{x}_2(n)))\\&=\alpha\mathscr{A}(\boldsymbol{x}_1(n))+\beta\mathscr{A}(\boldsymbol{x}_2(n)),\end{aligned}$$

则系统 $\boldsymbol{y}(n)=\mathscr{A}(\boldsymbol{x}(n))=n\boldsymbol{x}(n)$是线性系统.

同样可以验证系统 $\boldsymbol{y}(n)=\boldsymbol{x}(-n)$,$\boldsymbol{y}(n)=\boldsymbol{x}(kn)$,其中 k 是大于零的整数,是线性系统,而 $\boldsymbol{y}(n)=2\boldsymbol{x}(n)+1$ 是非线性系统.

对于离散信号 $\boldsymbol{x}(n)$,$n=-\infty\sim+\infty$,定义 $\boldsymbol{x}(n)$的 Z 变换为

$$Z(\boldsymbol{x}(n))=\sum_{n=-\infty}^{\infty}\boldsymbol{x}(n)z^{-n},$$

其中 z 是一个复变量. 对于任意常数 k,l,有

$$Z(k\boldsymbol{x}_1(n)+l\boldsymbol{x}_2(n))=kZ(\boldsymbol{x}_1(n))+lZ(\boldsymbol{x}_2(n)),$$

从而,Z 变换是线性变换.

习题 2

1. 判断下列说法是否正确. 请说明理由.

(1)线性变换将线性无关的向量组变成线性无关的向量组.

(2)线性变换将线性无关的向量组变成线性相关的向量组.

(3)设$\mathscr{A}$是线性空间 V 的变换,$\boldsymbol{\alpha}\in V$ 是一固定的非零向量. 若任意 $\boldsymbol{\xi}\in V$,都有

$$\mathscr{A}(\boldsymbol{\xi})=\boldsymbol{\xi}+\boldsymbol{\alpha},$$

则$\mathscr{A}$是 V 的线性变换.

(4)设$\mathscr{A}$是线性空间 P^3 的变换. 若任意$(x_1,x_2,x_3)\in P^3$,都有

$$\mathscr{A}(x_1,x_2,x_3)=(2x_1-x_2,x_2+x_3,x_1),$$

则$\mathscr{A}$是 V 的线性变换.

(5)设$\mathscr{A}$是线性空间 $P[x]$的变换. 若任意$f(x)\in P[x]$,都有$\mathscr{A}(f(x))=f(x+1)$,则$\mathscr{A}$是 V 的线性变换.

2. 设$\mathscr{A}$,$\mathscr{B}$是线性空间 V 上的线性变换,如果$\mathscr{A}\mathscr{B}-\mathscr{A}\mathscr{B}=\mathscr{E}$,证明:

$$\mathscr{A}^k\mathscr{B}-\mathscr{A}\mathscr{B}^k=k\mathscr{A}^{k-1}\quad(k\geqslant 1).$$

3. 设$\mathscr{A}$,$\mathscr{B}$是线性空间 P^3 的线性变换,且对于任意$(x_1,x_2,x_3)\in P^3$,都有

$$\mathscr{A}(x_1,x_2,x_3)=(2x_1-x_2,x_2+x_3,x_1),$$

$$\mathscr{B}(x_1,x_2,x_3)=(x_2,x_1+x_3,x_1),$$

求$\mathscr{A}+\mathscr{B}$,$\mathscr{A}\mathscr{B}$,$\mathscr{B}\mathscr{A}$,$\mathscr{A}^3+2\mathscr{A}+3\mathscr{E}$.

4. 设 $\boldsymbol{\varepsilon}_1,\boldsymbol{\varepsilon}_2,\boldsymbol{\varepsilon}_3,\boldsymbol{\varepsilon}_4$ 是 4 维线性空间 V 的一组基,已知线性变换$\mathscr{A}$在这组基下的矩阵为

$$\boldsymbol{A}=\begin{pmatrix}1&0&2&1\\-1&2&1&3\\1&2&5&5\\2&-2&1&-2\end{pmatrix},$$

(1)求$\mathscr{A}$在基

$$\boldsymbol{\eta}_1=\boldsymbol{\varepsilon}_1-2\boldsymbol{\varepsilon}_2+\boldsymbol{\varepsilon}_4,\boldsymbol{\eta}_2=3\boldsymbol{\varepsilon}_2-\boldsymbol{\varepsilon}_3-\boldsymbol{\varepsilon}_4,\boldsymbol{\eta}_3=\boldsymbol{\varepsilon}_3+\boldsymbol{\varepsilon}_4,\boldsymbol{\eta}_4=2\boldsymbol{\varepsilon}_4$$

下的矩阵;

(2)求$\mathscr{A}$的值域的一组基与维数;

(3)求$\mathscr{A}$的核的一组基与维数.

5. 设 $\boldsymbol{\varepsilon}_1,\boldsymbol{\varepsilon}_2,\cdots,\boldsymbol{\varepsilon}_n$ 是线性空间 V 的一组基,$\mathscr{A}$是 V 的线性变换,证明:$\mathscr{A}$可逆的充分必要条件是$\mathscr{A}(\boldsymbol{\varepsilon}_1),\mathscr{A}(\boldsymbol{\varepsilon}_2),\cdots,\mathscr{A}(\boldsymbol{\varepsilon}_n)$线性无关.

6. 设$\mathscr{A}$是线性空间 P^3 的线性变换,且对于任意$(x_1,x_2,x_3)\in P^3$,都有

$$\mathscr{A}(x_1,x_2,x_3)=(2x_1-x_2,x_2+x_3,x_1),$$

(1)求$\mathscr{A}$的值域的一组基与维数;

(2)求$\mathscr{A}$的核的一组基与维数.

7. 设$\mathscr{A}$是数域 P 上线性空间 V 的一个线性变换,证明:$\mathscr{A}$的值域与核都是$\mathscr{A}$的不变

子空间.

8. 设$\mathscr{A}$,$\mathscr{B}$是数域P上线性空间V的两个线性变换,若$\mathscr{A}\mathscr{B}=\mathscr{B}\mathscr{A}$,证明:$\mathscr{B}$的值域与核都是$\mathscr{A}$的不变子空间.

9. 设$\mathscr{A}$是线性空间P^3的线性变换,且对于任意$(x_1,x_2,x_3)\in P^3$,都有

$$\mathscr{A}(x_1,x_2,x_3)=(x_2,x_3,x_1).$$

记$W=\{(x_1,x_2,x_3)\mid x_1,x_2,x_3\in P,x_1+x_2+x_3=0\}$. 证明:

(1) W是P^3的子空间;

(2) W是$\mathscr{A}$的不变子空间.

10. 设$\mathscr{A}$是线性空间P^3的线性变换,定义为

$$任意(x_1,x_2,x_3)\in P^3,\mathscr{A}(x_1,x_2,x_3)=(2x_1-x_2,x_2+x_3,x_1),$$

求$\mathscr{A}$在P^3的基$\boldsymbol{\varepsilon}_1=(1,0,0)$,$\boldsymbol{\varepsilon}_2=(0,1,0)$,$\boldsymbol{\varepsilon}_3=(0,0,1)$下的矩阵.

11. 设$\mathscr{A}$是线性空间$P^{2\times2}$的线性变换,定义为$\mathscr{A}(\boldsymbol{X})=\begin{pmatrix}a&b\\c&d\end{pmatrix}\boldsymbol{X}$,其中$\boldsymbol{X}\in P^{2\times2}$,求$\mathscr{A}$在$P^{2\times2}$的基$\boldsymbol{E}_{11}$,$\boldsymbol{E}_{12}$,$\boldsymbol{E}_{21}$,$\boldsymbol{E}_{22}$下的矩阵.

12. 设$\mathscr{D}$是线性空间$P[x]_4$的线性变换,定义为

$$\mathscr{D}(f(x))=f'(x),$$

求$\mathscr{D}$在$P[x]_4$的基$1,x,x^2,x^3$下的矩阵.

13. 设$\mathscr{A}$是线性空间V的线性变换,如果$\mathscr{A}^{k-1}(\boldsymbol{\xi})\neq0$,但$\mathscr{A}^{k}(\boldsymbol{\xi})\neq0$.
证明:(1) $\boldsymbol{\xi},\mathscr{A}(\boldsymbol{\xi}),\cdots,\mathscr{A}^{k-1}(\boldsymbol{\xi})$线性无关;

(2) $\mathscr{A}$在某组基下的矩阵为$\begin{pmatrix}0&0&\cdots&0&0\\1&0&\cdots&0&0\\0&1&\cdots&0&0\\\vdots&\vdots&\ddots&\vdots&\vdots\\0&0&\cdots&1&0\end{pmatrix}$.

14. 设$\mathscr{A}$是线性空间$P^{2\times2}$的线性变换,定义为$\mathscr{A}(\boldsymbol{X})=\boldsymbol{X}\begin{pmatrix}1&2\\-1&1\end{pmatrix}$,其中$\boldsymbol{X}\in P^{2\times2}$,求$\mathscr{A}$在$P^{2\times2}$的基$\begin{pmatrix}1&1\\1&1\end{pmatrix},\begin{pmatrix}1&1\\1&0\end{pmatrix},\begin{pmatrix}1&1\\0&0\end{pmatrix},\begin{pmatrix}1&0\\0&0\end{pmatrix}$下的矩阵.

15. 已知线性空间P^3上的线性变换$\mathscr{A}$在基$\boldsymbol{\eta}_1=(-1,1,1)$,$\boldsymbol{\eta}_2=(1,0,-1)$,$\boldsymbol{\eta}_3=(0,1,1)$下的矩阵是

$$\boldsymbol{A}=\begin{pmatrix}1&0&1\\1&1&0\\-1&2&1\end{pmatrix},$$

求$\mathscr{A}$在基$\boldsymbol{\varepsilon}_1=(1,0,0),\boldsymbol{\varepsilon}_2=(0,1,0),\boldsymbol{\varepsilon}_3=(0,0,1)$下的矩阵.

16. 线性空间P^3的线性变换$\mathscr{A}$定义为

$$\mathscr{A}(\boldsymbol{\eta}_1)=(-5,0,3),\mathscr{A}(\boldsymbol{\eta}_2)=(0,-1,6),\mathscr{A}(\boldsymbol{\eta}_3)=(-5,-1,9),$$

其中$\boldsymbol{\eta}_1=(-1,0,2),\boldsymbol{\eta}_2=(0,1,1),\boldsymbol{\eta}_3=(3,-1,0)$,求$\mathscr{A}$在基$\boldsymbol{\varepsilon}_1=(1,0,0),\boldsymbol{\varepsilon}_2=(0,1,0),\boldsymbol{\varepsilon}_3=(0,0,1)$下的矩阵.

17. 线性空间$P[x]_3$的线性变换$\mathscr{A}$定义为

$$\mathscr{A}(ax^2+bx+c)=x^2+abx+ac$$

求$\mathscr{A}$在基$1+x,x+x^2,x^2+1$下的矩阵.

第3章 酉空间

本章是在复数域上的线性空间的基础上引入内积而得到的酉空间. 在酉空间上讨论了向量的度量性质、正交向量组、标准正交基以及酉空间的同构,并给出了两个特殊的线性变换.

3.1 酉空间的定义与性质

定义1 设 V 是复数域 $\mathbf{C}$ 上的线性空间,在 V 上定义了一个二元函数,记作$(\boldsymbol{\alpha},\boldsymbol{\beta})$. 若任意 $\boldsymbol{\alpha},\boldsymbol{\beta},\boldsymbol{\gamma}\in V$,任意 $k\in\mathbf{C}$,该二元函数满足下述四条性质:

(1)共轭对称性:$(\boldsymbol{\alpha},\boldsymbol{\beta})=\overline{(\boldsymbol{\beta},\boldsymbol{\alpha})}$,

(2)线性性:$(k\boldsymbol{\alpha},\boldsymbol{\beta})=k(\boldsymbol{\alpha},\boldsymbol{\beta})$,

(3)线性性:$(\boldsymbol{\alpha}+\boldsymbol{\beta},\boldsymbol{\gamma})=(\boldsymbol{\alpha},\boldsymbol{\gamma})+(\boldsymbol{\beta},\boldsymbol{\gamma})$,

(4)非负性:$(\boldsymbol{\alpha},\boldsymbol{\alpha})\geqslant 0$. 当且仅当 $\boldsymbol{\alpha}=\mathbf{0}$ 时$(\boldsymbol{\alpha},\boldsymbol{\alpha})=0$,

则称$(\boldsymbol{\alpha},\boldsymbol{\beta})$为 $\boldsymbol{\alpha}$ 与 $\boldsymbol{\beta}$ 的内积,V 称为复内积空间,也称为酉空间.

可以验证,若实数域上的线性空间 V 上定义了一个二元实函数$(\boldsymbol{\alpha},\boldsymbol{\beta})$,同样满足定义1中的四条性质,$V$ 称为欧几里得空间,简称欧氏空间. 此时,可以看到,欧氏空间是酉空间的一种特殊情况. 下面主要是在酉空间讨论的性质,可以应用到欧氏空间.

例1 在线性空间 $\mathbf{C}^n$ 上,任意 $\boldsymbol{\alpha}=(a_1,a_2,\cdots,a_n)$,$\boldsymbol{\beta}=(b_1,b_2,\cdots,b_n)\in\mathbf{C}^n$. 定义二元函数

$$(\boldsymbol{\alpha},\boldsymbol{\beta})=a_1\overline{b_1}+a_2\overline{b_2}+\cdots+a_n\overline{b_n}$$

可以验证$(\boldsymbol{\alpha},\boldsymbol{\beta})$是 $\mathbf{C}^n$ 的一个内积,此时 $\mathbf{C}^n$ 是酉空间,仍用 $\mathbf{C}^n$ 表示.

显然 $\mathbf{R}^n$ 是欧氏空间.

例2 在线性空间 $C(a,b)$上,任意 $f(x),g(x)\in C(a,b)$. 定义二元实函数

$$(f(x),g(x)) = \int_a^b f(x)g(x)\,\mathrm{d}x$$

可以验证$(f(x),g(x))$是$C(a,b)$的一个内积,此时$C(a,b)$是欧氏空间.

由定义 1 有酉空间的基本性质

$$(\boldsymbol{\alpha},k\boldsymbol{\beta})=\bar{k}(\boldsymbol{\alpha},\boldsymbol{\beta}),$$

$$(\boldsymbol{\alpha},\boldsymbol{\beta}+\boldsymbol{\gamma})=(\boldsymbol{\alpha},\boldsymbol{\beta})+(\boldsymbol{\alpha},\boldsymbol{\gamma}).$$

定义 2 非负实数$\sqrt{(\boldsymbol{\alpha},\boldsymbol{\alpha})}$称为向量$\boldsymbol{\alpha}$的长度,记作$|\boldsymbol{\alpha}|$或$\|\boldsymbol{\alpha}\|$.

向量$\boldsymbol{\alpha}$的长度具有以下性质:

(1)非负性. $\|\boldsymbol{\alpha}\|\geqslant 0$,等号成立的充分必要条件是$\boldsymbol{\alpha}=\mathbf{0}$.

(2)齐次性. 任意$k\in\mathbf{C}$,任意$\boldsymbol{\alpha}\in V$, $\|k\boldsymbol{\alpha}\|=|k|\,\|\boldsymbol{\alpha}\|$.

(3)三角不等式性. 任意$\boldsymbol{\alpha},\boldsymbol{\beta}\in V$, $\|\boldsymbol{\alpha}+\boldsymbol{\beta}\|\leqslant\|\boldsymbol{\alpha}\|+\|\boldsymbol{\beta}\|$.

定理 1(柯西-许瓦兹不等式) 设V是酉空间,则任意$\boldsymbol{\alpha},\boldsymbol{\beta}\in V$,有

$$|(\boldsymbol{\alpha},\boldsymbol{\beta})|\leqslant\|\boldsymbol{\alpha}\|\,\|\boldsymbol{\beta}\|.$$

等号成立的充分必要条件是$\boldsymbol{\alpha},\boldsymbol{\beta}$线性相关.

证明 当$\boldsymbol{\beta}=\mathbf{0}$时,结论显然成立.

当$\boldsymbol{\beta}\neq\mathbf{0}$时,记$t$是一个复变数,作向量$\boldsymbol{\gamma}=\boldsymbol{\alpha}+t\boldsymbol{\beta}$,则不管$t$取何值时,一定有

$$(\boldsymbol{\gamma},\boldsymbol{\gamma})=(\boldsymbol{\alpha}+t\boldsymbol{\beta},\boldsymbol{\alpha}+t\boldsymbol{\beta})\geqslant 0,$$

即

$$(\boldsymbol{\alpha},\boldsymbol{\alpha})+t(\boldsymbol{\beta},\boldsymbol{\alpha})+\bar{t}(\boldsymbol{\alpha},\boldsymbol{\beta})+(\boldsymbol{\beta},\boldsymbol{\beta})t\bar{t}\geqslant 0.$$

取

$$t=-\frac{(\boldsymbol{\alpha},\boldsymbol{\beta})}{(\boldsymbol{\beta},\boldsymbol{\beta})},$$

代入上式,得

$$(\boldsymbol{\alpha},\boldsymbol{\alpha})-\frac{(\boldsymbol{\alpha},\boldsymbol{\beta})(\boldsymbol{\beta},\boldsymbol{\alpha})}{(\boldsymbol{\beta},\boldsymbol{\beta})^2}\geqslant 0,$$

即

$$(\boldsymbol{\alpha},\boldsymbol{\beta})(\boldsymbol{\beta},\boldsymbol{\alpha})\leqslant(\boldsymbol{\alpha},\boldsymbol{\alpha})(\boldsymbol{\beta},\boldsymbol{\beta}),$$

从而

$$|(\boldsymbol{\alpha},\boldsymbol{\beta})|\leqslant\|\boldsymbol{\alpha}\|\,\|\boldsymbol{\beta}\|.$$

当$\boldsymbol{\alpha},\boldsymbol{\beta}$线性相关时,等号显然成立. 反过来,若等号成立,由以上证明过程可以看出,或者$\boldsymbol{\beta}=\mathbf{0}$,或者$\boldsymbol{\alpha}-\dfrac{(\boldsymbol{\alpha},\boldsymbol{\beta})}{(\boldsymbol{\beta},\boldsymbol{\beta})}\boldsymbol{\beta}=\mathbf{0}$,也就是说$\boldsymbol{\alpha},\boldsymbol{\beta}$线性相关.

证毕.

酉空间$\mathbf{C}^n$中,柯西-许瓦兹不等式可以表示为

$$|a_1\overline{b_1}+a_2\overline{b_2}+\cdots+a_n\overline{b_n}|\leqslant\sqrt{|a_1|^2+|a_2|^2+\cdots+|a_n|^2}\sqrt{|b_1|^2+|b_2|^2+\cdots+|b_n|^2}.$$

欧氏空间 $C(a,b)$ 中,柯西-许瓦兹不等式可以表示为

$$\left|\int_a^b f(x)g(x)\,\mathrm{d}x\right|\leqslant\sqrt{\int_a^b f^2(x)\,\mathrm{d}x}\sqrt{\int_a^b g^2(x)\,\mathrm{d}x}.$$

利用定理1可以证明向量长度的三角不等式性.

$$\begin{aligned}\|\boldsymbol{\alpha}+\boldsymbol{\beta}\|^2&=(\boldsymbol{\alpha}+\boldsymbol{\beta},\boldsymbol{\alpha}+\boldsymbol{\beta})=(\boldsymbol{\alpha},\boldsymbol{\alpha})+(\boldsymbol{\alpha},\boldsymbol{\beta})+(\boldsymbol{\beta},\boldsymbol{\alpha})+(\boldsymbol{\beta},\boldsymbol{\beta})\\&=(\boldsymbol{\alpha},\boldsymbol{\alpha})+(\boldsymbol{\alpha},\boldsymbol{\beta})+\overline{(\boldsymbol{\alpha},\boldsymbol{\beta})}+(\boldsymbol{\beta},\boldsymbol{\beta})=\|\boldsymbol{\alpha}\|^2+2\mathrm{Re}(\boldsymbol{\alpha},\boldsymbol{\beta})+\|\boldsymbol{\beta}\|^2\\&\leqslant\|\boldsymbol{\alpha}\|^2+2|\mathrm{Re}(\boldsymbol{\alpha},\boldsymbol{\beta})|+\|\boldsymbol{\beta}\|^2\leqslant\|\boldsymbol{\alpha}\|^2+2|(\boldsymbol{\alpha},\boldsymbol{\beta})|+\|\boldsymbol{\beta}\|^2\\&\leqslant\|\boldsymbol{\alpha}\|^2+2\|\boldsymbol{\alpha}\|\|\boldsymbol{\beta}\|+\|\boldsymbol{\beta}\|^2=(\|\boldsymbol{\alpha}\|+\|\boldsymbol{\beta}\|)^2,\end{aligned}$$

其中 $\mathrm{Re}(\boldsymbol{\alpha},\boldsymbol{\beta})$ 是复数 $(\boldsymbol{\alpha},\boldsymbol{\beta})$ 的实部,因此, $\|\boldsymbol{\alpha}+\boldsymbol{\beta}\|\leqslant\|\boldsymbol{\alpha}\|+\|\boldsymbol{\beta}\|$.

定义3 若 $\|\boldsymbol{\alpha}\|=1$,则称 $\boldsymbol{\alpha}$ 为单位向量.

若 $\boldsymbol{\alpha}\neq0$,则 $\dfrac{\boldsymbol{\alpha}}{\|\boldsymbol{\alpha}\|}$ 是一个单位向量,此时,通常称为 $\boldsymbol{\alpha}$ 的单位化过程.

定义4 在欧氏空间中, $\boldsymbol{\alpha}\neq\mathbf{0},\boldsymbol{\beta}\neq\mathbf{0}$,定义 $\boldsymbol{\alpha},\boldsymbol{\beta}$ 的夹角 $<\boldsymbol{\alpha},\boldsymbol{\beta}>$ 为

$$<\boldsymbol{\alpha},\boldsymbol{\beta}>=\arccos\frac{(\boldsymbol{\alpha},\boldsymbol{\beta})}{|\boldsymbol{\alpha}|\,|\boldsymbol{\beta}|},\quad 0\leqslant<\boldsymbol{\alpha},\boldsymbol{\beta}>\leqslant\pi.$$

定义5 设 V 是酉空间, $\boldsymbol{\alpha},\boldsymbol{\beta}\in V$. 若 $(\boldsymbol{\alpha},\boldsymbol{\beta})=0$,则称 $\boldsymbol{\alpha},\boldsymbol{\beta}$ 正交.

可以看出,与自己正交的向量只能是零向量.

在酉空间,同样有勾股定理,即当 $\boldsymbol{\alpha},\boldsymbol{\beta}$ 正交时,

$$\|\boldsymbol{\alpha}+\boldsymbol{\beta}\|^2=\|\boldsymbol{\alpha}\|^2+\|\boldsymbol{\beta}\|^2.$$

事实上,

$$\begin{aligned}\|\boldsymbol{\alpha}+\boldsymbol{\beta}\|^2&=(\boldsymbol{\alpha}+\boldsymbol{\beta},\boldsymbol{\alpha}+\boldsymbol{\beta})=(\boldsymbol{\alpha},\boldsymbol{\alpha})+(\boldsymbol{\alpha},\boldsymbol{\beta})+(\boldsymbol{\beta},\boldsymbol{\alpha})+(\boldsymbol{\beta},\boldsymbol{\beta})\\&=(\boldsymbol{\alpha},\boldsymbol{\alpha})+(\boldsymbol{\beta},\boldsymbol{\beta})=\|\boldsymbol{\alpha}\|^2+\|\boldsymbol{\beta}\|^2.\end{aligned}$$

上述讨论中,对酉空间的维数没有任何限制,从现在开始,假设酉空间是有限维的.

3.2 正交向量组

定义1 设 V 是酉空间, $\boldsymbol{\alpha}_1,\boldsymbol{\alpha}_2,\cdots,\boldsymbol{\alpha}_r\in V$. 若 $\boldsymbol{\alpha}_1,\boldsymbol{\alpha}_2,\cdots,\boldsymbol{\alpha}_r$ 满足

(1) $\boldsymbol{\alpha}_i\neq\mathbf{0},i=1,2,\cdots,r$,

(2) $(\boldsymbol{\alpha}_i,\boldsymbol{\alpha}_j)=0,i\neq j,i,j=1,2,\cdots,r$,

则称 $\boldsymbol{\alpha}_1,\boldsymbol{\alpha}_2,\cdots,\boldsymbol{\alpha}_r$ 为正交向量组.

(3) $\|\boldsymbol{\alpha}_i\|=1,i=1,2,\cdots r$,

则称 $\boldsymbol{\alpha}_1,\boldsymbol{\alpha}_2,\cdots,\boldsymbol{\alpha}_r$ 为正交单位向量组.

由定义1可知单个非零向量构成的向量组也是正交向量组.

定理1 正交向量组是线性无关的.

证明 设 $\boldsymbol{\alpha}_1,\boldsymbol{\alpha}_2,\cdots,\boldsymbol{\alpha}_r$ 是酉空间中的正交向量组. 考虑向量方程

$$k_1\boldsymbol{\alpha}_1+k_2\boldsymbol{\alpha}_2+\cdots+k_r\boldsymbol{\alpha}_r=\mathbf{0},$$

其中 $k_1,k_2,\cdots,k_r\in\mathbf{C}$.

上式两端与 $\boldsymbol{\alpha}_i(i=1,2,\cdots,r)$ 作内积,得

$$k_i(\boldsymbol{\alpha}_i,\boldsymbol{\alpha}_i)=0.$$

由 $\boldsymbol{\alpha}_i\neq\mathbf{0}(i=1,2,\cdots,r)$ 有

$$(\boldsymbol{\alpha}_i,\boldsymbol{\alpha}_i)>0,$$

从而 $k_i=0(i=1,2,\cdots,r)$,故 $\boldsymbol{\alpha}_1,\boldsymbol{\alpha}_2,\cdots,\boldsymbol{\alpha}_r$ 线性无关.

证毕.

定理1说明,在 n 维酉空间中,两两正交的非零向量不能超过 n 个.

定义2 设 $\boldsymbol{\varepsilon}_1,\boldsymbol{\varepsilon}_2,\cdots,\boldsymbol{\varepsilon}_n$ 是 n 维酉空间 V 的一组基. 若 $\boldsymbol{\varepsilon}_1,\boldsymbol{\varepsilon}_2,\cdots,\boldsymbol{\varepsilon}_n$ 是正交向量组,则称 $\boldsymbol{\varepsilon}_1,\boldsymbol{\varepsilon}_2,\cdots,\boldsymbol{\varepsilon}_n$ 是 V 的正交基;若 $\boldsymbol{\varepsilon}_1,\boldsymbol{\varepsilon}_2,\cdots,\boldsymbol{\varepsilon}_n$ 是正交单位向量组,则称 $\boldsymbol{\varepsilon}_1,\boldsymbol{\varepsilon}_2,\cdots,\boldsymbol{\varepsilon}_n$ 是 V 的标准正交基.

由定义1有 $\boldsymbol{\varepsilon}_1,\boldsymbol{\varepsilon}_2,\cdots,\boldsymbol{\varepsilon}_n$ 是 n 维酉空间 V 的标准正交基的充分必要条件是

$$(\boldsymbol{\varepsilon}_i,\boldsymbol{\varepsilon}_j)=\begin{cases}1 & i=j\\ 0 & i\neq j\end{cases}\quad i,j=1,2,\cdots,n.$$

定理2 设 $\boldsymbol{\varepsilon}_1,\boldsymbol{\varepsilon}_2,\cdots,\boldsymbol{\varepsilon}_n$ 是 n 维酉空间 V 的一组标准正交基,$\boldsymbol{\alpha}\in V$ 在该基下的坐标为$(x_1,x_2,\cdots,x_n)$,即

$$\boldsymbol{\alpha}=x_1\boldsymbol{\varepsilon}_1+x_2\boldsymbol{\varepsilon}_2+\cdots+x_n\boldsymbol{\varepsilon}_n,$$

则 $x_i=(\boldsymbol{\alpha},\boldsymbol{\varepsilon}_i),i=1,2,\cdots,n$.

证明

$$\begin{aligned}(\boldsymbol{\alpha},\boldsymbol{\varepsilon}_i)&=(x_1\boldsymbol{\varepsilon}_1+x_2\boldsymbol{\varepsilon}_2+\cdots+x_n\boldsymbol{\varepsilon}_n,\boldsymbol{\varepsilon}_i)=(x_1\boldsymbol{\varepsilon}_1,\boldsymbol{\varepsilon}_i)+(x_2\boldsymbol{\varepsilon}_2,\boldsymbol{\varepsilon}_i)+\cdots+(x_n\boldsymbol{\varepsilon}_n,\boldsymbol{\varepsilon}_i)\\&=x_1(\boldsymbol{\varepsilon}_1,\boldsymbol{\varepsilon}_i)+x_2(\boldsymbol{\varepsilon}_2,\boldsymbol{\varepsilon}_i)+\cdots+x_n(\boldsymbol{\varepsilon}_n,\boldsymbol{\varepsilon}_i)=x_i(\boldsymbol{\varepsilon}_i,\boldsymbol{\varepsilon}_i)=x_i.\end{aligned}$$

证毕.

定理3 设 $\boldsymbol{\varepsilon}_1,\boldsymbol{\varepsilon}_2,\cdots,\boldsymbol{\varepsilon}_n$ 是 n 维酉空间 V 的一组标准正交基,$\boldsymbol{\alpha},\boldsymbol{\beta}\in V$ 且

$$\boldsymbol{\alpha}=x_1\boldsymbol{\varepsilon}_1+x_2\boldsymbol{\varepsilon}_2+\cdots+x_n\boldsymbol{\varepsilon}_n,$$

$$\boldsymbol{\beta}=y_1\boldsymbol{\varepsilon}_1+y_2\boldsymbol{\varepsilon}_2+\cdots+y_n\boldsymbol{\varepsilon}_n.$$

则

$$(\boldsymbol{\alpha},\boldsymbol{\beta})=x_1\overline{y_1}+x_2\overline{y_2}+\cdots+x_n\overline{y_n}.$$

证明

$$\begin{aligned}(\boldsymbol{\alpha},\boldsymbol{\beta}) &= (x_1\boldsymbol{\varepsilon}_1+x_2\boldsymbol{\varepsilon}_2+\cdots+x_n\boldsymbol{\varepsilon}_n, y_1\boldsymbol{\varepsilon}_1+y_2\boldsymbol{\varepsilon}_2+\cdots+y_n\boldsymbol{\varepsilon}_n)\\ &= x_1(\boldsymbol{\varepsilon}_1, y_1\boldsymbol{\varepsilon}_1+y_2\boldsymbol{\varepsilon}_2+\cdots+y_n\boldsymbol{\varepsilon}_n)+x_2(\boldsymbol{\varepsilon}_2, y_1\boldsymbol{\varepsilon}_1+y_2\boldsymbol{\varepsilon}_2+\cdots+y_n\boldsymbol{\varepsilon}_n)\\ &\quad+\cdots+x_n(\boldsymbol{\varepsilon}_n, y_1\boldsymbol{\varepsilon}_1+y_2\boldsymbol{\varepsilon}_2+\cdots+y_n\boldsymbol{\varepsilon}_n)\\ &= x_1\overline{y_1}(\boldsymbol{\varepsilon}_1,\boldsymbol{\varepsilon}_1)+x_1\overline{y_2}(\boldsymbol{\varepsilon}_1,\boldsymbol{\varepsilon}_2)+\cdots+x_1\overline{y_n}(\boldsymbol{\varepsilon}_1,\boldsymbol{\varepsilon}_n)\\ &\quad+x_2\overline{y_1}(\boldsymbol{\varepsilon}_2,\boldsymbol{\varepsilon}_1)+x_2\overline{y_2}(\boldsymbol{\varepsilon}_2,\boldsymbol{\varepsilon}_2)+\cdots+x_2\overline{y_n}(\boldsymbol{\varepsilon}_2\boldsymbol{\varepsilon}_n)\\ &\quad+\cdots\\ &\quad+x_n\overline{y_1}(\boldsymbol{\varepsilon}_n,\boldsymbol{\varepsilon}_1)+x_n\overline{y_2}(\boldsymbol{\varepsilon}_n,\boldsymbol{\varepsilon}_2)+\cdots+x_n\overline{y_n}(\boldsymbol{\varepsilon}_n,\boldsymbol{\varepsilon}_n)\\ &= x_1\overline{y_1}+x_2\overline{y_2}+\cdots+x_n\overline{y_n}.\end{aligned}$$

证毕.

3.3 标准正交基的求法

定理 1 n 维酉空间 V 中任一正交向量组都能扩充为 V 的一组正交基.

证明 设 $\boldsymbol{\alpha}_1,\boldsymbol{\alpha}_2,\cdots,\boldsymbol{\alpha}_m$ 是 V 中任一正交向量组,对 $n-m$ 作数学归纳法.

当 $n-m=0$ 时,$\boldsymbol{\alpha}_1,\boldsymbol{\alpha}_2,\cdots,\boldsymbol{\alpha}_m$ 就是一组正交基.

假设 $n-m=k$ 时,结论成立,即可以找到向量 $\boldsymbol{\beta}_1,\boldsymbol{\beta}_2,\cdots,\boldsymbol{\beta}_k$ 使得

$$\boldsymbol{\alpha}_1,\boldsymbol{\alpha}_2,\cdots,\boldsymbol{\alpha}_m,\boldsymbol{\beta}_1,\boldsymbol{\beta}_2,\cdots,\boldsymbol{\beta}_k$$

为 V 的一组正交基. 则当 $n-m=k+1$ 时,因为 $m<n$,所以一定存在 $\boldsymbol{\beta}\in V$,使得 $\boldsymbol{\beta}$ 不能由 $\boldsymbol{\alpha}_1,\boldsymbol{\alpha}_2,\cdots,\boldsymbol{\alpha}_m$ 线性表示. 作向量

$$\boldsymbol{\alpha}_{m+1}=\boldsymbol{\beta}-k_1\boldsymbol{\alpha}_1-k_2\boldsymbol{\alpha}_2-\cdots-k_m\boldsymbol{\alpha}_m$$

其中 $k_1,k_2,\cdots,k_m$ 为待定系数,使得 $\boldsymbol{\alpha}_1,\boldsymbol{\alpha}_2,\cdots,\boldsymbol{\alpha}_m,\boldsymbol{\alpha}_{m+1}$ 为正交向量组.

上式两端与 $\boldsymbol{\alpha}_i\,(i=1,2,\cdots,m)$ 作内积,得

$$\begin{aligned}0=(\boldsymbol{\alpha}_{m+1},\boldsymbol{\alpha}_i) &= (\boldsymbol{\beta},\boldsymbol{\alpha}_i)-k_1(\boldsymbol{\alpha}_1,\boldsymbol{\alpha}_i)-\cdots-k_{i-1}(\boldsymbol{\alpha}_{i-1},\boldsymbol{\alpha}_i)-k_i(\boldsymbol{\alpha}_i,\boldsymbol{\alpha}_i)\\ &\quad-k_{i+1}(\boldsymbol{\alpha}_{i+1},\boldsymbol{\alpha}_i)-\cdots-k_m(\boldsymbol{\alpha}_m,\boldsymbol{\alpha}_i),\end{aligned}$$

由 $\boldsymbol{\alpha}_1,\boldsymbol{\alpha}_2,\cdots,\boldsymbol{\alpha}_m,\boldsymbol{\alpha}_{m+1}$ 为正交向量组有

$$(\boldsymbol{\beta},\boldsymbol{\alpha}_i)=k_i(\boldsymbol{\alpha}_i,\boldsymbol{\alpha}_i),$$

由 $\boldsymbol{\alpha}_i\neq\boldsymbol{0}\,(i=1,2,\cdots,m)$ 有

$$(\boldsymbol{\alpha}_i,\boldsymbol{\alpha}_i)>0,$$

从而

$$k_i=\frac{(\boldsymbol{\beta},\boldsymbol{\alpha}_i)}{(\boldsymbol{\alpha}_i,\boldsymbol{\alpha}_i)}\quad(i=1,2,\cdots,m).$$

由归纳法假设,可以找到向量 $\boldsymbol{\beta}_1,\boldsymbol{\beta}_2,\cdots,\boldsymbol{\beta}_k$ 使得 $\boldsymbol{\alpha}_1,\boldsymbol{\alpha}_2,\cdots,\boldsymbol{\alpha}_m,\boldsymbol{\alpha}_{m+1},\boldsymbol{\beta}_1,\boldsymbol{\beta}_2,\cdots,\boldsymbol{\beta}_k$ 为 V 的一组正交基.

由数学归纳法原理,结论成立.

证毕.

定理1的证明过程实际上给出了酉空间中一个具体扩充正交向量组的方法,即从任一个非零向量出发,按定理1的证明过程逐个地扩充,最后一定能够得到 V 的一组正交基,再单位化,就得到 V 的一组标准正交基.

在求酉空间的正交基时,常常是已经找到了酉空间的一组基.对于这种情形,有下面的定理2.

定理2 对于 n 维酉空间 V 中任意一组基 $\boldsymbol{\varepsilon}_1,\boldsymbol{\varepsilon}_2,\cdots,\boldsymbol{\varepsilon}_n$,都可以找到一组正交基 $\boldsymbol{\eta}_1,\boldsymbol{\eta}_2,\cdots,\boldsymbol{\eta}_n$,使

$$L(\boldsymbol{\varepsilon}_1,\boldsymbol{\varepsilon}_2,\cdots,\boldsymbol{\varepsilon}_i)=L(\boldsymbol{\eta}_1,\boldsymbol{\eta}_2,\cdots,\boldsymbol{\eta}_i),i=1,2,\cdots,n.$$

证明 根据 V 的基 $\boldsymbol{\varepsilon}_1,\boldsymbol{\varepsilon}_2,\cdots,\boldsymbol{\varepsilon}_n$ 逐个求出向量 $\boldsymbol{\eta}_1,\boldsymbol{\eta}_2,\cdots,\boldsymbol{\eta}_n$.

首先,取 $\boldsymbol{\eta}_1=\boldsymbol{\varepsilon}_1$.一般地,假设已经求出 $\boldsymbol{\eta}_1,\boldsymbol{\eta}_2,\cdots,\boldsymbol{\eta}_m$,满足

$$L(\boldsymbol{\varepsilon}_1,\boldsymbol{\varepsilon}_2,\cdots,\boldsymbol{\varepsilon}_m)=L(\boldsymbol{\eta}_1,\boldsymbol{\eta}_2,\cdots,\boldsymbol{\eta}_m).$$

下一步求 $\boldsymbol{\eta}_{m+1}$.

因为 $L(\boldsymbol{\varepsilon}_1,\boldsymbol{\varepsilon}_2,\cdots,\boldsymbol{\varepsilon}_m)=L(\boldsymbol{\eta}_1,\boldsymbol{\eta}_2,\cdots,\boldsymbol{\eta}_m)$,所以 $\boldsymbol{\varepsilon}_{m+1}$ 不能由 $\boldsymbol{\eta}_1,\boldsymbol{\eta}_2,\cdots,\boldsymbol{\eta}_m$ 线性表示.作向量

$$\boldsymbol{\eta}_{m+1}=\boldsymbol{\varepsilon}_{m+1}-\sum_{i=1}^{m}\frac{(\boldsymbol{\varepsilon}_{m+1},\boldsymbol{\eta}_i)}{(\boldsymbol{\eta}_i,\boldsymbol{\eta}_i)}\boldsymbol{\eta}_i$$

显然,$\boldsymbol{\eta}_{m+1}\neq\mathbf{0}$ 且 $(\boldsymbol{\eta}_{m+1},\boldsymbol{\eta}_i)=0,i=1,2,\cdots,m$,则 $\boldsymbol{\eta}_1,\boldsymbol{\eta}_2,\cdots,\boldsymbol{\eta}_m,\boldsymbol{\eta}_{m+1}$ 就是正交向量组,且 $L(\boldsymbol{\varepsilon}_1,\boldsymbol{\varepsilon}_2,\cdots,\boldsymbol{\varepsilon}_m,\boldsymbol{\varepsilon}_{m+1})=L(\boldsymbol{\eta}_1,\boldsymbol{\eta}_2,\cdots,\boldsymbol{\eta}_m,\boldsymbol{\eta}_{m+1})$.

由数学归纳法原理,定理得证.

证毕.

定理2中具体求酉空间 V 的正交基的方法称为施密特(Schmidt)正交化方法.

更一般的问题如下:

给定一个线性无关的向量组 $\boldsymbol{\alpha}_1,\boldsymbol{\alpha}_2,\cdots,\boldsymbol{\alpha}_r$,要求作出一个新的向量组 $\boldsymbol{\gamma}_1,\boldsymbol{\gamma}_2,\cdots,\boldsymbol{\gamma}_r$,满足:

(1)$L(\boldsymbol{\alpha}_1,\boldsymbol{\alpha}_2\cdots,\boldsymbol{\alpha}_i)=L(\boldsymbol{\gamma}_1,\boldsymbol{\gamma}_2,\cdots,\boldsymbol{\gamma}_i),i=1,2,\cdots,r$;

(2)$\boldsymbol{\gamma}_1,\boldsymbol{\gamma}_2,\cdots,\boldsymbol{\gamma}_r$ 是正交单位向量组.

根据定理2,由 $\boldsymbol{\alpha}_1,\boldsymbol{\alpha}_2,\cdots,\boldsymbol{\alpha}_r$ 得到 $\boldsymbol{\gamma}_1,\boldsymbol{\gamma}_2,\cdots,\boldsymbol{\gamma}_r$ 的步骤如下:

第一步:正交化.

记

$$\boldsymbol{\beta}_1=\boldsymbol{\alpha}_1,$$

$$\boldsymbol{\beta}_2=\boldsymbol{\alpha}_2-\frac{(\boldsymbol{\alpha}_2,\boldsymbol{\beta}_1)}{(\boldsymbol{\beta}_1,\boldsymbol{\beta}_1)}\boldsymbol{\beta}_1,$$

$$\vdots$$

$$\boldsymbol{\beta}_r=\boldsymbol{\alpha}_r-\frac{(\boldsymbol{\alpha}_r,\boldsymbol{\beta}_1)}{(\boldsymbol{\beta}_1,\boldsymbol{\beta}_1)}\boldsymbol{\beta}_1-\frac{(\boldsymbol{\alpha}_r,\boldsymbol{\beta}_2)}{(\boldsymbol{\beta}_2,\boldsymbol{\beta}_2)}\boldsymbol{\beta}_2-\cdots-\frac{(\boldsymbol{\alpha}_r,\boldsymbol{\beta}_{r-1})}{(\boldsymbol{\beta}_{r-1},\boldsymbol{\beta}_{r-1})}\boldsymbol{\beta}_{r-1},$$

则 $\boldsymbol{\beta}_1,\boldsymbol{\beta}_2,\cdots,\boldsymbol{\beta}_r$ 为所求的一组正交向量组,且满足

$$L(\boldsymbol{\alpha}_1,\boldsymbol{\alpha}_2,\cdots,\boldsymbol{\alpha}_i)=L(\boldsymbol{\beta}_1,\boldsymbol{\beta}_2,\cdots,\boldsymbol{\beta}_i),i=1,2,\cdots,r.$$

第二步:单位化.

记

$$\boldsymbol{\gamma}_i=\frac{\boldsymbol{\beta}_i}{\|\boldsymbol{\beta}_i\|},i=1,2,\cdots,r.$$

则 $\boldsymbol{\gamma}_1,\boldsymbol{\gamma}_2,\cdots,\boldsymbol{\gamma}_r$ 为一组正交单位向量组,且满足

$$L(\boldsymbol{\alpha}_1,\boldsymbol{\alpha}_2,\cdots,\boldsymbol{\alpha}_i)=L(\boldsymbol{\gamma}_1,\boldsymbol{\gamma}_2,\cdots,\boldsymbol{\gamma}_i),i=1,2,\cdots,r.$$

归纳出求酉空间 V 的一组标准正交基的方法如下:

设 V 是 r 维酉空间,在 V 中任取一组基 $\boldsymbol{\alpha}_1,\boldsymbol{\alpha}_2,\cdots,\boldsymbol{\alpha}_r$,利用 Schmidt 正交化、单位化方法,求得 $\boldsymbol{\gamma}_1,\boldsymbol{\gamma}_2,\cdots,\boldsymbol{\gamma}_r$,即为 V 的一组标准正交基.

例 1 设酉空间 $\mathbf{C}^3$ 的基 $\boldsymbol{\alpha}_1=(1,2,-1)^{\mathrm{T}},\boldsymbol{\alpha}_2=(-1,3,1)^{\mathrm{T}},\boldsymbol{\alpha}_3=(4,-1,0)^{\mathrm{T}}$,求由 $\boldsymbol{\alpha}_1,\boldsymbol{\alpha}_2,\boldsymbol{\alpha}_3$ 出发的酉空间 $\mathbf{C}^3$ 的一组标准正交基.

解 将 $\boldsymbol{\alpha}_1,\boldsymbol{\alpha}_2,\boldsymbol{\alpha}_3$ 正交化:

$$\boldsymbol{\eta}_1=\boldsymbol{\alpha}_1=(1,2,-1)^{\mathrm{T}},$$

$$\boldsymbol{\eta}_2=\boldsymbol{\alpha}_2-\frac{(\boldsymbol{\alpha}_2,\boldsymbol{\eta}_1)}{(\boldsymbol{\eta}_1,\boldsymbol{\eta}_1)}\boldsymbol{\eta}_1=\frac{5}{3}(-1,1,1)^{\mathrm{T}},$$

$$\boldsymbol{\eta}_3=\boldsymbol{\alpha}_3-\frac{(\boldsymbol{\alpha}_3,\boldsymbol{\eta}_1)}{(\boldsymbol{\eta}_1,\boldsymbol{\eta}_1)}\boldsymbol{\eta}_1-\frac{(\boldsymbol{\alpha}_3,\boldsymbol{\eta}_2)}{(\boldsymbol{\eta}_2,\boldsymbol{\eta}_2)}\boldsymbol{\eta}_2=2\,(1,0,1)^{\mathrm{T}}.$$

将 $\boldsymbol{\eta}_1,\boldsymbol{\eta}_2,\boldsymbol{\eta}_3$ 单位化:

$$\boldsymbol{\gamma}_1=\frac{\boldsymbol{\eta}_1}{|\boldsymbol{\eta}_1|}=\frac{1}{\sqrt{6}}(1,2,-1)^{\mathrm{T}},$$

$$\boldsymbol{\gamma}_2=\frac{\boldsymbol{\eta}_2}{|\boldsymbol{\eta}_2|}=\frac{1}{\sqrt{3}}(-1,1,1)^{\mathrm{T}},$$

$$\boldsymbol{\gamma}_3=\frac{\boldsymbol{\eta}_3}{|\boldsymbol{\eta}_3|}=\frac{1}{\sqrt{2}}(1,0,1)^{\mathrm{T}}.$$

故 $\boldsymbol{\gamma}_1,\boldsymbol{\gamma}_2,\boldsymbol{\gamma}_3$ 是 $\mathbf{C}^3$ 的一组标准正交基.

定义 1 设 $\boldsymbol{A}=(a_{ij})_{m\times n}\in\mathbf{C}^{m\times n}$,称 $(\overline{a_{ij}})_{m\times n}$ 是 $\boldsymbol{A}$ 的共轭,记为 $\overline{\boldsymbol{A}}$. 称 $\overline{\boldsymbol{A}}$ 的转置矩阵是 $\boldsymbol{A}$ 的共轭转置,记作 $\boldsymbol{A}^{\mathrm{H}}$,即

$$A^{\mathrm{H}}=(\overline{A})^{\mathrm{T}}.$$

设 n 维酉空间 V 的标准正交基 $\boldsymbol{\varepsilon}_1,\boldsymbol{\varepsilon}_2,\cdots,\boldsymbol{\varepsilon}_n$ 到标准正交基 $\boldsymbol{\eta}_1,\boldsymbol{\eta}_2,\cdots,\boldsymbol{\eta}_n$ 的过渡矩阵 $\boldsymbol{A}=(a_{ij})_{n\times n}$,即

$$(\boldsymbol{\eta}_1,\boldsymbol{\eta}_2,\cdots,\boldsymbol{\eta}_n)=(\boldsymbol{\varepsilon}_1,\boldsymbol{\varepsilon}_2,\cdots,\boldsymbol{\varepsilon}_n)\boldsymbol{A}.$$

因为 $\boldsymbol{\eta}_1,\boldsymbol{\eta}_2,\cdots,\boldsymbol{\eta}_n$ 和 $\boldsymbol{\varepsilon}_1,\boldsymbol{\varepsilon}_2,\cdots,\boldsymbol{\varepsilon}_n$ 都是 V 的标准正交基,所以

$$(\boldsymbol{\eta}_i,\boldsymbol{\eta}_j)=\begin{cases}1 & i=j\\ 0 & i\neq j\end{cases}\quad i,j=1,2,\cdots,n,$$

$$(\boldsymbol{\eta}_i,\boldsymbol{\eta}_j)=a_{1i}\overline{a_{1j}}+a_{2i}\overline{a_{2j}}+\cdots+a_{ni}\overline{a_{nj}}.$$

从而

$$a_{1i}\overline{a_{1j}}+a_{2i}\overline{a_{2j}}+\cdots+a_{ni}\overline{a_{nj}}=\begin{cases}1 & i=j\\ 0 & i\neq j\end{cases}\quad i,j=1,2,\cdots,n,$$

相当于等式

$$\boldsymbol{A}^{\mathrm{H}}\boldsymbol{A}=\boldsymbol{E},$$

即

$$\boldsymbol{A}^{-1}=\boldsymbol{A}^{\mathrm{H}},$$

进而

$$\boldsymbol{A}\boldsymbol{A}^{\mathrm{H}}=\boldsymbol{E}.$$

定义 2 设 $\boldsymbol{A}\in\mathbf{C}^{n\times n}$. 若

$$\boldsymbol{A}\boldsymbol{A}^{\mathrm{H}}=\boldsymbol{A}^{\mathrm{H}}\boldsymbol{A}=\boldsymbol{E},$$

则称 $\boldsymbol{A}$ 为酉矩阵.

因此,酉空间中由标准正交基到标准正交基的过渡矩阵是酉矩阵;反过来,在酉空间的基变换中,若一组基是标准正交基,同时过渡矩阵是酉矩阵,则另一组基一定也是标准正交基.

特别的,有如下定义.

定义 3 设 $\boldsymbol{A}\in\mathbf{R}^{n\times n}$,若

$$\boldsymbol{A}\boldsymbol{A}^{\mathrm{T}}=\boldsymbol{A}^{\mathrm{T}}\boldsymbol{A}=\boldsymbol{E},$$

则称 $\boldsymbol{A}$ 为正交矩阵.

若 V 是欧氏空间,则由标准正交基到标准正交基的过渡矩阵是正交矩阵;反过来,在欧氏空间的基变换中,若一组基是标准正交基,同时过渡矩阵是正交矩阵,则另一组基一定也是标准正交基.

3.4 正交子空间

定义 1 设 V_1 和 V_2 是酉空间的两个子空间. 若任意 $\boldsymbol{\alpha}\in V_1$,任意 $\boldsymbol{\beta}\in V_2$,恒有

$$(\boldsymbol{\alpha},\boldsymbol{\beta})=0,$$

则称 V_1,V_2 是正交的,记作 $V_1\perp V_2$. 设 $\boldsymbol{\alpha}\in V$,若任意 $\boldsymbol{\beta}\in V_1$,恒有

$$(\boldsymbol{\alpha},\boldsymbol{\beta})=0,$$

则称 $\boldsymbol{\alpha}$ 与 V_1 是正交的,记作 $\boldsymbol{\alpha}\perp V_1$.

若 $V_1\perp V_2$,则任意 $\boldsymbol{\alpha}\in V_1\cap V_2$,有 $\boldsymbol{\alpha}\in V_1$ 且 $\boldsymbol{\alpha}\in V_2$,从而 $(\boldsymbol{\alpha},\boldsymbol{\alpha})=0$,即 $\boldsymbol{\alpha}=\mathbf{0}$,故 V_1+V_2 是直和.

定理 1 若子空间 $V_1,V_2,\cdots,V_s$ 两两正交,则 $V_1+V_2+\cdots+V_s$ 是直和.

证明 考虑零向量的分解式

$$\mathbf{0}=\boldsymbol{\alpha}_1+\boldsymbol{\alpha}_2+\cdots+\boldsymbol{\alpha}_s,\text{其中 }\boldsymbol{\alpha}_i\in V_i,i=1,2,\cdots,s.$$

上式两端与 $\boldsymbol{\alpha}_i(i=1,2,\cdots,s)$ 作内积,利用 $V_1,V_2,\cdots,V_s$ 两两正交得

$$(\boldsymbol{\alpha}_i,\boldsymbol{\alpha}_i)=0,$$

即 $\boldsymbol{\alpha}_i=\mathbf{0}(i=1,2,\cdots,s)$,故 $V_1+V_2+\cdots+V_s$ 是直和.

证毕.

定义 2 设 V_1 和 V_2 是酉空间 V 的两个子空间. 若 $V=V_1+V_2$ 且 $V_1\perp V_2$,则称 V_2 是 V_1 的正交补,V_1 是 V_2 的正交补.

定理 2 n 维酉空间 V 的每个子空间 V_1 都有唯一的正交补.

证明 先证存在性. 若 $V_1=\{\mathbf{0}\}$,则 V_1 的正交补是 V,唯一性是显然的.

若 $V_1\neq\{\mathbf{0}\}$,则 V_1 也是酉空间,且 $\dim V_1\leqslant\dim V=n$. 不妨设 $\dim V_1=m$,取 V_1 的一组正交基 $\boldsymbol{\varepsilon}_1,\boldsymbol{\varepsilon}_2,\cdots,\boldsymbol{\varepsilon}_m$,将 $\boldsymbol{\varepsilon}_1,\boldsymbol{\varepsilon}_2,\cdots,\boldsymbol{\varepsilon}_m$ 扩充为 V 的一组正交基

$$\boldsymbol{\varepsilon}_1,\boldsymbol{\varepsilon}_2,\cdots,\boldsymbol{\varepsilon}_m,\boldsymbol{\varepsilon}_{m+1},\cdots,\boldsymbol{\varepsilon}_n.$$

记 $V_2=L(\boldsymbol{\varepsilon}_{m+1},\cdots,\boldsymbol{\varepsilon}_n)$,则 $V=V_1+V_2$,且 $V_1\perp V_2$,即 V_2 为 V_1 的正交补.

再来证唯一性. 设 V_2,V_3 都是 V_1 的正交补,于是

$$V=V_1+V_2,\text{且 }V_1\perp V,$$

$$V=V_1+V_3,\text{且 }V_1\perp V_3.$$

任意 $\boldsymbol{\alpha}\in V_2$,则 $\boldsymbol{\alpha}\in V,\boldsymbol{\alpha}=\boldsymbol{\alpha}_1+\boldsymbol{\alpha}_3$,其中 $\boldsymbol{\alpha}_1\in V_1,\boldsymbol{\alpha}_3\in V_3$. 由 $V_1\perp V_2$ 有

$$0=(\boldsymbol{\alpha},\boldsymbol{\alpha}_1)=(\boldsymbol{\alpha}_1+\boldsymbol{\alpha}_3,\boldsymbol{\alpha}_1)=(\boldsymbol{\alpha}_1,\boldsymbol{\alpha}_1)+(\boldsymbol{\alpha}_3,\boldsymbol{\alpha}_1)$$

又由 $V_1\perp V_3$ 有

$$0=(\boldsymbol{\alpha}_1,\boldsymbol{\alpha}_1),$$

即

$$\boldsymbol{\alpha}_1=\mathbf{0},$$

所以 $\boldsymbol{\alpha}=\boldsymbol{\alpha}_3\in V_3$,即 $V_2\subset V_3$.

同理可证 $V_3\subset V_2$. 故 $V_2=V_3$.

证毕.

V_1 的正交补记作 $V_1^{\perp}$.

推论　$V_1^{\perp}$ 恰由所有与 V_1 正交的向量组成.

任意 $\boldsymbol{\alpha} \in V_1 + V_1^{\perp}$,则 $\boldsymbol{\alpha} = \boldsymbol{\alpha}_1 + \boldsymbol{\alpha}_2$,其中 $\boldsymbol{\alpha}_1 \in V_1, \boldsymbol{\alpha}_2 \in V_1^{\perp}$. 称 $\boldsymbol{\alpha}_1$ 为 $\boldsymbol{\alpha}$ 在子空间 V_1 上的内射影.

例 1　酉空间 $\mathbf{C}^{2\times 2}$ 中的内积定义为

$$(\boldsymbol{A}, \boldsymbol{B}) = \sum_{i=1}^{2} \sum_{j=1}^{2} a_{ij} \overline{b_{ij}},$$

其中 $\boldsymbol{A} = (a_{ij}), \boldsymbol{B} = (b_{ij}) \in \mathbf{C}^{2\times 2}$. 设 $\boldsymbol{A} = \begin{pmatrix} 1 & 1 \\ 0 & 0 \end{pmatrix}, \boldsymbol{B} = \begin{pmatrix} 0 & 1 \\ 1 & 1 \end{pmatrix}$. 记 $W = L(\boldsymbol{A}, \boldsymbol{B})$,求 $W^{\perp}$ 的一组标准正交基.

解　任意 $\boldsymbol{D} = \begin{pmatrix} x_1 & x_2 \\ x_3 & x_4 \end{pmatrix} \in W^{\perp}$,则 $\boldsymbol{D} \perp W$,有

$$(\boldsymbol{D}, \boldsymbol{A}) = 0,$$
$$(\boldsymbol{D}, \boldsymbol{B}) = 0,$$

即有齐次线性方程组

$$\begin{cases} x_1 + x_2 = 0 \\ x_2 + x_3 + x_4 = 0, \end{cases}$$

其一个基础解系为

$$\begin{pmatrix} 1 \\ -1 \\ 1 \\ 0 \end{pmatrix}, \begin{pmatrix} 1 \\ -1 \\ 0 \\ 1 \end{pmatrix},$$

则该齐次线性方程组的通解为

$$\begin{pmatrix} x_1 \\ x_2 \\ x_3 \\ x_4 \end{pmatrix} = k_1 \begin{pmatrix} 1 \\ -1 \\ 1 \\ 0 \end{pmatrix} + k_2 \begin{pmatrix} 1 \\ -1 \\ 0 \\ 1 \end{pmatrix},$$

其中 k_1, k_2 是复数域 $\mathbf{C}$ 中的任意常数.

记

$$\boldsymbol{G}_1 = \begin{pmatrix} 1 & -1 \\ 1 & 0 \end{pmatrix}, \boldsymbol{G}_2 = \begin{pmatrix} 1 & -1 \\ 0 & 1 \end{pmatrix},$$

则

$$D=\begin{pmatrix}k_1+k_2 & -k_1-k_2\\ k_1 & k_2\end{pmatrix}=k_1G_1+k_2G_2.$$

显然,$G_1,G_2\in W^{\perp}$,且线性无关,从而 G_1,G_2 是 $W^{\perp}$ 的一组基. 下面对 G_1,G_2 进行正交化和单位化.

正交化:

$$D_1=G_1=\begin{pmatrix}1 & -1\\ 1 & 0\end{pmatrix},$$

$$D_2=G_2-\frac{(G_1,D_1)}{(D_1,D_1)}D_1=\begin{pmatrix}1 & -1\\ 0 & 1\end{pmatrix}-\frac{2}{3}\begin{pmatrix}1 & -1\\ 1 & 0\end{pmatrix}=\begin{pmatrix}\frac{1}{3} & -\frac{1}{3}\\ -\frac{2}{3} & 1\end{pmatrix}$$

单位化:

$$\gamma_1=\frac{D_1}{|D_1|}=\begin{pmatrix}\frac{1}{\sqrt{3}} & -\frac{1}{\sqrt{3}}\\ \frac{1}{\sqrt{3}} & 0\end{pmatrix},\gamma_2=\frac{D_2}{|D_2|}=\begin{pmatrix}\frac{1}{\sqrt{15}} & -\frac{1}{\sqrt{15}}\\ -\frac{2}{\sqrt{15}} & \frac{3}{\sqrt{15}}\end{pmatrix}.$$

所以 γ_1,γ_2 是 $W^{\perp}$ 的一组标准正交基.

3.5 酉空间的同构

定义 1 设 V 和 V' 是两个酉空间. 若由 V 到 V' 存在一个双射 σ,且任意 $\alpha,\beta\in V$,任意 $k\in\mathbf{C}$,有

(1) $\sigma(\alpha+\beta)=\sigma(\alpha)+\sigma(\beta)$,

(2) $\sigma(k\alpha)=k\sigma(\alpha)$,

(3) $(\sigma(\alpha),\sigma(\beta))=(\alpha,\beta)$,

则称 V 和 V' 同构,σ 是 V 到 V' 的同构映射.

可以看出,若 σ 是酉空间 V 到欧氏空间 V' 的同构映射,则 σ 也是 V 到 V' 作为线性空间的同构映射,因此同构的酉空间必有相同的维数.

设 V 是一个 n 维酉空间. 在 V 中取一组标准正交基 $\varepsilon_1,\varepsilon_2,\cdots,\varepsilon_n$,任取 $\alpha\in V$,

$$\alpha=x_1\varepsilon_1+x_2\varepsilon_2+\cdots+x_n\varepsilon_n,$$

其中 $x_1,x_2,\cdots,x_n\in\mathbf{C}$.

记

$$\sigma(\alpha)=(x_1,x_2,\cdots,x_n)\in\mathbf{C}^n,$$

即 σ 为 V 到 $\mathbf{C}^n$ 的映射，由线性空间的同构，可知 σ 是 V 到 $\mathbf{C}^n$ 的双射，且满足定义1中条件(1)，(2).

由 $\boldsymbol{\varepsilon}_1,\boldsymbol{\varepsilon}_2,\cdots,\boldsymbol{\varepsilon}_n$ 是 V 的标准正交基以及 $\mathbf{C}^n$ 的默认内积有 σ 也适合定义1的条件(3). 因而 σ 是 V 到 $\mathbf{C}^n$ 的同构映射. 由此可知，每个 n 维酉空间都与 $\mathbf{C}^n$ 同构.

同构作为酉空间之间的关系，具有以下三条性质：

(1)反射性. 每个酉空间都与自身同构；

(2)对称性. 若酉空间 V_1 与 V_2 同构，则 V_2 与 V_1 同构；

(3)传递性. 若酉空间 V_1 与 V_2 同构，V_2 与 V_3 同构，则 V_1 与 V_3 同构.

由此，可得以下定理.

定理1 两个有限维酉空间同构的充分必要条件是它们的维数相同.

3.6 最小二乘法

定义1 设 V 是酉空间，$\boldsymbol{\alpha},\boldsymbol{\beta}\in V$，称向量 $\boldsymbol{\alpha}-\boldsymbol{\beta}$ 的长度 $\|\boldsymbol{\alpha}-\boldsymbol{\beta}\|$ 为向量 $\boldsymbol{\alpha}$ 与 $\boldsymbol{\beta}$ 的距离，记作 $d(\boldsymbol{\alpha},\boldsymbol{\beta})$.

不难验证距离的三条基本性质：

(1)对称性. $d(\boldsymbol{\alpha},\boldsymbol{\beta})=d(\boldsymbol{\beta},\boldsymbol{\alpha})$.

(2)非负性. $d(\boldsymbol{\alpha},\boldsymbol{\beta})\geqslant 0$，等号成立当且仅当 $\boldsymbol{\alpha}=\boldsymbol{\beta}$ 成立.

(3)三角不等式性. $d(\boldsymbol{\alpha},\boldsymbol{\beta})\leqslant d(\boldsymbol{\alpha},\boldsymbol{\gamma})+d(\boldsymbol{\gamma},\boldsymbol{\beta})$.

设 V 是酉空间，$\boldsymbol{\alpha}_1,\boldsymbol{\alpha}_2,\cdots,\boldsymbol{\alpha}_r,\boldsymbol{\alpha}\in V$. 记 $W=L(\boldsymbol{\alpha}_1,\boldsymbol{\alpha}_2,\cdots,\boldsymbol{\alpha}_r)$，则 $\boldsymbol{\alpha}\perp W$ 的充分必要条件是 $\boldsymbol{\alpha}\perp\boldsymbol{\alpha}_i$，$i=1,2,\cdots,r$.

下面证明一个固定向量到一个子空间的距离是它到该子空间的各向量的距离的最小值，也是“垂线最短”. 具体描述为：

设 $\boldsymbol{\beta}\in V$ 是给定一向量，$\boldsymbol{\gamma}\in W$，且满足 $\boldsymbol{\beta}-\boldsymbol{\gamma}\perp W$，则任意 $\delta\in W$，有 $\|\boldsymbol{\beta}-\boldsymbol{\gamma}\|\leqslant\|\boldsymbol{\beta}-\boldsymbol{\delta}\|$.

证明 显然 $\boldsymbol{\beta}-\boldsymbol{\delta}=(\boldsymbol{\beta}-\boldsymbol{\gamma})+(\boldsymbol{\gamma}-\boldsymbol{\delta})$. 因为 W 是子空间，$\boldsymbol{\gamma},\boldsymbol{\delta}\in W$，所以 $\boldsymbol{\gamma}-\boldsymbol{\delta}\in W$，由 $\boldsymbol{\beta}-\boldsymbol{\gamma}\perp W$ 有

$$\boldsymbol{\beta}-\boldsymbol{\gamma}\perp\boldsymbol{\gamma}-\boldsymbol{\delta}.$$

由勾股定理有

$$|\boldsymbol{\beta}-\boldsymbol{\gamma}|^2+|\boldsymbol{\gamma}-\boldsymbol{\delta}|^2=|\boldsymbol{\beta}-\boldsymbol{\delta}|^2,$$

故 $\|\boldsymbol{\beta}-\boldsymbol{\gamma}\|\leqslant\|\boldsymbol{\beta}-\boldsymbol{\delta}\|$.

证毕.

定义2 线性方程组

$$\begin{cases} a_{11}x_1 + a_{12}x_2 + \cdots + a_{1n}x_n - b_1 = 0 \\ a_{21}x_1 + a_{22}x_2 + \cdots + a_{2n}x_n - b_2 = 0 \\ \vdots \\ a_{m1}x_1 + a_{m2}x_2 + \cdots + a_{mn}x_n - b_m = 0 \end{cases}$$

可能无解,即任何一组数 $x_1, x_2, \cdots, x_n$,都可能使

$$\sum_{i=1}^{m} |a_{i1}x_1 + a_{i2}x_2 + \cdots + a_{in}x_n - b_i|^2$$

不等于零. 设法找 $x_1^0, x_2^0, \cdots, x_n^0$,使 $\sum_{i=1}^{m} |a_{i1}x_1 + a_{i2}x_2 + \cdots + a_{in}x_n - b_i|^2$ 最小. 这样的

$$x_1^0, x_2^0, \cdots, x_n^0$$

称为该方程组的最小二乘解. 这种问题就叫最小二乘法问题.

下面利用酉空间的概念来表达最小二乘法,并给出最小二乘解所满足的代数条件.

记

$$\boldsymbol{A} = \begin{pmatrix} a_{11} & a_{12} & \cdots & a_{1n} \\ a_{21} & a_{22} & \cdots & a_{2n} \\ \vdots & \vdots & \vdots & \vdots \\ a_{m1} & a_{m2} & \cdots & a_{mn} \end{pmatrix}, \boldsymbol{B} = \begin{pmatrix} b_1 \\ b_2 \\ \vdots \\ b_m \end{pmatrix}, \boldsymbol{X} = \begin{pmatrix} x_1 \\ x_2 \\ \vdots \\ x_n \end{pmatrix}, \boldsymbol{Y} = \boldsymbol{AX} = \begin{pmatrix} \sum_{j=1}^{n} a_{1j}x_j \\ \sum_{j=1}^{n} a_{2j}x_j \\ \vdots \\ \sum_{j=1}^{n} a_{mj}x_j \end{pmatrix},$$

用距离的概念,$\sum_{i=1}^{m} |a_{i1}x_1 + a_{i2}x_2 + \cdots + a_{in}x_n - b_i|^2$ 就是

$$\|\boldsymbol{Y} - \boldsymbol{B}\|^2.$$

最小二乘法就是找 $x_1^0, x_2^0, \cdots, x_n^0$,使 $\boldsymbol{Y}$ 与 $\boldsymbol{B}$ 的距离最短.

记

$$\boldsymbol{A} = (\boldsymbol{\alpha}_1, \boldsymbol{\alpha}_2, \cdots, \boldsymbol{\alpha}_n),$$

其中$\boldsymbol{\alpha}_i = \begin{pmatrix} a_{1i} \\ a_{2i} \\ \vdots \\ a_{ni} \end{pmatrix}$. 记 $W = L(\boldsymbol{\alpha}_1, \boldsymbol{\alpha}_2, \cdots, \boldsymbol{\alpha}_n)$,则

$$\boldsymbol{Y} = x_1\boldsymbol{\alpha}_1 + x_2\boldsymbol{\alpha}_2 + \cdots + x_n\boldsymbol{\alpha}_n \in W.$$

于是,最小二乘法问题可叙述成:

找 $\boldsymbol{X}$ 使 $\sum_{i=1}^{m} |a_{i1}x_1 + a_{i2}x_2 + \cdots + a_{in}x_n - b_i|^2$ 最小,就是在 W 中找一向量 $\boldsymbol{Y}$,使得 $\boldsymbol{B}$

到 $\boldsymbol{Y}$ 的距离比 $\boldsymbol{B}$ 到 $\boldsymbol{W}$ 中其他向量的距离都短.

下面给出最小二乘解所满足的代数条件.

设 $\boldsymbol{Y}=\boldsymbol{Ax}=x_1\boldsymbol{\alpha}_1+x_2\boldsymbol{\alpha}_2+\cdots+x_n\boldsymbol{\alpha}_n$ 是所要求的向量,其中 $\boldsymbol{x}=\begin{pmatrix}x_1\\x_2\\\vdots\\x_n\end{pmatrix}$,则 $\boldsymbol{Y}\in\boldsymbol{W},\boldsymbol{C}=\boldsymbol{B}-\boldsymbol{Y}=\boldsymbol{B}-\boldsymbol{AX}$ 与子空间 W 正交,故 $(\boldsymbol{C},\boldsymbol{\alpha}_1)=(\boldsymbol{C},\boldsymbol{\alpha}_2)=\cdots=(\boldsymbol{C},\boldsymbol{\alpha}_n)=0$,即

$$\boldsymbol{\alpha}_1^{\mathrm{H}}\boldsymbol{C}=\boldsymbol{\alpha}_2^{\mathrm{H}}\boldsymbol{C}=\cdots=\boldsymbol{\alpha}_n^{\mathrm{H}}\boldsymbol{C}=0.$$

从而

$$\begin{pmatrix}\boldsymbol{\alpha}_1^{\mathrm{H}}\\\boldsymbol{\alpha}_2^{\mathrm{H}}\\\vdots\\\boldsymbol{\alpha}_n^{\mathrm{H}}\end{pmatrix}\boldsymbol{C}=\boldsymbol{0},$$

即 $\boldsymbol{A}^{\mathrm{H}}\boldsymbol{C}=\boldsymbol{0}$,于是

$$\boldsymbol{A}^{\mathrm{H}}(\boldsymbol{B}-\boldsymbol{Ax})=\boldsymbol{0}$$

或者

$$\boldsymbol{A}^{\mathrm{H}}\boldsymbol{Ax}=\boldsymbol{A}^{\mathrm{H}}\boldsymbol{B}.$$

这就是最小二乘解所满足的代数方程,这是一个线性方程组,其系数矩阵是 $\boldsymbol{A}^{\mathrm{H}}\boldsymbol{A}$,常数项是 $\boldsymbol{A}^{\mathrm{H}}\boldsymbol{B}$,总是有解的.

例 1　用最小二乘法解线性方程组

$$\begin{cases}x_1+x_2=1\\x_1+2x_2+x_3=1\\2x_1+3x_2+x_3=0.\end{cases}$$

解　因为

$$\boldsymbol{A}=\begin{pmatrix}1&1&0\\1&2&1\\2&3&1\end{pmatrix},\boldsymbol{B}=\begin{pmatrix}1\\1\\0\end{pmatrix},$$

所以

$$\boldsymbol{A}^{\mathrm{H}}\boldsymbol{A}=\begin{pmatrix}1&1&2\\1&2&3\\0&1&1\end{pmatrix}\begin{pmatrix}1&1&0\\1&2&1\\2&3&1\end{pmatrix}=\begin{pmatrix}6&9&3\\9&14&5\\3&5&2\end{pmatrix},$$

$$A^{\mathrm{H}}B=\begin{pmatrix}1&1&2\\1&2&3\\0&1&1\end{pmatrix}\begin{pmatrix}1\\1\\0\end{pmatrix}=\begin{pmatrix}2\\3\\1\end{pmatrix},$$

最小二乘解对应的代数方程为

$$A^{\mathrm{H}}Ax=A^{\mathrm{H}}B.$$

由

$$(A^{\mathrm{H}}A,A^{\mathrm{H}}B)=\begin{pmatrix}6&9&3&2\\9&14&5&3\\3&5&2&1\end{pmatrix}$$

$$\to\begin{pmatrix}3&5&2&1\\6&9&3&2\\9&14&5&3\end{pmatrix}\to\begin{pmatrix}3&5&2&1\\0&-1&-1&0\\0&-1&-1&0\end{pmatrix}\to\begin{pmatrix}3&5&2&1\\0&1&1&0\\0&0&0&0\end{pmatrix},$$

有同解线性方程组

$$\begin{cases}3x_1+5x_2+2x_3=1\\x_2+x_3=0,\end{cases}$$

通解为

$$\begin{pmatrix}x_1\\x_2\\x_3\end{pmatrix}=\begin{pmatrix}\frac{1}{3}\\0\\0\end{pmatrix}+k\begin{pmatrix}1\\-1\\1\end{pmatrix},$$

其中 k 为任意复常数,即为所求的最小二乘解.

3.7 酉变换

定义 1 设 V 是酉空间,$\mathscr{A}\in L(V)$. 若任意 $\boldsymbol{\alpha},\boldsymbol{\beta}\in V$,都有 $(\mathscr{A}(\boldsymbol{\alpha}),\mathscr{A}(\boldsymbol{\beta}))=(\boldsymbol{\alpha},\boldsymbol{\beta})$,即 $\mathscr{A}$ 保持向量的内积不变,称 $\mathscr{A}$ 为酉变换.

特别的,在欧氏空间,酉变换称为正交变换.

定理 1 设 V 是 n 维酉空间,$\mathscr{A}\in L(V)$,则下列四个命题是相互等价的:

(1) $\mathscr{A}$ 是酉变换;

(2) $\mathscr{A}$ 保持向量的长度不变,即任意 $\boldsymbol{\alpha}\in V$, $\|\mathscr{A}(\boldsymbol{\alpha})\|=\|\boldsymbol{\alpha}\|$;

(3) 若 $\boldsymbol{\varepsilon}_1,\boldsymbol{\varepsilon}_2,\cdots,\boldsymbol{\varepsilon}_n$ 是 V 的标准正交基,则 $\mathscr{A}(\boldsymbol{\varepsilon}_1),\mathscr{A}(\boldsymbol{\varepsilon}_2),\cdots,\mathscr{A}(\boldsymbol{\varepsilon}_n)$ 是 V 的标准正交基;

(4) $\mathscr{A}$ 在 V 的任一组标准正交基下的矩阵是酉矩阵.

证明 为简化证明,本定理的证明分为三个部分:(1)与(2)等价,(1)与(3)等价,(3)与(4)等价.

先证(1)与(2)等价.

若条件(1)成立,则$\mathscr{A}$是酉变换,所以任意$\boldsymbol{\alpha}\in V$,都有$(\mathscr{A}(\boldsymbol{\alpha}),\mathscr{A}(\boldsymbol{\alpha}))=(\boldsymbol{\alpha},\boldsymbol{\alpha})$,即

$$\|\mathscr{A}(\boldsymbol{\alpha})\|^2=\|\boldsymbol{\alpha}\|^2,$$

两端开方得

$$\|\mathscr{A}(\boldsymbol{\alpha})\|=\|\boldsymbol{\alpha}\|,$$

即$\mathscr{A}$保持向量的长度不变.

若条件(2)成立,则$\mathscr{A}$保持向量的长度不变,故任意$\boldsymbol{\alpha},\boldsymbol{\beta}\in V$,有

$$\|\mathscr{A}(\boldsymbol{\alpha})\|=\|\boldsymbol{\alpha}\|,$$
$$\|\mathscr{A}(\boldsymbol{\beta})\|=\|\boldsymbol{\beta}\|,$$
$$\|\mathscr{A}(\boldsymbol{\alpha}+\boldsymbol{\beta})\|=\|\boldsymbol{\alpha}+\boldsymbol{\beta}\|,$$

即

$$(\mathscr{A}(\boldsymbol{\alpha}),\mathscr{A}(\boldsymbol{\alpha}))=(\boldsymbol{\alpha},\boldsymbol{\alpha}),$$
$$(\mathscr{A}(\boldsymbol{\beta}),\mathscr{A}(\boldsymbol{\beta}))=(\boldsymbol{\beta},\boldsymbol{\beta}),$$
$$(\mathscr{A}(\boldsymbol{\alpha}+\boldsymbol{\beta}),\mathscr{A}(\boldsymbol{\alpha}+\boldsymbol{\beta}))=(\boldsymbol{\alpha}+\boldsymbol{\beta},\boldsymbol{\alpha}+\boldsymbol{\beta}),$$

由$(\mathscr{A}(\boldsymbol{\alpha}+\boldsymbol{\beta}),\mathscr{A}(\boldsymbol{\alpha}+\boldsymbol{\beta}))=(\boldsymbol{\alpha}+\boldsymbol{\beta},\boldsymbol{\alpha}+\boldsymbol{\beta})$展开得

$$(\mathscr{A}(\boldsymbol{\alpha}),\mathscr{A}(\boldsymbol{\alpha}))+(\mathscr{A}(\boldsymbol{\alpha}),\mathscr{A}(\boldsymbol{\beta}))+(\mathscr{A}(\boldsymbol{\beta}),\mathscr{A}(\boldsymbol{\alpha}))+(\mathscr{A}(\boldsymbol{\beta}),\mathscr{A}(\boldsymbol{\beta}))$$
$$=(\boldsymbol{\alpha},\boldsymbol{\alpha})+(\boldsymbol{\alpha},\boldsymbol{\beta})+(\boldsymbol{\beta},\boldsymbol{\alpha})+(\boldsymbol{\beta},\boldsymbol{\beta}),$$

再由$(\mathscr{A}(\boldsymbol{\alpha}),\mathscr{A}(\boldsymbol{\alpha}))=(\boldsymbol{\alpha},\boldsymbol{\alpha}),(\mathscr{A}(\boldsymbol{\beta}),\mathscr{A}(\boldsymbol{\beta}))=(\boldsymbol{\beta},\boldsymbol{\beta})$有

$$(\mathscr{A}(\boldsymbol{\alpha}),\mathscr{A}(\boldsymbol{\beta}))=(\boldsymbol{\alpha},\boldsymbol{\beta}).$$

这就是说,$\mathscr{A}$是酉变换.

再证(1)与(3)等价.

设$\boldsymbol{\varepsilon}_1,\boldsymbol{\varepsilon}_2,\cdots,\boldsymbol{\varepsilon}_n$是$V$的标准正交基,则

$$(\boldsymbol{\varepsilon}_i,\boldsymbol{\varepsilon}_j)=\begin{cases}1 & i=j\\0 & i\neq j\end{cases}\qquad i,j=1,2,\cdots,n.$$

若条件(1)成立,则$\mathscr{A}$是酉变换,所以

$$(\mathscr{A}(\boldsymbol{\varepsilon}_i),\mathscr{A}(\boldsymbol{\varepsilon}_j))=(\boldsymbol{\varepsilon}_i,\boldsymbol{\varepsilon}_j)=\begin{cases}1 & i=j\\0 & i\neq j\end{cases}\qquad i,j=1,2,\cdots,n.$$

这就是说$\mathscr{A}(\boldsymbol{\varepsilon}_1),\mathscr{A}(\boldsymbol{\varepsilon}_2),\cdots,\mathscr{A}(\boldsymbol{\varepsilon}_n)$也是$V$的标准正交基.

若条件(3)成立,则当$\boldsymbol{\varepsilon}_1,\boldsymbol{\varepsilon}_2,\cdots,\boldsymbol{\varepsilon}_n$是$V$的标准正交基,$\mathscr{A}(\boldsymbol{\varepsilon}_1),\mathscr{A}(\boldsymbol{\varepsilon}_2),\cdots,\mathscr{A}(\boldsymbol{\varepsilon}_n)$也是$V$的一组标准正交基. 任意$\boldsymbol{\alpha},\boldsymbol{\beta}\in V$,则

$$\boldsymbol{\alpha}=x_1\boldsymbol{\varepsilon}_1+x_2\boldsymbol{\varepsilon}_2+\cdots+x_1\boldsymbol{\varepsilon}_n,$$

$$\boldsymbol{\beta}=y_1\boldsymbol{\varepsilon}_1+y_2\boldsymbol{\varepsilon}_2+\cdots+y_n\boldsymbol{\varepsilon}_n.$$

$$\mathscr{A}(\boldsymbol{\alpha})=x_1\mathscr{A}(\boldsymbol{\varepsilon}_1)+x_2\mathscr{A}(\boldsymbol{\varepsilon}_2)+\cdots+x_n\mathscr{A}(\boldsymbol{\varepsilon}_n),$$

$$\mathscr{A}(\boldsymbol{\beta})=y_1\mathscr{A}(\boldsymbol{\varepsilon}_1)+y_2\mathscr{A}(\boldsymbol{\varepsilon}_2)+\cdots+y_n\mathscr{A}(\boldsymbol{\varepsilon}_n).$$

由 $\boldsymbol{\varepsilon}_1,\boldsymbol{\varepsilon}_2,\cdots,\boldsymbol{\varepsilon}_n$ 是 V 的标准正交基有

$$(\boldsymbol{\alpha},\boldsymbol{\beta})=x_1\overline{y_1}+x_2\overline{y_2}+\cdots+x_n\overline{y_n}.$$

由 $\mathscr{A}(\boldsymbol{\varepsilon}_1),\mathscr{A}(\boldsymbol{\varepsilon}_2),\cdots,\mathscr{A}(\boldsymbol{\varepsilon}_n)$ 是 V 的标准正交基有

$$(\mathscr{A}(\boldsymbol{\alpha}),\mathscr{A}(\boldsymbol{\beta}))=x_1\overline{y_1}+x_2\overline{y_2}+\cdots+x_n\overline{y_n}.$$

因此，$(\mathscr{A}(\boldsymbol{\alpha}),\mathscr{A}(\boldsymbol{\beta}))=(\boldsymbol{\alpha},\boldsymbol{\beta})$. 这就是说，$\mathscr{A}$ 是酉变换.

最后证(3)和(4)等价.

若条件(3)成立，则当 $\boldsymbol{\varepsilon}_1,\boldsymbol{\varepsilon}_2,\cdots,\boldsymbol{\varepsilon}_n$ 是 V 的任一组标准正交基，$\mathscr{A}(\boldsymbol{\varepsilon}_1),\mathscr{A}(\boldsymbol{\varepsilon}_2),\cdots,\mathscr{A}(\boldsymbol{\varepsilon}_n)$ 也是 V 的标准正交基. 设线性变换 $\mathscr{A}$ 在 $\boldsymbol{\varepsilon}_1,\boldsymbol{\varepsilon}_2,\cdots,\boldsymbol{\varepsilon}_n$ 下的矩阵为 $\boldsymbol{A}$，即

$$(\mathscr{A}(\boldsymbol{\varepsilon}_1),\mathscr{A}(\boldsymbol{\varepsilon}_2),\cdots,\mathscr{A}(\boldsymbol{\varepsilon}_n))=(\boldsymbol{\varepsilon}_1,\boldsymbol{\varepsilon}_2\cdots,\boldsymbol{\varepsilon}_n)\boldsymbol{A},$$

此时，$\boldsymbol{A}$ 可以看作由标准正交基 $\boldsymbol{\varepsilon}_1,\boldsymbol{\varepsilon}_2,\cdots,\boldsymbol{\varepsilon}_n$ 到标准正交基 $\mathscr{A}(\boldsymbol{\varepsilon}_1),\mathscr{A}(\boldsymbol{\varepsilon}_2),\cdots,\mathscr{A}(\boldsymbol{\varepsilon}_n)$ 的过渡矩阵，因而 $\boldsymbol{A}$ 是酉矩阵.

若条件(4)成立，则当 $\boldsymbol{\varepsilon}_1,\boldsymbol{\varepsilon}_2,\cdots,\boldsymbol{\varepsilon}_n$ 是 V 的任一组标准正交基，$\mathscr{A}$ 在 $\boldsymbol{\varepsilon}_1,\boldsymbol{\varepsilon}_2,\cdots,\boldsymbol{\varepsilon}_n$ 下的矩阵为酉矩阵 $\boldsymbol{A}$，即

$$(\mathscr{A}(\boldsymbol{\varepsilon}_1),\mathscr{A}(\boldsymbol{\varepsilon}_2),\cdots,\mathscr{A}(\boldsymbol{\varepsilon}_n))=(\boldsymbol{\varepsilon}_1,\boldsymbol{\varepsilon}_2,\cdots,\boldsymbol{\varepsilon}_n)\boldsymbol{A},$$

则 $\mathscr{A}(\boldsymbol{\varepsilon}_1),\mathscr{A}(\boldsymbol{\varepsilon}_2),\cdots,\mathscr{A}(\boldsymbol{\varepsilon}_n)$ 是 V 的一组标准正交基.

证毕.

在取定复数域上线性空间 V 的一组基下，$L(V)$ 与 $\mathbf{C}^{n\times n}$ 同构，从而，取定 n 维酉空间 V 的一组标准正交基下，酉变换与酉矩阵一一对应，因此，酉变换的乘积，与酉变换的逆变换也是酉变换.

3.8 对称变换

定义 1 设 $\boldsymbol{A}\in\mathbf{C}^{n\times n}$. 若

$$\boldsymbol{A}^{\mathrm{H}}=\boldsymbol{A},$$

则称 $\boldsymbol{A}$ 为 Hermite 矩阵.

定义 2 设 V 是酉空间，$\mathscr{A}\in L(V)$. 若任意 $\boldsymbol{\alpha},\boldsymbol{\beta}\in V$ 有

$$(\mathscr{A}(\boldsymbol{\alpha}),\boldsymbol{\beta})=(\boldsymbol{\alpha},\mathscr{A}(\boldsymbol{\beta})),$$

则称 $\mathscr{A}$ 为对称变换.

例1 在酉空间 $\mathbf{C}^n$ 中，$\mathscr{A}\in L(V)$，$\boldsymbol{A}\in\mathbf{C}^{n\times n}$. 若 $\boldsymbol{A}$ 是 Hermite 矩阵，且任意 $\boldsymbol{\alpha}\in\mathbf{C}^n$，有

$$\mathscr{A}(\boldsymbol{\alpha})=\boldsymbol{A\alpha},$$

则 $\mathscr{A}$ 是对称变换.

证明 任意 $\boldsymbol{\alpha},\boldsymbol{\beta}\in\mathbf{C}^n$， 则

$$\mathscr{A}(\boldsymbol{\alpha})=\boldsymbol{A\alpha},\mathscr{A}(\boldsymbol{\beta})=\boldsymbol{A\beta},$$

因此，

$$(\mathscr{A}(\boldsymbol{\alpha}),\boldsymbol{\beta})=(\boldsymbol{A\alpha},\boldsymbol{\beta})=(\boldsymbol{A\alpha})^{\mathrm{H}}\boldsymbol{\beta}=\boldsymbol{\alpha}^{\mathrm{H}}\boldsymbol{A}^{\mathrm{H}}\boldsymbol{\beta},$$

$$(\boldsymbol{\alpha},\mathscr{A}(\boldsymbol{\beta}))=(\boldsymbol{\alpha},\boldsymbol{A\beta})=\boldsymbol{\alpha}^{\mathrm{H}}\boldsymbol{A\beta}=\boldsymbol{\alpha}^{\mathrm{H}}\boldsymbol{A\beta}.$$

由 $\boldsymbol{A}$ 是 Hermite 矩阵有

$$\boldsymbol{A}^{\mathrm{H}}=\boldsymbol{A},$$

故

$$(\mathscr{A}(\boldsymbol{\alpha}),\boldsymbol{\beta})=(\boldsymbol{\alpha},\mathscr{A}(\boldsymbol{\beta})),$$

这就是说，$\mathscr{A}$ 是对称变换.

证毕.

3.9 应用实例

3.9.1 尺度变换

设 $\mathbf{R}^3$ 是 3 维空间直角坐标系构成的线性空间，3 阶矩阵

$$\boldsymbol{S}=\begin{pmatrix}s_{11}&0&0\\0&s_{22}&0\\0&0&s_{33}\end{pmatrix}.$$

定义变换 $\mathscr{A}$，使得任意 $\boldsymbol{\alpha}\in\mathbf{R}^3$，$\mathscr{A}(\boldsymbol{\alpha})=\boldsymbol{S\alpha}$. 显然 $\mathscr{A}$ 是线性变换. 若 $s_{ii}>1(i=1,2,3)$，则放大了所有的向量；若 $s_{ii}<1(i=1,2,3)$，则收缩了所有的向量.

例如，设空间直角坐标系 $\mathbf{R}^3$ 中曲面

$$x^2+y^2+z^2=16.$$

$x^2+y^2+z^2=16$ 经过尺度变换 $\mathscr{A}(\boldsymbol{\alpha})=\boldsymbol{S\alpha}$，其中 $\boldsymbol{S}=\begin{pmatrix}2&0&0\\0&3&0\\0&0&4\end{pmatrix}$，变为

$$\frac{x^2}{64}+\frac{y^2}{144}+\frac{z^2}{256}=1.$$

$x^2+y^2+z^2=16$ 经过尺度变换$\mathscr{A}(\boldsymbol{\alpha})=\boldsymbol{S\alpha}$,其中$\boldsymbol{S}=\begin{pmatrix}\frac{1}{2}&0&0\\0&\frac{1}{3}&0\\0&0&\frac{1}{4}\end{pmatrix}$,变为

$$\frac{x^2}{4}+\frac{y^2}{\frac{16}{9}}+\frac{z^2}{1}=1.$$

变化前后的曲面的图形如图 3-1 所示.

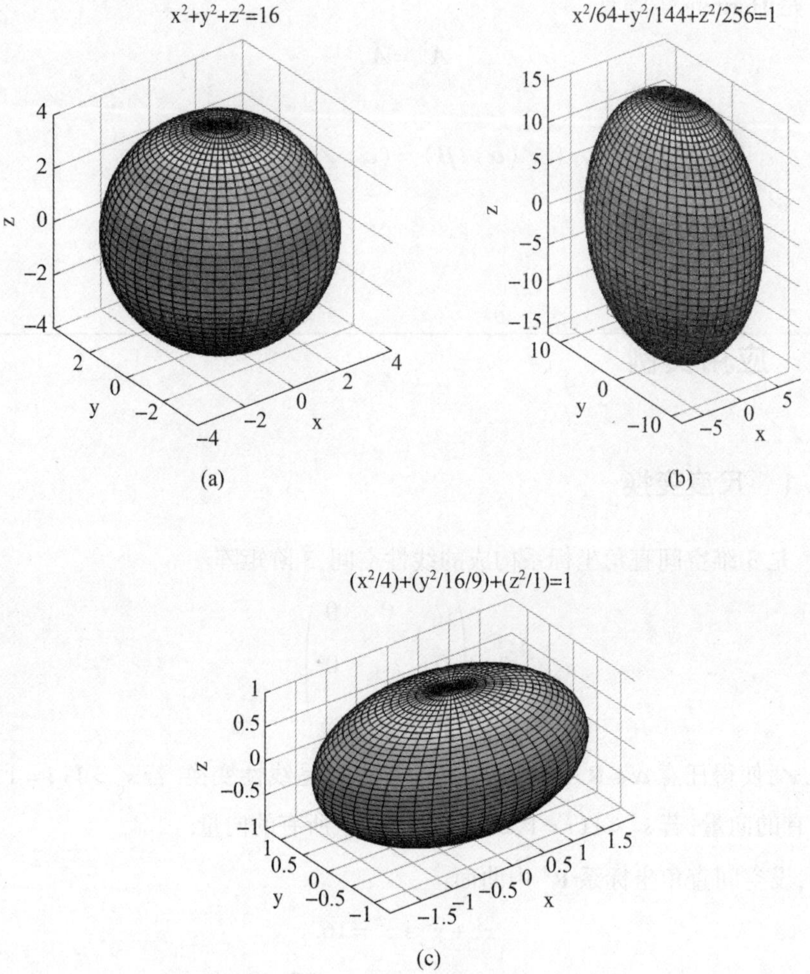

图 3-1　尺度变换

(a)$x^2+y^2+z^2=16$;(b)$\frac{x'^2}{64}+\frac{y'^2}{144}+\frac{z'^2}{256}=1$;(c)$\frac{x'^2}{4}+\frac{y'^2}{\frac{16}{9}}+\frac{z'^2}{1}=1$

3.9.2 基于压缩感知和图像分割的图像复原算法

基于压缩感知和图像分割的图像复原算法是先对含有噪声的图像进行滤波,再对滤波后的图像进行分割,对分割后的子图分别进行压缩感知重构,最后再对重构后的子图进行合并,得到复原后的图像. 这样就建立了基于滤波(F)、图像分割(IS)和压缩感知(CS)的图像复原算法,记作 F - IS - CS.

(1)压缩感知.

压缩感知要求信号是稀疏的,或者在一组基底下是可稀疏的,即信号 $\boldsymbol{x}$ 可以被表示为

$$\boldsymbol{x} = \sum_{i=1}^{N} \psi_i \boldsymbol{s}_i \quad 或 \quad \boldsymbol{X} = \boldsymbol{\Psi S},$$

其中,$\boldsymbol{S}$ 是投影系数 $\boldsymbol{s}_i = (\boldsymbol{X}, \boldsymbol{\psi}_i) = \boldsymbol{\psi}_i^{\mathrm{T}} \boldsymbol{X}$ 构成的 $N \times 1$ 维列向量. 当信号可以仅被 K 个基向量线性表示即 $\|\boldsymbol{S}\|_0 = K \ll N$ 时,称信号 $\boldsymbol{x}$ 是 K - 稀疏的.

如果信号在某基底下是可稀疏的,我们使用一个测量矩阵 $\boldsymbol{\Phi} \in \mathbf{R}^{M \times N}$,其中,$M \ll N$,$M$ 称为测量次数,$\mathrm{CR} = M/N$ 称为采样比或者压缩比,使用测量矩阵对信号 $\boldsymbol{x}$ 进行测量,得到观测结果 $\boldsymbol{y}$,即

$$\boldsymbol{y} = \boldsymbol{\Phi x}$$

$$\boldsymbol{y} = \boldsymbol{\Phi \psi S} = \boldsymbol{AS}$$

式中,$\boldsymbol{A} = \boldsymbol{\Phi \psi}$ 可以看作是对信号 $\boldsymbol{S}$ 的测量矩阵,$\boldsymbol{S}$ 是稀疏的.

(2)正交匹配追踪算法.

图像是二维信号,对图像进行压缩感知时,采用循环结构,分别对图像灰度矩阵的每一列进行压缩,采用正交匹配追踪算法对图像进行重构,得到最终的复原图像.

正交匹配追踪(Orthogonal Matching Pursuit,OMP)算法由于复原速度快、计算量小等特点被广泛研究. OMP 算法是通过贪婪思想每次迭代选择一个局部最优解来逼近原始信号,相比匹配追踪算法,OMP 算法的迭代速度更快. OMP 算法的具体步骤如下.

步骤1 初始化. 残差 $\boldsymbol{r}_n = \boldsymbol{y}$,复原信号 $\boldsymbol{x} = \boldsymbol{0}$,索引集 $\boldsymbol{Pos}_{\mathrm{theta}} = \boldsymbol{0}$,更新过程中被选中的原子集合 $\boldsymbol{A}_t = \boldsymbol{O}$.

步骤2 计算残差 $\boldsymbol{r}_n$ 和感知矩阵 $\boldsymbol{A}$ 每一列 $\boldsymbol{\alpha}_j$ 的投影系数(内积值)

$$P = \frac{(\boldsymbol{\alpha}_j, \boldsymbol{r}_n)}{\|\boldsymbol{\alpha}_j\|_2^2}$$

步骤3 找出其中元素最大的元素以及对应的位置 $\boldsymbol{Pos}$.

步骤4 更新索引集 $\boldsymbol{Pos}_{\mathrm{theta}}$ 以及原子集合 $\boldsymbol{A}_t$.

步骤5 利用最小二乘求得近似解 $\boldsymbol{theta}$.

步骤6 更新残差 $\boldsymbol{r}_n$.

步骤 7 判断迭代是否满足停止条件,满足则停止,输出 ***theta***,否则转步骤 2.

(3) F - IS - CS 算法对加噪图像的复原.

图 3 - 2 ~ 图 3 - 5 展示了图像 Lena 在泊松噪声和 4 种不同滤波下采用 F - IS - CS 算法得到的复原结果. 可以看出,F - IS - CS 算法可以较高质量地复原图像.

(a) (b) (c) (d)

图 3 - 2 Lena 泊松噪声维纳分割滤波压缩复原

(a)原始图像;(b)噪声图像;(c)滤波后图像;(d)复原图像

(a) (b) (c) (d)

图 3 - 3 Lena 泊松噪声均值分割滤波压缩复原

(a)原始图像;(b)噪声图像;(c)滤波后图像;(d)复原图像

(a) (b) (c) (d)

图 3 - 4 Lena 泊松噪声排序滤波分割压缩复原

(a)原始图像;(b)噪声图像;(c)滤波后图像;(d)复原图像

(a) (b) (c) (d)

图 3 - 5 Lena 泊松噪声中值滤波分割压缩复原

(a)原始图像;(b)噪声图像;(c)滤波后图像;(d)复原图像

习题3

1. 在酉空间 $\mathbf{C}^4$ 中，$\boldsymbol{\alpha}=(1,2\mathrm{i},0,-1)$，$\boldsymbol{\beta}=(-1,1+\mathrm{i},2,3+4\mathrm{i})$，求$(\boldsymbol{\alpha},\boldsymbol{\beta})$，$\|\boldsymbol{\alpha}\|$，$\|\boldsymbol{\beta}\|$.

2. 在欧氏空间 $C(0,1)$ 中，$f(x)=2x+x^2$，$g(x)=\mathrm{e}^x$，求$(f(x),g(x))$，$\|f(x)\|$，$\|g(x)\|$.

3. 在酉空间 $\mathbf{C}^4$ 中，求与$(1,1,-1,1)$，$(1,-1,-1,1)$，$(2,1,1,3)$都正交的单位向量.

4. 设 $\boldsymbol{\alpha}_1,\boldsymbol{\alpha}_2,\cdots,\boldsymbol{\alpha}_n$ 是酉空间 V 的一组基. 证明：

(1)如果 $\boldsymbol{\gamma}\in V$，使得$(\boldsymbol{\gamma},\boldsymbol{\alpha}_i)=0(i=1,2,\cdots,n)$，那么 $\boldsymbol{\gamma}=\mathbf{0}$；

(2)如果 $\boldsymbol{\gamma}_1,\boldsymbol{\gamma}_2\in V$，使得任意 $\boldsymbol{\alpha}\in V$ 有$(\boldsymbol{\gamma}_1,\boldsymbol{\alpha})=(\boldsymbol{\gamma}_2,\boldsymbol{\alpha})$，那么 $\boldsymbol{\gamma}_1=\boldsymbol{\gamma}_2$.

5. 设 V 是3维酉空间，$\boldsymbol{\varepsilon}_1,\boldsymbol{\varepsilon}_2,\boldsymbol{\varepsilon}_3$ 是 V 的标准正交基，$\boldsymbol{\alpha},\boldsymbol{\beta}$ 在 $\boldsymbol{\varepsilon}_1,\boldsymbol{\varepsilon}_2,\boldsymbol{\varepsilon}_3$ 下的坐标分别为$(1,-1,2)$，$(-1,2,3)$，求$(\boldsymbol{\alpha},\boldsymbol{\beta})$.

6. 设 $\boldsymbol{\varepsilon}_1,\boldsymbol{\varepsilon}_2,\boldsymbol{\varepsilon}_3$ 是3维酉空间 V 中的一组标准正交基. 证明：

$$\boldsymbol{\alpha}_1=\frac{1}{3}(2\boldsymbol{\varepsilon}_1+2\boldsymbol{\varepsilon}_2-\boldsymbol{\varepsilon}_3),\boldsymbol{\alpha}_2=\frac{1}{3}(2\boldsymbol{\varepsilon}_1-\boldsymbol{\varepsilon}_2+2\boldsymbol{\varepsilon}_3),\boldsymbol{\alpha}_3=\frac{1}{3}(\boldsymbol{\varepsilon}_1-2\boldsymbol{\varepsilon}_2-2\boldsymbol{\varepsilon}_3)$$

也是 V 的一组标准正交基.

7. 设 $\boldsymbol{\varepsilon}_1,\boldsymbol{\varepsilon}_2,\boldsymbol{\varepsilon}_3,\boldsymbol{\varepsilon}_4,\boldsymbol{\varepsilon}_5$ 是5维酉空间 V 的一组标准正交基，$V_1=L(\boldsymbol{\alpha}_1,\boldsymbol{\alpha}_2,\boldsymbol{\alpha}_3)$，其中

$$\boldsymbol{\alpha}_1=\boldsymbol{\varepsilon}_1+\boldsymbol{\varepsilon}_5,\boldsymbol{\alpha}_2=\boldsymbol{\varepsilon}_1-\boldsymbol{\varepsilon}_2+\boldsymbol{\varepsilon}_4,\boldsymbol{\alpha}_3=2\boldsymbol{\varepsilon}_1+\boldsymbol{\varepsilon}_2+\boldsymbol{\varepsilon}_3,$$

求 V_1 的一组标准正交基.

8. 求由酉空间 $\mathbf{C}^3$ 的基 $\boldsymbol{\alpha}_1=(1,1,1)$，$\boldsymbol{\alpha}_2=(1,01)$，$\boldsymbol{\alpha}_3=(0,2,1)$得到 $\mathbf{C}^3$ 的一组标准正交基.

9. 求齐次线性方程组

$$\begin{cases}2x_1+x_2+x_3-x_4+x_5=0\\x_1+2x_2-x_3+2x_4+x_5=0\end{cases}$$

的解空间(作为酉空间 $\mathbf{C}^5$ 的子空间)的一组标准正交基.

10. 在复数域 $\mathbf{C}$ 上的线性空间 $\mathbf{C}^{2\times2}$ 定义

$$(\boldsymbol{A},\boldsymbol{B})=\sum_{i=1}^{2}\sum_{j=1}^{2}a_{ij}\overline{b_{ij}},\boldsymbol{A}=(a_{ij})_{2\times2},\boldsymbol{B}=(b_{ij})_{2\times2}\in\mathbf{C}^{2\times2}.$$

(1)证明：$\mathbf{C}^{2\times2}$是酉空间；

(2)由酉空间 $\mathbf{C}^{2\times2}$ 的基 $\boldsymbol{A}_1=\begin{pmatrix}0&-1\\1&-1\end{pmatrix}$，$\boldsymbol{A}_2=\begin{pmatrix}1&0\\0&-1\end{pmatrix}$，$\boldsymbol{A}_3=\begin{pmatrix}0&-1\\1&0\end{pmatrix}$，$\boldsymbol{A}_4=$

$\begin{pmatrix}0 & 1\\0 & 1\end{pmatrix}$得到 $\mathbf{C}^{2\times 2}$的一组标准正交基.

11. 在欧氏空间 $C(0,1)$中求与向量组 $1,x+1,x^2+2x+3$ 等价的正交单位向量组.

12. 设 V 是 n 维酉空间,$\boldsymbol{\alpha}\neq 0$ 是 V 中一固定向量.

(1)证明:$V_1=\{\boldsymbol{x}\mid(\boldsymbol{x},\boldsymbol{\alpha})=0,\boldsymbol{x}\in V\}$是 V 的子空间;

(2)证明:V_1 的维数等于 $n-1$.

13. 设酉空间 $\mathbf{C}^4$ 的两个子集合

$$V_1=\{(x_1,x_2,0,0)\mid x_1,x_2\in\mathbf{C}\},$$
$$V_2=\{(0,0,x_3,x_4)\mid x_3,x_4\in\mathbf{C}\}.$$

证明:(1)V_1,V_2 是 $\mathbf{C}^4$ 的子空间;

(2)V_1 与 V_2 是正交的;

(3)$\mathbf{C}^4=V_1\oplus V_2$.

14. 求酉空间 $\mathbf{C}^4$ 的子空间

$$W=\{(x_1,x_2,x_3,x_4)\mid x_1,x_2,x_3,x_4\in\mathbf{C},x_1+x_2+x_3+x_4=0,x_2+2x_3+3x_4=0\}$$

的正交补空间 $W^{\perp}$ 的一组标准正交基和维数.

15. 简述酉空间的同构与复数域上的线性空间的同构之间的联系与区别.

16. 证明:每个 n 维欧氏空间都与 $\mathbf{R}^n$ 同构.

17. 证明:酉空间$\{(x_1,x_2,x_3,x_4)\mid x_1,x_2,x_3,x_4\in\mathbf{C},x_1+2x_2+3x_3-x_4=0\}$与酉空间 $\mathbf{C}^3$ 同构.

18. 在欧氏空间 $\mathbf{R}^4$ 中,$\boldsymbol{\alpha}=(1,2,0,-1)$,$\boldsymbol{\beta}=(-1,1,2,3)$,求 $d(\boldsymbol{\alpha},\boldsymbol{\beta})$.

19. 利用最小二乘解求解线性方程组

$$\begin{cases}x_1+x_2=1\\2x_1-x_2=0\\x_1+3x_2=-1.\end{cases}$$

20. 利用最小二乘解求解线性方程组

$$\begin{cases}x_1+x_2+x_3=1\\x_1+2x_2+x_3=0\\x_1+3x_2+3x_3=2.\end{cases}$$

21. 利用最小二乘法求解非齐次线性方程组

$$\begin{cases}x_1+x_2+x_3=1\\x_1+2x_2+x_3=2\\x_1+x_2+x_3=2.\end{cases}$$

22. 设 $\boldsymbol{\eta}$ 是 n 维酉空间 V 的单位向量. 定义变换 $\mathscr{A}$:

$$\mathscr{A}(\boldsymbol{\alpha})=\boldsymbol{\alpha}-2(\boldsymbol{\eta},\boldsymbol{\alpha})\boldsymbol{\eta}, \text{任意 } \boldsymbol{\alpha}\in V.$$

证明:(1) $\mathscr{A}$ 是酉变换,这样的正交变换称为镜面反射;

(2)如果 n 维酉空间中,酉变换 $\mathscr{A}$ 以 1 作为一个特征值,且复数域 $\mathbf{C}$ 中特征值 1 的特征子空间 V_1 的维数为 $n-1$,那么 $\mathscr{A}$ 是镜面反射.

23. 酉空间 $\mathbf{C}^3$ 的线性变换定义为

$$\mathscr{A}(x_1,x_2,x_3)=(x_2,x_3,x_1),(x_1,x_2,x_3)\in\mathbf{C}^3.$$

证明: $\mathscr{A}$ 是酉变换.

24. 酉空间 $\mathbf{C}^3$ 的线性变换定义为

$$\mathscr{A}(x_1,x_2,x_3)=(x_1+2x_2-x_3,2x_1+3x_2+4x_3,-x_1+4x_2+5x_3),(x_1,x_2,x_3)\in\mathbf{C}^3.$$

证明: $\mathscr{A}$ 是对称变换.

25. 酉空间 $\mathbf{C}^{2\times2}$ 的线性变换定义为

$$\mathscr{A}\begin{pmatrix}a & b\\ c & d\end{pmatrix}=\begin{pmatrix}-a+b+2c+3d & a+3b-c+2d\\ 2a-b+3c+4d & 3a+2b+4c+2d\end{pmatrix},\begin{pmatrix}a & b\\ c & d\end{pmatrix}\in\mathbf{C}^{2\times2}.$$

证明: $\mathscr{A}$ 是对称变换.

第4章 特征值与 Jordan 标准形

本章讨论线性变换的特征值与特征向量以及在某一组基下的矩阵是对角矩阵. 引入多项式矩阵,通过三种因子讨论矩阵的 Jordan 标准形与矩阵的相似性,利用最小多项式和哈密顿–凯莱定理求解矩阵或线性变换的多项式.

4.1 特征值与特征向量

定义1 设 V 是数域 P 上的线性空间,$\mathscr{A}\in L(V)$,$\lambda_0\in P$. 若存在非零向量 $\boldsymbol{\xi}\in V$,使得

$$\mathscr{A}(\boldsymbol{\xi})=\lambda_0\boldsymbol{\xi},$$

则称 λ_0 是 $\mathscr{A}$ 的一个特征值,$\boldsymbol{\xi}$ 为 $\mathscr{A}$ 的属于特征值 λ_0 的一个特征向量.

定义中的关键点是:特征向量永远不会是零向量.

若 $\boldsymbol{\xi}$ 是线性变换 $\mathscr{A}$ 的属于特征值 λ_0 的特征向量,则由 $\mathscr{A}(k\boldsymbol{\xi})=\lambda_0(k\boldsymbol{\xi})$ 有 $k\boldsymbol{\xi}$($k\neq0$ 且 $k\in P$)也是 $\mathscr{A}$ 的属于特征值 λ_0 的特征向量,这说明特征向量不能被特征值唯一确定,但特征值被特征向量所唯一确定.

设 V 是数域 P 上的 n 维线性空间,$\boldsymbol{\varepsilon}_1,\boldsymbol{\varepsilon}_2,\cdots,\boldsymbol{\varepsilon}_n$ 是 V 的一组基,$\mathscr{A}\in L(V)$,且 $\mathscr{A}$ 在基 $\boldsymbol{\varepsilon}_1,\boldsymbol{\varepsilon}_2,\cdots,\boldsymbol{\varepsilon}_n$ 下的矩阵是 $\boldsymbol{A}$. 又设 λ_0 是 $\mathscr{A}$ 的特征值,$\boldsymbol{\xi}$ 是 $\mathscr{A}$ 的属于 λ_0 的一个特征向量,且 $\boldsymbol{\xi}$ 在基 $\boldsymbol{\varepsilon}_1,\boldsymbol{\varepsilon}_2,\cdots,\boldsymbol{\varepsilon}_n$ 下的坐标是

$$\begin{pmatrix} x_{01}\\ x_{02}\\ \vdots\\ x_{0n}\end{pmatrix},$$

则 $\mathscr{A}(\boldsymbol{\xi})$ 在基 $\boldsymbol{\varepsilon}_1,\boldsymbol{\varepsilon}_2,\cdots,\boldsymbol{\varepsilon}_n$ 下的坐标为

$$A\begin{pmatrix}x_{01}\\x_{02}\\\vdots\\x_{0n}\end{pmatrix}.$$

$\lambda_0\boldsymbol{\xi}$ 在 $\boldsymbol{\varepsilon}_1,\boldsymbol{\varepsilon}_2,\cdots,\boldsymbol{\varepsilon}_n$ 下的坐标为

$$\lambda_0\begin{pmatrix}x_{01}\\x_{02}\\\vdots\\x_{0n}\end{pmatrix}.$$

由 $\mathscr{A}(\boldsymbol{\xi})=\lambda_0\boldsymbol{\xi}$ 得

$$A\begin{pmatrix}x_{01}\\x_{02}\\\vdots\\x_{0n}\end{pmatrix}=\lambda_0\begin{pmatrix}x_{01}\\x_{02}\\\vdots\\x_{0n}\end{pmatrix},$$

从而 λ_0 是 A 的一个特征值，$\begin{pmatrix}x_{01}\\x_{02}\\\vdots\\x_{0n}\end{pmatrix}$ 是 A 的属于 λ_0 的特征向量. 进而说明线性变换 $\mathscr{A}$ 与矩阵 A 有相同的特征值，$\mathscr{A}$ 的属于 λ_0 的特征向量在基 $\boldsymbol{\varepsilon}_1,\boldsymbol{\varepsilon}_2,\cdots,\boldsymbol{\varepsilon}_n$ 下的坐标为 A 的属于 λ_0 的特征向量，由此可得求线性变换 $\mathscr{A}$ 的特征值与特征向量的步骤如下：

步骤 1　取线性空间 V 的一组基 $\boldsymbol{\varepsilon}_1,\boldsymbol{\varepsilon}_2,\cdots,\boldsymbol{\varepsilon}_n$，写出 $\mathscr{A}$ 在基 $\boldsymbol{\varepsilon}_1,\boldsymbol{\varepsilon}_2,\cdots,\boldsymbol{\varepsilon}_n$ 下的矩阵 A.

步骤 2　计算 A 的特征多项式 $f(\lambda)=|\lambda E-A|$ 在数域 P 中的所有根，即为矩阵 A 在数域 P 中的所有特征值. 这就是线性变换 $\mathscr{A}$ 在数域 P 中的所有特征值. 不妨设 $\mathscr{A}$（或 A）在数域 P 中的所有特征值为 $\lambda_1,\lambda_2,\cdots,\lambda_s$.

步骤 3　对于 $\mathscr{A}$（或 A）的每个不同的特征值 λ_i，求解齐次线性方程组

$$(\lambda_i E-A)x=0.$$

方程组 $(\lambda_i E-A)x=0$ 的全部非零解向量 x 就是矩阵 A 的属于 λ_i 的全部特征向量.

步骤 4　$(\boldsymbol{\varepsilon}_1,\boldsymbol{\varepsilon}_2,\cdots,\boldsymbol{\varepsilon}_n)x$ 为线性变换 $\mathscr{A}$ 的属于 λ_i 的全部特征向量.

定义 2　设 A 是 n 阶矩阵，称 $\lambda E-A$ 为 A 的特征矩阵，称 $f(\lambda)=|\lambda E-A|$ 为 A 的特征多项式.

例 1　在 n 维线性空间 V 中，数乘变换 $\mathscr{K}$ 在任一组基下的矩阵都是 kE，特征多项式是

$$|\lambda \boldsymbol{E}-k\boldsymbol{E}|=(\lambda-k)^n,$$

因此,数乘变换$\mathscr{K}$的特征值只有 k. 由定义 1 可知,每个非零向量都是数乘变换$\mathscr{K}$的属于 k 的特征向量.

例 2 设 V 是 3 维线性空间,$\mathscr{A}\in L(V)$,且$\mathscr{A}$在 V 的基 $\boldsymbol{\varepsilon}_1,\boldsymbol{\varepsilon}_2,\boldsymbol{\varepsilon}_3$ 下的矩阵为

$$\boldsymbol{A}=\begin{pmatrix}1&2&2\\2&1&2\\2&2&1\end{pmatrix},$$

求$\mathscr{A}$的特征值与特征向量.

解 矩阵 $\boldsymbol{A}$ 的特征多项式

$$f(\lambda)=|\lambda\boldsymbol{E}-\boldsymbol{A}|=\begin{vmatrix}\lambda-1&-2&-2\\-2&\lambda-1&-2\\-2&-2&\lambda-1\end{vmatrix}=(\lambda+1)^2(\lambda-5),$$

则线性变换$\mathscr{A}$的特征值为 $\lambda_1=5,\lambda_2=\lambda_3=-1$.

对于 $\lambda_1=5$,齐次线性方程组$(5\boldsymbol{E}-\boldsymbol{A})\boldsymbol{x}=\boldsymbol{0}$,即

$$\begin{cases}4x_1-2x_2-2x_3=0\\-2x_1+4x_2-2x_3=0\\-2x_1-2x_2+4x_3=0,\end{cases}$$

其一个基础解系为

$$\begin{pmatrix}1\\1\\1\end{pmatrix},$$

则 $\boldsymbol{A}$ 的属于 $\lambda_1=5$ 的全部特征向量为 $k\begin{pmatrix}1\\1\\1\end{pmatrix}$,故$\mathscr{A}$的属于 $\lambda_1=5$ 的全部特征向量为

$$(\boldsymbol{\varepsilon}_1,\boldsymbol{\varepsilon}_2,\boldsymbol{\varepsilon}_3)k\begin{pmatrix}1\\1\\1\end{pmatrix}=k\boldsymbol{\varepsilon}_1+k\boldsymbol{\varepsilon}_2+k\boldsymbol{\varepsilon}_3,$$

其中 k 为数域 P 中的任一非零常数.

对于 $\lambda_2=\lambda_3=-1$,齐次线性方程组$(-\boldsymbol{E}-\boldsymbol{A})\boldsymbol{x}=\boldsymbol{0}$,即

$$-2x_1-2x_2-2x_3=0,$$

其一个基础解系

$$\begin{pmatrix}-1\\1\\0\end{pmatrix},\quad\begin{pmatrix}-1\\0\\1\end{pmatrix},$$

则 $\boldsymbol{A}$ 的属于 $\lambda_2=\lambda_3=-1$ 的全部特征向量为 $k_2\begin{pmatrix}-1\\1\\0\end{pmatrix}+k_3\begin{pmatrix}-1\\0\\1\end{pmatrix}$,故 $\mathscr{A}$ 的属于 $\lambda_2=\lambda_3=-1$ 的全部特征向量为

$$(\boldsymbol{\varepsilon}_1,\boldsymbol{\varepsilon}_2,\boldsymbol{\varepsilon}_3)\left[k_2\begin{pmatrix}-1\\1\\0\end{pmatrix}+k_3\begin{pmatrix}-1\\0\\1\end{pmatrix}\right]=-(k_2+k_3)\boldsymbol{\varepsilon}_1+k_2\boldsymbol{\varepsilon}_2+k_3\boldsymbol{\varepsilon}_3,$$

其中 k_2,k_3 为数域 P 中不全为 0 的任意数.

例 3　在线性空间 $P[x]_n$ 中,线性变换 $\mathscr{D}$ 定义为

$$\mathscr{D}(f(x))=f'(x),\text{其中} f(x)\in P[x]_n$$

求 $\mathscr{D}$ 的全部特征值和特征向量.

解　取 $P[x]_n$ 的基 $1,x,\frac{1}{2!}x^2,\cdots,\frac{1}{(n-1)!}x^{n-1}$,则 $\mathscr{D}$ 在该基下的矩阵为

$$\boldsymbol{A}=\begin{pmatrix}0&1&0&\cdots&0&0\\0&0&1&\cdots&0&0\\\vdots&\vdots&\vdots&\vdots&\vdots&\vdots\\0&0&0&\cdots&0&1\\0&0&0&\cdots&0&0\end{pmatrix}.$$

特征多项式

$$f(\lambda)=|\lambda\boldsymbol{E}-\boldsymbol{A}|=\begin{vmatrix}\lambda&-1&0&\cdots&0&0\\0&\lambda&-1&\cdots&0&0\\\vdots&\vdots&\vdots&\vdots&\vdots&\vdots\\0&0&0&\cdots&\lambda&-1\\0&0&0&\cdots&0&\lambda\end{vmatrix}=\lambda^n,$$

因此,$\mathscr{D}$ 或 $\boldsymbol{A}$ 的特征值为 $\lambda_1=\lambda_2=\cdots=\lambda_n=0$.

对于 $\lambda_1=\lambda_2=\cdots=\lambda_n=0$,齐次线性方程组 $(0\boldsymbol{E}-\boldsymbol{A})\boldsymbol{x}=\boldsymbol{0}$,即

$$\begin{cases}-x_2 & =0\\ \quad -x_3 & =0\\ \qquad\ddots & \\ \qquad\quad -x_n & =0\end{cases}$$

其一个基础解系为

$$\begin{pmatrix}1\\0\\\vdots\\0\end{pmatrix},$$

则 $\boldsymbol{A}$ 的属于 $\lambda_1=\lambda_2=\cdots=\lambda_n=0$ 的全部特征向量为 $k\begin{pmatrix}1\\0\\\vdots\\0\end{pmatrix}$,

故$\mathscr{D}$ 的属于 $\lambda_1=\lambda_2=\cdots=\lambda_n=0$ 的全部特征向量为

$$\left(1,x,\frac{x^2}{2!},\cdots,\frac{1}{(n-1)!}x^{n-1}\right)k\begin{pmatrix}1\\0\\\vdots\\0\end{pmatrix}=k,$$

其中 k 为数域 P 中的任意非零常数.

设 V 是数域 P 上的有限维线性空间,$\mathscr{A}\in L(V)$,λ 是$\mathscr{A}$ 的一个特征值,集合

$$V_\lambda=\{\boldsymbol{\alpha}\mid\boldsymbol{\alpha}\text{ 是零向量或}\mathscr{A}(\boldsymbol{\alpha})=\lambda\boldsymbol{\alpha},\boldsymbol{\alpha}\in V\}$$

是$\mathscr{A}$ 的属于 λ 的全部特征向量再添上零向量所组成的集合.

显然,V_λ 非空,且对任意 $\boldsymbol{\alpha},\boldsymbol{\beta}\in V_\lambda$,任意 $k\in P$,有

$$\mathscr{A}(\boldsymbol{\alpha})=\lambda\boldsymbol{\alpha},\mathscr{A}(\boldsymbol{\beta})=\lambda\boldsymbol{\beta},$$

从而

$$\mathscr{A}(\boldsymbol{\alpha}+\boldsymbol{\beta})=\mathscr{A}(\boldsymbol{\alpha})+\mathscr{A}(\boldsymbol{\beta})=\lambda\boldsymbol{\alpha}+\lambda\boldsymbol{\beta}=\lambda(\boldsymbol{\alpha}+\boldsymbol{\beta}),$$

$$\mathscr{A}(k\boldsymbol{\alpha})=k\,\mathscr{A}(\boldsymbol{\alpha})=k\lambda\boldsymbol{\alpha}=\lambda(k\boldsymbol{\alpha}),$$

因此 $\boldsymbol{\alpha}+\boldsymbol{\beta}\in V_\lambda$,$k\boldsymbol{\alpha}\in V_\lambda$,进而有 V_λ 是 V 的一个子空间.

又由于 λ 是$\mathscr{A}$ 的一个特征值,所以将 V_λ 称为$\mathscr{A}$ 的属于 λ 的特征子空间.

显然,V_λ 的维数就是$\mathscr{A}$ 的属于 λ 的线性无关的特征向量的最大个数,称为特征值 λ 的几何重数,$\mathscr{A}$ 的特征根 λ 的重数称为特征值 λ 的代数重数. 注意$\mathscr{A}$ 的特征值 λ 的几何重数不超过它的代数重数.

下面介绍特征值与特征向量的应用.

(1)在计算机人脸识别中的应用.

计算机人脸识别是应用非常广泛的一种技术,例如美国的马萨诸塞州在 1995 年开始,就利用它来帮助杜绝汽车驾照申请中的欺骗行为;“9·11”恐怖事件之后,美国警方率先在冰岛国际机场、美国波士顿机场、奥克兰机场、亚特兰大机场、休斯敦机场等开始

应用这一先进技术，它们借助电视监控系统扫描监控人群，自动搜寻警方所需要逮捕的恐怖分子. 该技术能够对被检测到的人脸进行身份确认. 实际上，是将采样到的人脸与库存的人脸依次进行比对，并找出最佳的匹配对象. 所以，人脸的描述决定了识别的具体方法与性能. 采用特征向量是常用的描述方法，该方法是先确定眼虹膜、鼻翼、嘴角等人脸五官轮廓的大小、位置、距离等属性，然后再计算出它们的几何特征量，而这些特征量形成一个描述该人脸的特征向量.

例如，麻省理工学院开发了一种名为 Photobook 的系统，Photobook 从人脸的数据库中规定 40 种最佳的人脸特征，根据 128×128 灰度像素组成的对人脸的粗糙扫描确定一个 16384 阶矩阵，求出它的 40 个最大的特征值及相应的特征向量，所得的特征向量称为特征人脸，任何一个人脸都可以表示为特征人脸的线性组合，两个人脸可以通过它们关于特征人脸的坐标之差来进行比较. 为了更加准确地识别，Photobook 选择正交特征人脸. 它使用主元素法求特征人脸之间的协方差矩阵的特征值和特征向量. 这种软件在验证时的识别率高达 99.9%，识别一张人脸是否在数据库中的识别率可达 95%.

(2)在化学中的应用.

长期以来，科学家认为碳原子与碳原子连接的方式只有金刚石与石墨中的两种形式，1985 年英国化学家 Harold Walter Kroto 博士和美国科学家 Richard Errett Smalley 在莱斯大学利用激光在真空中激发石墨，并利用氦气冷却，制出了第一种富勒烯，因为这个分子结构与建筑学家 Buckminster Fuller 的建筑作品很相似，为了表达对他的敬意，将其命名为 Fullerene(如图 4-1 所示).

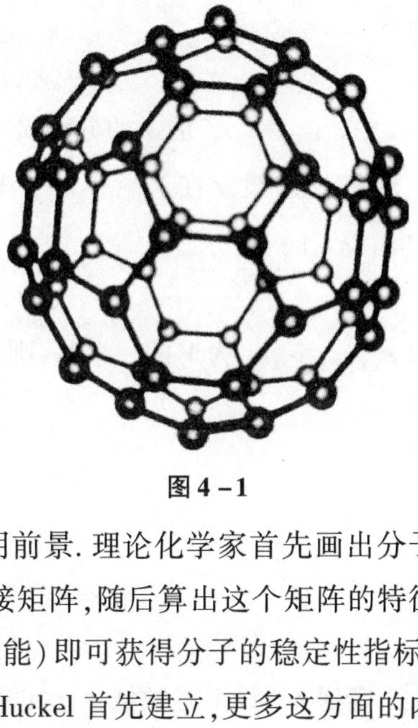

图 4-1

这是一项革命性的发现，科学家开始推测有关碳原子的连接方式以及这样的分子在其他领域中的应用前景. 理论化学家首先画出分子图，用顶点代表原子，用边代表化学键，作出相应的邻接矩阵，随后算出这个矩阵的特征值，而通过分子图特征值绝对值的和(被称为完全 π 电能)即可获得分子的稳定性指标，以上的理论由一位对数学特别感兴趣的化学家 Erich Huckel 首先建立，更多这方面的内容可以参看如下文献：X. Li, Y. Shi, I. Gutman. Graph Energy, Springer - Verlag, New York, 2012.

4.2　对角矩阵

设 V 是数域 P 上的 n 维线性空间，$\mathscr{A}\in L(V)$，$\boldsymbol{\varepsilon}_1,\boldsymbol{\varepsilon}_2,\cdots,\boldsymbol{\varepsilon}_n$ 和 $\boldsymbol{\eta}_1,\boldsymbol{\eta}_2,\cdots,\boldsymbol{\eta}_n$ 是 V 的两

组基,$\mathscr{A}$ 在这两组基下的矩阵分别为 $\boldsymbol{A}$ 和 $\boldsymbol{B}$,且由基 $\boldsymbol{\varepsilon}_1,\boldsymbol{\varepsilon}_2,\cdots,\boldsymbol{\varepsilon}_n$ 到基 $\boldsymbol{\eta}_1,\boldsymbol{\eta}_2,\cdots,\boldsymbol{\eta}_n$ 的过渡矩阵为 $\boldsymbol{X}$,则 $\boldsymbol{B}=\boldsymbol{X}^{-1}\boldsymbol{A}\boldsymbol{X}$. 若 $\boldsymbol{B}$ 是对角短阵,则 $\mathscr{A}$ 在基 $\boldsymbol{\eta}_1,\boldsymbol{\eta}_2,\cdots,\boldsymbol{\eta}_n$ 下的矩阵为对角矩阵. 由此,可以提出这样一个问题:

在 n 维线性空间 V 中是否能找到一组基 $\boldsymbol{\eta}_1,\boldsymbol{\eta}_2,\cdots,\boldsymbol{\eta}_n$,使得 $\mathscr{A}$ 在基 $\boldsymbol{\eta}_1,\boldsymbol{\eta}_2,\cdots,\boldsymbol{\eta}_n$ 下的矩阵为对角矩阵呢?

对于这个问题的回答,有如下定理 1.

定理 1 设 V 是数域 P 上的 n 维线性空间,$\mathscr{A}\in L(V)$. 则 $\mathscr{A}$ 在某一组基下的矩阵是对角矩阵的充分必要条件是 $\mathscr{A}$ 在 V 中有 n 个线性无关的特征向量.

证明 必要性. 设 $\mathscr{A}$ 在 V 的基 $\boldsymbol{\varepsilon}_1,\boldsymbol{\varepsilon}_2,\cdots,\boldsymbol{\varepsilon}_n$ 下的矩阵是对角矩阵

$$\begin{pmatrix}\lambda_1 & & & \\ & \lambda_2 & & \\ & & \ddots & \\ & & & \lambda_n\end{pmatrix},$$

则有

$$\mathscr{A}(\boldsymbol{\varepsilon}_i)=\lambda_i\boldsymbol{\varepsilon}_i,\quad i=1,2,\cdots,n.$$

因此,$\boldsymbol{\varepsilon}_1,\boldsymbol{\varepsilon}_2,\cdots,\boldsymbol{\varepsilon}_n$ 是 $\mathscr{A}$ 的分别属于 $\lambda_1,\lambda_2,\cdots,\lambda_n$ 的 n 个线性无关的特征向量.

充分性. 设 $\mathscr{A}$ 在 V 中有 n 个线性无关的特征向量 $\boldsymbol{\varepsilon}_1,\boldsymbol{\varepsilon}_2,\cdots,\boldsymbol{\varepsilon}_n$,且对应的特征值分别为 $\lambda_1,\lambda_2,\cdots,\lambda_n$,则

$$\mathscr{A}(\boldsymbol{\varepsilon}_i)=\lambda_i\boldsymbol{\varepsilon}_i,\quad i=1,2,\cdots,n.$$

取 $\boldsymbol{\varepsilon}_1,\boldsymbol{\varepsilon}_2,\cdots,\boldsymbol{\varepsilon}_n$ 为 V 的一组基,则 $\mathscr{A}$ 在 $\boldsymbol{\varepsilon}_1,\boldsymbol{\varepsilon}_2,\cdots,\boldsymbol{\varepsilon}_n$ 下的矩阵为对角矩阵

$$\begin{pmatrix}\lambda_1 & & & \\ & \lambda_2 & & \\ & & \ddots & \\ & & & \lambda_n\end{pmatrix}.$$

证毕.

定理 2 设 V 是数域 P 上的有限维线性空间,$\mathscr{A}\in L(V)$,则 $\mathscr{A}$ 的属于不同特征值的特征向量是线性无关的.

证明 对 $\mathscr{A}$ 的不同特征值的个数 s 进行数学归纳法证明.

当 $s=1$ 时,结论成立.

假设 $\mathscr{A}$ 的属于 $s-1$ 个互不相同的特征值的特征向量线性无关,则对于 $\mathscr{A}$ 的 s 个互不相同的特征值 $\lambda_1,\lambda_2,\cdots,\lambda_s$,对应的特征向量分别为 $\boldsymbol{\xi}_1,\boldsymbol{\xi}_2,\cdots,\boldsymbol{\xi}_s$,有 $\mathscr{A}(\boldsymbol{\xi}_i)=\lambda_i\boldsymbol{\xi}_i$,$i=1,2,\cdots,s$.

考虑向量方程

$$k_1\boldsymbol{\xi}_1+k_2\boldsymbol{\xi}_2+\cdots+k_s\boldsymbol{\xi}_s=\mathbf{0},$$

其中 $k_1,k_2,\cdots,k_s\in P$.

上式两端在$\mathscr{A}$的作用下有

$$k_1\lambda_1\boldsymbol{\xi}_1+k_2\lambda_2\boldsymbol{\xi}_2+\cdots+k_{s-1}\lambda_{s-1}\boldsymbol{\xi}_{s-1}+k_s\lambda_s\boldsymbol{\xi}_s=0,$$

上式两端同乘 λ_s 可得

$$k_1\lambda_s\boldsymbol{\xi}_1+k_2\lambda_s\boldsymbol{\xi}_2+\cdots+k_{s-1}\lambda_{s-1}\boldsymbol{\xi}_{s-1}+k_s\lambda_s\boldsymbol{\xi}_s=0,$$

由后两式得

$$k_1(\lambda_1-\lambda_s)\boldsymbol{\xi}_1+k_2(\lambda_2-\lambda_s)\boldsymbol{\xi}_2+\cdots+k_{s-1}(\lambda_{s-1}-\lambda_s)\boldsymbol{\xi}_{s-1}=0.$$

由 $\lambda_1,\lambda_2,\cdots,\lambda_{s-1}$ 是$\mathscr{A}$的互不相同的特征值和归纳假设有 $\boldsymbol{\xi}_1,\boldsymbol{\xi}_2,\cdots,\boldsymbol{\xi}_{s-1}$ 线性无关,故

$$\begin{cases}k_1(\lambda_1-\lambda_s)=0\\k_2(\lambda_2-\lambda_s)=0\\\qquad\vdots\\k_{s-1}(\lambda_{s-1}-\lambda_s)=0\end{cases}$$

由 $\lambda_1,\lambda_2,\cdots,\lambda_s$ 互不相同可知 $k_1=0,k_2=0,\cdots,k_{s-1}=0$.

将 $k_1=0,k_2=0,\cdots,k_{s-1}=0$ 代入第一式可得 $k_s\boldsymbol{\xi}_s=0$,又 $\boldsymbol{\xi}_s\neq0$,则 $k_s=0$,从而 $\boldsymbol{\xi}_1,\boldsymbol{\xi}_2,\cdots,\boldsymbol{\xi}_s$ 线性无关.

证毕.

推论 1　设 V 是数域 P 上的 n 维线性空间,$\mathscr{A}\in L(V)$. 若$\mathscr{A}$在数域 P 中有 n 个互不相同的特征值,则必存在某组基使得$\mathscr{A}$在该组基下的矩阵是对角矩阵.

因为在复数域 **C** 中任一个 n 次多项式都有 n 个根,所以有如下推论.

推论 2　设 V 是复数域 **C** 上的 n 维线性空间,$\mathscr{A}\in L(V)$. 若$\mathscr{A}$的特征多项式在复数域 **C** 中没有重根,则必存在某组基使得$\mathscr{A}$在该组基下的矩阵是对角矩阵.

推论 3　设 V 是数域 P 上的 n 维线性空间,$\mathscr{A}\in L(V)$. 若 $\lambda_1,\lambda_2,\cdots,\lambda_k$ 是$\mathscr{A}$的互不相同的特征值,而 $\boldsymbol{\alpha}_{i_1},\boldsymbol{\alpha}_{i_2},\cdots,\boldsymbol{\alpha}_{ir_i}$ 是$\mathscr{A}$的属于 $\lambda_i(i=1,2,\cdots,k)$ 的线性无关的特征向量,则向量组 $\boldsymbol{\alpha}_{11},\boldsymbol{\alpha}_{12},\cdots,\boldsymbol{\alpha}_{1r_1},\boldsymbol{\alpha}_{21},\boldsymbol{\alpha}_{22},\cdots,\boldsymbol{\alpha}_{2r_2},\cdots,\boldsymbol{\alpha}_{k1},\boldsymbol{\alpha}_{k2},\cdots,\boldsymbol{\alpha}_{kr_k}$ 线性无关.

定理 3　设 V 是数域 P 上的 n 维线性空间,$\mathscr{A}\in L(V)$,且$\mathscr{A}$在数域 P 中全部不同的特征值是 $\lambda_1,\lambda_2,\cdots,\lambda_r$. 则$\mathscr{A}$在某一组基下的矩阵是对角矩阵的充分必要条件是

$$\dim V_{\lambda_1}+\dim V_{\lambda_2}+\cdots+\dim V_{\lambda_r}=n,$$

即每个 λ_i 的几何重数等于 λ_i 的代数重数.

证明略.

例 1 设 V 是数域 P 上的 3 维线性空间，$\mathscr{A} \in L(V)$，且 $\mathscr{A}$ 在 V 的基 $\boldsymbol{\varepsilon}_1, \boldsymbol{\varepsilon}_2, \cdots, \boldsymbol{\varepsilon}_n$ 下的矩阵为

$$\boldsymbol{A} = \begin{pmatrix} 2 & -1 & 2 \\ 5 & -3 & 3 \\ -1 & 0 & -2 \end{pmatrix}.$$

问 V 中是否存在一组基，使得 $\mathscr{A}$ 在这组基下的矩阵是对角矩阵？若存在，请求出 V 的这组基.

解 $\mathscr{A}$（或 $\boldsymbol{A}$）的特征多项式

$$f(\lambda) = |\lambda \boldsymbol{E} - \boldsymbol{A}| = \begin{vmatrix} \lambda - 2 & 1 & -2 \\ -5 & \lambda + 3 & -3 \\ 1 & 0 & \lambda + 2 \end{vmatrix} = (\lambda + 1)^3,$$

则 $\mathscr{A}$（或 $\boldsymbol{A}$）的特征值为 $\lambda_1 = \lambda_2 = \lambda_3 = -1$.

对于 $\lambda_1 = \lambda_2 = \lambda_3 = -1$，齐次线性方程组 $(-\boldsymbol{E} - \boldsymbol{A})\boldsymbol{x} = \boldsymbol{0}$，即

$$\begin{cases} -3x_1 + x_2 - 2x_3 = 0 \\ -5x_1 + 2x_2 - 3x_3 = 0 \\ x_1 + x_3 = 0, \end{cases}$$

其一个基础解系为

$$\boldsymbol{\xi}_1 = \begin{pmatrix} 1 \\ 1 \\ -1 \end{pmatrix},$$

则 $\mathscr{A}$ 的属于 $\lambda_1 = \lambda_2 = \lambda_3 = -1$ 的线性无关的特征向量为 $\boldsymbol{\varepsilon}_1 + \boldsymbol{\varepsilon}_2 - \boldsymbol{\varepsilon}_3$，所以 $\mathscr{A}$ 在任何一组基下的矩阵都不是对角矩阵.

例 2 设 V 是数域 P 上的 3 维线性空间，$\mathscr{A} \in L(V)$，且 $\mathscr{A}$ 在 V 的基 $\boldsymbol{\varepsilon}_1, \boldsymbol{\varepsilon}_2, \cdots, \boldsymbol{\varepsilon}_n$ 下的矩阵为

$$\boldsymbol{A} = \begin{pmatrix} 2 & 2 & -2 \\ 2 & 5 & -4 \\ -2 & -4 & 5 \end{pmatrix}.$$

问 V 中是否存在一组基，使得 $\mathscr{A}$ 在这组基下的矩阵是对角矩阵？若存在，请求出 V 的这组基.

解 $\mathscr{A}$（或 $\boldsymbol{A}$）的特征多项式

$$f(\lambda) = |\lambda \boldsymbol{E} - \boldsymbol{A}| = \begin{vmatrix} \lambda - 2 & -2 & 2 \\ -2 & \lambda - 5 & 4 \\ 2 & 4 & \lambda - 5 \end{vmatrix} = (\lambda - 1)^2(\lambda - 10),$$

则$\mathscr{A}$(或 $\boldsymbol{A}$)的特征值为 $\lambda_1=10,\lambda_2=\lambda_3=1$.

对于 $\lambda_1=10$,齐次线性方程组$(10\boldsymbol{E}-\boldsymbol{A})\boldsymbol{x}=\boldsymbol{0}$,即

$$\begin{cases}8x_1-2x_2+2x_3=0\\-2x_1+5x_2+4x_3=0\\2x_1+4x_2+5x_3=0,\end{cases}$$

其一个基础解系为

$$\boldsymbol{\xi}_1=\begin{pmatrix}1\\2\\-2\end{pmatrix},$$

则$\mathscr{A}$的属于 $\lambda_1=10$ 的线性无关的特征向量为

$$\boldsymbol{\eta}_1=(\boldsymbol{\varepsilon}_1,\boldsymbol{\varepsilon}_2,\boldsymbol{\varepsilon}_3)\boldsymbol{\xi}_1=\boldsymbol{\varepsilon}_1+2\boldsymbol{\varepsilon}_2-2\boldsymbol{\varepsilon}_3.$$

对于 $\lambda_2=\lambda_3=1$,齐次线性方程组$(\boldsymbol{E}-\boldsymbol{A})\boldsymbol{X}=\boldsymbol{0}$,即

$$\begin{cases}-x_1-2x_2+2x_3=0\\-2x_1-4x_2+4x_3=0\\2x_1+4x_2-4x_3=0,\end{cases}$$

其一个基础解系为

$$\boldsymbol{\xi}_2=\begin{pmatrix}-2\\1\\0\end{pmatrix},\boldsymbol{\xi}_3=\begin{pmatrix}2\\0\\1\end{pmatrix},$$

则$\mathscr{A}$的属于 $\lambda_2=\lambda_3=1$ 的线性无关的特征向量为

$$\boldsymbol{\eta}_2=(\boldsymbol{\varepsilon}_1,\boldsymbol{\varepsilon}_2,\boldsymbol{\varepsilon}_3)\boldsymbol{\xi}_2=-2\boldsymbol{\varepsilon}_1+\boldsymbol{\varepsilon}_2,\boldsymbol{\eta}_3=(\boldsymbol{\varepsilon}_1,\boldsymbol{\varepsilon}_2,\boldsymbol{\varepsilon}_3)\boldsymbol{\xi}_3=2\boldsymbol{\varepsilon}_1+\boldsymbol{\varepsilon}_3.$$

从而$\mathscr{A}$有 3 个线性无关的特征向量 $\boldsymbol{\eta}_1,\boldsymbol{\eta}_2,\boldsymbol{\eta}_3$,故取 $\boldsymbol{\eta}_1,\boldsymbol{\eta}_2,\boldsymbol{\eta}_3$ 作为 V 的一组基,$\mathscr{A}$在基 $\boldsymbol{\eta}_1,\boldsymbol{\eta}_2,\boldsymbol{\eta}_3$ 下的矩阵为对角矩阵

$$\begin{pmatrix}10&&\\&1&\\&&1\end{pmatrix}.$$

4.3　λ-矩阵的等价标准形

为了将矩阵相似到尽可能简单的形状——Jordan 标准形,下面先介绍 λ-矩阵的相关知识.

设 P 是一个数域，$P[\lambda]$ 是数域 P 上关于未定元 λ 的一元多项式环.

定义 1 设 m,n 是正整数，$a_{ij}(\lambda)\in P[\lambda]\ (i=1,2,\cdots,m;j=1,2,\cdots,n)$，则矩阵 $(a_{ij}(\lambda))_{m\times n}$ 称为数域 P 上的 λ - 矩阵或者多项式矩阵.

例如

$$\begin{pmatrix}\lambda^2+2\lambda+1 & 1 & 3\\ 3\lambda+4 & \lambda^3+1 & 4\lambda+5\end{pmatrix},\quad \begin{pmatrix}\lambda^2 & \lambda\\ -\lambda+3 & 6\end{pmatrix}$$

是 λ - 矩阵.

通常用 $\boldsymbol{A}(\lambda)$，$\boldsymbol{B}(\lambda)$ 等表示 λ - 矩阵. 为了区别，以后元素是数域 P 中数的矩阵称为数字矩阵，这是特殊的 λ - 矩阵.

数域 P 上的数字矩阵的加法、数乘（域 P 中的数与矩阵的乘法）、矩阵的乘法、矩阵的行列式都是通过数域 P 中数的加法、减法、乘法定义的，因此 λ - 矩阵的加法、数域 P 中的数与 λ - 矩阵的乘积、λ - 矩阵与 λ - 矩阵的乘法、λ - 矩阵的行列式与通常数域 P 上的数字矩阵的运算类似，可通过 $P[\lambda]$ 中多项式的加法、减法及乘法来定义.

通常数字矩阵的秩由非零子式的最高阶数来定义，因此同样可以引入 λ - 矩阵的秩.

定义 2 λ - 矩阵 $\boldsymbol{A}(\lambda)$ 中非零子式的最高阶数称为 $\boldsymbol{A}(\lambda)$ 的秩，记为 $\operatorname{rank}(\boldsymbol{A}(\lambda))$. 规定零矩阵的秩为零.

例 1 求下列 λ - 矩阵的秩.

$$(1)\ \boldsymbol{A}(\lambda)=\begin{pmatrix}\lambda^2-1 & \lambda+1 & 2\lambda-1\\ \lambda+1 & \lambda^2+2\lambda+1 & -1\\ \lambda^2+\lambda & \lambda^2+3\lambda+2 & \lambda-2\end{pmatrix},\quad (2)\ \boldsymbol{B}(\lambda)=\begin{pmatrix}\lambda+1 & -1 & \lambda^2\\ 2\lambda & \lambda^2-1 & \lambda^2-\lambda\\ \lambda-1 & \lambda^2 & -\lambda\end{pmatrix}.$$

解 (1) 因为

$$|\boldsymbol{A}(\lambda)|=\begin{vmatrix}\lambda^2-1 & \lambda+1 & 2\lambda-1\\ \lambda+1 & \lambda^2+2\lambda+1 & -1\\ \lambda^2+\lambda & \lambda^2+3\lambda+2 & \lambda-2\end{vmatrix}=-\lambda\ (\lambda+1)^2(\lambda^2-2)\neq 0,$$

所以 $\operatorname{rank}(\boldsymbol{A}(\lambda))=3$.

(2) 因为

$$|\boldsymbol{B}(\lambda)|=\begin{vmatrix}\lambda+1 & -1 & \lambda^2\\ 2\lambda & \lambda^2-1 & \lambda^2-\lambda\\ \lambda-1 & \lambda^2 & -\lambda\end{vmatrix}=0,$$

而二阶子式

$$\begin{vmatrix} \lambda+1 & -1 \\ 2\lambda & \lambda^2-1 \end{vmatrix} = \lambda^3+\lambda^2+\lambda-1 \neq 0,$$

所以 $\operatorname{rank}(\boldsymbol{B}(\lambda))=2$.

同理,可逆 λ - 矩阵与可逆数字矩阵可类似定义.

定义 3　设 $\boldsymbol{A}(\lambda)$ 是 $P[\lambda]$ 上 $n\times n$ 的 λ - 矩阵. 若存在 $P[\lambda]$ 上 $n\times n$ 的 λ - 矩阵 $\boldsymbol{B}(\lambda)$,使得

$$\boldsymbol{A}(\lambda)\boldsymbol{B}(\lambda)=\boldsymbol{B}(\lambda)\boldsymbol{A}(\lambda)=\boldsymbol{E},$$

则称 $\boldsymbol{A}(\lambda)$ 是可逆的或可逆矩阵,$\boldsymbol{B}(\lambda)$ 称为 $\boldsymbol{A}(\lambda)$ 的逆矩阵,记作 $\boldsymbol{A}^{-1}(\lambda)$.

数域 P 上的 n 阶矩阵 $\boldsymbol{A}$ 可逆当且仅当 $|\boldsymbol{A}|\neq 0$,那么如何判断一个 λ - 矩阵是可逆的呢? 有如下定理 1.

定理 1　$P[\lambda]$ 上 $n\times n$ 的 λ - 矩阵 $\boldsymbol{A}(\lambda)$ 可逆的充分必要条件是 $|\boldsymbol{A}(\lambda)|$ 是一个非零常数.

证明　必要性. 设 $\boldsymbol{A}(\lambda)$ 可逆,则

$$\boldsymbol{A}(\lambda)\boldsymbol{A}^{-1}(\lambda)=\boldsymbol{A}^{-1}(\lambda)\boldsymbol{A}(\lambda)=\boldsymbol{E},$$

两端取行列式,得

$$|\boldsymbol{A}(\lambda)|\,|\boldsymbol{A}^{-1}(\lambda)|=1$$

因为 $|\boldsymbol{A}(\lambda)|$ 与 $|\boldsymbol{A}^{-1}(\lambda)|$ 都是 λ 的多项式,所以由多项式理论可知 $|\boldsymbol{A}(\lambda)|$ 与 $|\boldsymbol{A}^{-1}(\lambda)|$ 都是零次多项式,即非零常数.

充分性. 设 $|\boldsymbol{A}(\lambda)|$ 是一个非零常数,$\boldsymbol{A}^*(\lambda)$ 是 $\boldsymbol{A}(\lambda)$ 的伴随矩阵,也是 λ - 矩阵,则

$$\boldsymbol{A}(\lambda)\boldsymbol{A}^*(\lambda)=\boldsymbol{A}^*(\lambda)\boldsymbol{A}(\lambda)=|\boldsymbol{A}(\lambda)|\boldsymbol{E},$$

即

$$\boldsymbol{A}(\lambda)\left(\frac{1}{|\boldsymbol{A}(\lambda)|}\boldsymbol{A}^*(\lambda)\right)=\left(\frac{1}{|\boldsymbol{A}(\lambda)|}\boldsymbol{A}^*(\lambda)\right)\boldsymbol{A}(\lambda)=\boldsymbol{E}$$

因此 $\boldsymbol{A}(\lambda)$ 可逆,且

$$\boldsymbol{A}^{-1}(\lambda)=\frac{1}{|\boldsymbol{A}(\lambda)|}\boldsymbol{A}^*(\lambda).$$

证毕.

例 2　下列 λ - 矩阵中,哪些是可逆的? 若可逆,请求其逆矩阵.

$$(1)\boldsymbol{A}(\lambda)=\begin{pmatrix} -\lambda+1 & -\lambda & -\lambda^2 \\ -\lambda+2 & -\lambda+1 & -\lambda^2 \\ \lambda-1 & \lambda & \lambda^2+1 \end{pmatrix},(2)\boldsymbol{B}(\lambda)=\begin{pmatrix} \lambda-1 & \lambda^2 & \lambda \\ \lambda & -\lambda & \lambda \\ \lambda^2+1 & \lambda^2 & \lambda^2-1 \end{pmatrix}.$$

解　(1)因为

$$|\boldsymbol{A}(\lambda)|=\begin{vmatrix}-\lambda+1 & -\lambda & -\lambda^2\\ -\lambda+2 & -\lambda+1 & -\lambda^2\\ \lambda-1 & \lambda & \lambda^2+1\end{vmatrix}=1,$$

所以$\boldsymbol{A}(\lambda)$可逆,且

$$\boldsymbol{A}^{-1}(\lambda)=\begin{pmatrix}\lambda^2-\lambda+1 & \lambda & \lambda^2\\ -\lambda^2+\lambda-2 & -\lambda+1 & -\lambda^2\\ 1 & 0 & 1\end{pmatrix}.$$

(2)因为

$$|\boldsymbol{B}(\lambda)|=\begin{vmatrix}\lambda-1 & \lambda^2 & \lambda\\ \lambda & -\lambda & \lambda\\ \lambda^2+1 & \lambda^2 & \lambda^2-1\end{vmatrix}=4\lambda^3+2\lambda^2-\lambda\neq\text{非零常数},$$

所以$\boldsymbol{B}(\lambda)$不可逆.

为了采用研究数字矩阵的等价标准形的思想和方法来研究λ-矩阵的等价标准形,先给出λ-矩阵的初等变换.

定义 4 下列三种变换称为$P[\lambda]$上λ-矩阵的初等行(列)变换:

(1)对换λ-矩阵中两行(列)的位置;

(2)以数域P中的非零常数c乘λ-矩阵的某一行(列);

(3)将λ-矩阵中某一行(列)的$\varphi(\lambda)$倍加到另一行(列),其中$\varphi(\lambda)\in P[\lambda]$.

λ-矩阵的初等行变换和初等列变换统称为λ-矩阵的初等变换.

类似于数字矩阵,同样可以引入三类初等λ-矩阵.

定义 5 单位矩阵经过一次λ-矩阵的初等变换得到的矩阵称为初等λ-矩阵.

λ-矩阵的三种初等行(列)变换对应如下三种初等λ-矩阵:

(1)倍加初等λ-矩阵

$$\begin{array}{cc} i\text{列} & j\text{列}\\ \downarrow & \downarrow \end{array}$$

$$\boldsymbol{P}(i,j(\varphi(\lambda)))=\begin{pmatrix}1 & & & & & & \\ & \ddots & & & & & \\ & & 1 & \cdots & \varphi(\lambda) & & \\ & & & \ddots & & & \\ & & & & 1 & & \\ & & & & & \ddots & \\ & & & & & & 1\end{pmatrix}\begin{array}{l} \\ \\ \leftarrow i\text{行}\\ \\ \leftarrow j\text{行}\\ \\ \\ \end{array}$$

(2)倍乘初等 λ－矩阵

$$\begin{array}{c} i\text{列}\\ \downarrow \end{array}$$

$$\boldsymbol{P}(i(c))=\begin{pmatrix}1&&&&&&\\&\ddots&&&&&\\&&1&&&&\\&&&c&&&\\&&&&1&&\\&&&&&\ddots&\\&&&&&&1\end{pmatrix}\begin{array}{l}\\ \\ \\ \leftarrow i\text{行}\\ \\ \\ \\ \end{array}$$

(3)对换初等 λ－矩阵

$$\begin{array}{ccc} i\text{列} & \qquad\qquad & j\text{列}\\ \downarrow & & \downarrow \end{array}$$

$$\boldsymbol{P}(i,j)=\begin{pmatrix}1&&&&&&&&&&\\&\ddots&&&&&&&&&\\&&1&&&&&&&&\\&&&0&\cdots&\cdots&\cdots&1&&&\\&&&\vdots&1&&&\vdots&&&\\&&&\vdots&&\ddots&&\vdots&&&\\&&&\vdots&&&1&\vdots&&&\\&&&1&\cdots&\cdots&\cdots&0&&&\\&&&&&&&&1&&\\&&&&&&&&&\ddots&\\&&&&&&&&&&1\end{pmatrix}\begin{array}{l}\\ \\ \\ \leftarrow i\text{行}\\ \\ \\ \\ \leftarrow j\text{行}\\ \\ \\ \\ \end{array}$$

同样有以下结论.

定理 2　初等 λ－矩阵 $\boldsymbol{P}(i,j)$，$\boldsymbol{P}(i(c))$，$\boldsymbol{P}(i,j(\varphi(\boldsymbol{\lambda})))$都是可逆的，且

$$\boldsymbol{P}^{-1}(i,j)=\boldsymbol{P}(i,j),\boldsymbol{P}^{-1}(i(c))=\boldsymbol{P}(i(c^{-1})),\boldsymbol{P}^{-1}(i,j(\varphi(\boldsymbol{\lambda})))=\boldsymbol{P}(i,j(-\varphi(\boldsymbol{\lambda}))).$$

定理 3　设 $\boldsymbol{A}(\boldsymbol{\lambda})$是一个 $m\times n$ 的 $\boldsymbol{\lambda}$－矩阵，则

(1)对 $\boldsymbol{A}(\boldsymbol{\lambda})$作一次初等行变换就相当于在 $\boldsymbol{A}(\boldsymbol{\lambda})$的左边乘上一个相应的 $m\times m$ 的初等 $\boldsymbol{\lambda}$－矩阵；

(2)对 $\boldsymbol{A}(\boldsymbol{\lambda})$作一次初等列变换就相当于在 $\boldsymbol{A}(\boldsymbol{\lambda})$的右边乘上一个相应的 $n\times n$ 的初等 $\boldsymbol{\lambda}$－矩阵.

定义 6 设 $\boldsymbol{A}(\lambda)$ 与 $\boldsymbol{B}(\lambda)$ 为 $P[\lambda]$ 上的两个 $m\times n$ 的 λ - 矩阵，若 $\boldsymbol{A}(\lambda)$ 经过一系列初等变换变为 $\boldsymbol{B}(\lambda)$，则称 $\boldsymbol{A}(\lambda)$ 与 $\boldsymbol{B}(\lambda)$ 等价.

等价是 λ - 矩阵之间的一种关系，具有下列三种性质：

(1) 反身性. 每一个 λ - 矩阵与自己等价.

(2) 对称性. 若 $\boldsymbol{A}(\lambda)$ 与 $\boldsymbol{B}(\lambda)$ 等价，则 $\boldsymbol{B}(\lambda)$ 与 $\boldsymbol{A}(\lambda)$ 等价.

(3) 传递性. 若 $\boldsymbol{A}(\lambda)$ 与 $\boldsymbol{B}(\lambda)$ 等价，$\boldsymbol{B}(\lambda)$ 与 $\boldsymbol{C}(\lambda)$ 等价，则 $\boldsymbol{A}(\lambda)$ 与 $\boldsymbol{C}(\lambda)$ 等价.

由 λ - 矩阵的初等变换与初等 λ - 矩阵的关系可知以下定理 4.

定理 4 $m\times n$ 的 λ - 矩阵 $\boldsymbol{A}(\lambda)$ 与 $\boldsymbol{B}(\lambda)$ 等价的充分必要条件是存在 $m\times m$ 的初等矩阵 $\boldsymbol{P}_1(\lambda),\boldsymbol{P}_2(\lambda),\cdots,\boldsymbol{P}_l(\lambda)$ 和 $n\times n$ 的初等矩阵 $\boldsymbol{Q}_1(\lambda),\cdots,\boldsymbol{Q}_s(\lambda)$，使得

$$\boldsymbol{B}(\lambda)=\boldsymbol{P}_l(\lambda)\cdots\boldsymbol{P}_2(\lambda)\boldsymbol{P}_1(\lambda)\boldsymbol{A}(\lambda)\boldsymbol{Q}_1(\lambda)\boldsymbol{Q}_2(\lambda)\cdots\boldsymbol{Q}_s(\lambda).$$

下面证明任意一个 λ - 矩阵经过初等 λ - 变换可化为某种对角形.

引理 设 $\boldsymbol{A}(\lambda)=(a_{ij}(\lambda))$ 是一个 $m\times n$ 的 λ - 矩阵. 若 $a_{11}(\lambda)\neq 0$，且 $\boldsymbol{A}(\lambda)$ 中至少有一个元素不能被 $a_{11}(\lambda)$ 除尽，则存在与 $\boldsymbol{A}(\lambda)$ 等价的 λ - 矩阵 $\boldsymbol{B}(\lambda)=(b_{ij}(\lambda))$，其中 $b_{11}(\lambda)\neq 0$，且 $\partial(b_{11}(\lambda))<\partial(a_{11}(\lambda))$，$\partial(f(\lambda))$ 表示非零多项式 $f(\lambda)$ 的次数.

证明 根据 $\boldsymbol{A}(\lambda)$ 中不能被 $a_{11}(\lambda)$ 除尽的元素所在的位置，分三种情形来讨论.

情形 1 若 $\boldsymbol{A}(\lambda)$ 的第一列中有一个元素 $a_{i1}(\lambda)\,(i>1)$ 不能被 $a_{11}(\lambda)$ 除尽，则由带余除法有

$$a_{i1}(\lambda)=a_{11}(\lambda)\varphi(\lambda)+r(\lambda).$$

其中 $r(\lambda)\neq 0$，且 $\partial(r(\lambda))<\partial(a_{11}(\lambda))$.

将 $\boldsymbol{A}(\lambda)$ 中第一行元素的 $-\varphi(\lambda)$ 倍加到第 i 行上得

$$\boldsymbol{A}(\lambda)\begin{pmatrix} a_{11}(\lambda) & \cdots \\ \vdots & \vdots \\ a_{i1}(\lambda) & \cdots \\ \vdots & \vdots \end{pmatrix}\rightarrow\begin{pmatrix} a_{11}(\lambda) & \cdots \\ \vdots & \vdots \\ r(\lambda) & \cdots \\ \vdots & \vdots \end{pmatrix}=\boldsymbol{B}_1(\lambda).$$

再将 $\boldsymbol{B}_1(\lambda)$ 的第一行与第 i 行互换，得

$$\boldsymbol{A}(\lambda)\rightarrow\begin{pmatrix} a_{11}(\lambda) & \cdots \\ \vdots & \vdots \\ a_{i1}(\lambda) & \cdots \\ \vdots & \vdots \end{pmatrix}=\boldsymbol{B}(\lambda).$$

从而 $\boldsymbol{B}(\lambda)$ 就是所求的矩阵.

情形 2 在 $\boldsymbol{A}(\lambda)$ 的第一行中有一个元素 $a_{1i}(\lambda)$ 不能被 $a_{11}(\lambda)$ 除尽. 这种情况的证明与情形 1 类似，但需对 $\boldsymbol{A}(\lambda)$ 进行的是初等列变换.

情形 3　$\boldsymbol{A}(\lambda)$的第一行与第一列中的所有元素都可以被 $a_{11}(\lambda)$除尽,但存在 $a_{ij}(i>1, j>1)$不能被 $a_{11}(\lambda)$除尽. 设

$$a_{i1}(\lambda)=a_{11}(\lambda)\varphi(\lambda)$$

则对$\boldsymbol{A}(\lambda)$作初等行变换,得

$$\boldsymbol{A}(\lambda)=\begin{pmatrix} a_{11}(\lambda) & \cdots & a_{1j}(\lambda) & \cdots \\ \vdots & & \vdots & \\ a_{i1}(\lambda) & \cdots & a_{ij}(\lambda) & \cdots \\ \vdots & & \vdots & \end{pmatrix}$$

$$\xrightarrow{[i+1(-\varphi(\lambda))]}\begin{pmatrix} a_{11}(\lambda) & \cdots & a_{1j}(\lambda) & \cdots \\ \vdots & & \vdots & \vdots \\ 0 & \cdots & a_{ij}(\lambda)-a_{1j}(\lambda)\varphi(\lambda) & \cdots \\ \vdots & & \vdots & \vdots \end{pmatrix}$$

$$\xrightarrow{[1+i(1)]}\begin{pmatrix} a_{11}(\lambda) & \cdots & a_{ij}(\lambda)+[1-\varphi(\lambda)]a_{1j}(\lambda) & \cdots \\ \vdots & & \vdots & \\ 0 & \cdots & a_{ij}(\lambda)-a_{1j}(\lambda)\varphi(\lambda) & \cdots \\ \vdots & & \vdots & \end{pmatrix}=\boldsymbol{A}_1(\lambda),$$

矩阵$\boldsymbol{A}_1(\lambda)$的第一行中有一个元素 $a_{ij}(\lambda)+[1-\varphi(\lambda)]a_{1j}(\lambda)$不能被左上角元素 $a_{11}(\lambda)$除尽. 此时$\boldsymbol{A}_1(\lambda)$为情形 2,由情形 2 结论成立.

证毕.

定理 5　任意一个非零的 $m\times n$ 的 λ - 矩阵$\boldsymbol{A}(\lambda)$都与

$$\boldsymbol{\Lambda}(\lambda)=\begin{pmatrix} d_1(\lambda) & & & & & & \\ & d_2(\lambda) & & & & & \\ & & \ddots & & & & \\ & & & d_r(\lambda) & & & \\ & & & & 0 & & \\ & & & & & \ddots & \\ & & & & & & 0 \end{pmatrix}$$

等价,其中 $r=\operatorname{rank}(\boldsymbol{A}(\lambda))$, $d_1(\lambda), d_2(\lambda), \cdots, d_r(\lambda)$是关于 λ 的首 1 多项式(即首项系数为 1 的多项式),且满足

$$d_i(\lambda)\mid d_{i+1}(\lambda)\ (i=1,2,\cdots,r-1).$$

$\boldsymbol{\Lambda}(\lambda)$称为$\boldsymbol{A}(\lambda)$的**等价标准形**,又称为 **Smith 标准形**.

证明　不妨设 $a_{11}(\lambda)\neq 0$.

若 $a_{11}(\lambda)$不能除尽$\boldsymbol{A}(\lambda)$的全部元素,则由引理可知存在$\boldsymbol{B}_1(\lambda)$,使得$\boldsymbol{A}(\lambda)$与

$\boldsymbol{B}_1(\lambda)$等价，且$\boldsymbol{B}_1(\lambda)$的左上角元素$b_1(\lambda)\neq 0,\partial(b_1(\lambda))<\partial(a_{11}(\lambda))$.

若$b_1(\lambda)$不能除尽$\boldsymbol{B}_1(\lambda)$的全部元素，则由引理可知存在$\boldsymbol{B}_2(\lambda)$，使得$\boldsymbol{B}_1(\lambda)$与$\boldsymbol{B}_2(\lambda)$等价，且$\boldsymbol{B}_2(\lambda)$的左上角元素$b_2(\lambda)\neq 0,\partial(b_2(\lambda))<\partial(b_1(\lambda))$.

如此下去，将得到一系列等价的λ-矩阵$\boldsymbol{A}(\lambda),\boldsymbol{B}_1(\lambda),\boldsymbol{B}_2(\lambda),\cdots$，使得它们的左上角元素都不为零，且次数越来越低，但次数是非负整数，不可能无止境地降低，因此，在有限步后，将终止于一个λ-矩阵$\boldsymbol{B}_s(\lambda)$，其中$\boldsymbol{B}_s(\lambda)$的左上角元素$b_s(\lambda)\neq 0$，且$b_s(\lambda)$可以除尽$\boldsymbol{B}_s(\lambda)$的全部元素$b_{ij}(\lambda)$，即

$$b_{ij}=b_s(\lambda)q_{ij}(\lambda).$$

对$\boldsymbol{B}_s(\lambda)$做初等变换，有

$$\boldsymbol{B}_s(\lambda)=\begin{pmatrix} b_s(\lambda) & \cdots & b_{1j}(\lambda) & \cdots \\ \vdots & & \vdots & \\ b_{i1}(\lambda) & \cdots & b_{ij}(\lambda) & \cdots \\ \vdots & & \vdots & \end{pmatrix}\to\begin{pmatrix} b_s(\lambda) & \cdots & 0 & \cdots \\ \vdots & & & \\ 0 & & \boldsymbol{A}_1(\lambda) & \\ \vdots & & & \end{pmatrix}$$

$$\to\begin{pmatrix} d_1(\lambda) & \cdots & 0 & \cdots \\ \vdots & & & \\ 0 & & \boldsymbol{A}_1(\lambda) & \\ \vdots & & & \end{pmatrix},$$其中$d_1(\lambda)$是关于λ的首1多项式.

若$\boldsymbol{A}_1(\lambda)\neq 0$，则对$\boldsymbol{A}_1(\lambda)$可以重复上述过程，进而把矩阵化成

$$\begin{pmatrix} d_1(\lambda) & 0 & \cdots & \cdots & 0 \\ 0 & d_2(\lambda) & \cdots & \cdots & 0 \\ 0 & 0 & & & \\ \vdots & \vdots & & \boldsymbol{A}_2(\lambda) & \\ 0 & 0 & & & \end{pmatrix},$$

其中$d_1(\lambda)$与$d_2(\lambda)$是关于λ的首1多项式，且$d_1(\lambda)\mid d_2(\lambda)$，$d_2(\lambda)$能除尽$\boldsymbol{A}_2(\lambda)$的全部元素.

如此下去，可以将$\boldsymbol{A}(\lambda)$化成标准形$\boldsymbol{\Lambda}(\lambda)$.

证毕.

例3 求λ-矩阵$\boldsymbol{A}(\lambda)=\begin{pmatrix} -2\lambda^3+2\lambda^2 & -2\lambda^4 & -2\lambda-2 \\ \lambda^2-\lambda & \lambda^3 & 1 \\ \lambda^2-\lambda & \lambda^3-\lambda & -\lambda+1 \end{pmatrix}$的Smith标准形.

解 $\boldsymbol{A}(\lambda)=\begin{pmatrix} -2\lambda^3+2\lambda^2 & -2\lambda^4 & -2\lambda-2 \\ \lambda^2-\lambda & \lambda^3 & 1 \\ \lambda^2-\lambda & \lambda^3-\lambda & -\lambda+1 \end{pmatrix}\to\begin{pmatrix} \lambda^2-\lambda & \lambda^3 & 1 \\ -2\lambda^3+2\lambda^2 & -2\lambda^4 & -2\lambda-2 \\ \lambda^2-\lambda & \lambda^3-\lambda & -\lambda+1 \end{pmatrix}$

$$\rightarrow\begin{pmatrix}1 & \lambda^3 & \lambda^2-\lambda\\ -2\lambda-2 & -2\lambda^4 & -2\lambda^3+2\lambda^2\\ -\lambda+1 & \lambda^3-\lambda & \lambda^2-\lambda\end{pmatrix}\rightarrow\begin{pmatrix}1 & \lambda^3 & \lambda^2-\lambda\\ 0 & 2\lambda^3 & 2\lambda^2-2\lambda\\ 0 & \lambda^4-\lambda & \lambda^3-\lambda^2\end{pmatrix}$$

$$\rightarrow\begin{pmatrix}1 & 0 & 0\\ 0 & 2\lambda^3 & 2\lambda^2-2\lambda\\ 0 & \lambda^4-\lambda & \lambda^3-\lambda^2\end{pmatrix}\rightarrow\begin{pmatrix}1 & 0 & 0\\ 0 & \lambda^3 & \lambda^2-\lambda\\ 0 & \lambda^4-\lambda & \lambda^3-\lambda^2\end{pmatrix}$$

$$\rightarrow\begin{pmatrix}1 & 0 & 0\\ 0 & \lambda^2-\lambda & \lambda^3\\ 0 & \lambda^3-\lambda^2 & \lambda^4-\lambda\end{pmatrix}\rightarrow\begin{pmatrix}1 & 0 & 0\\ 0 & \lambda^2-\lambda & \lambda^3\\ 0 & 0 & -\lambda\end{pmatrix}$$

$$\rightarrow\begin{pmatrix}1 & 0 & 0\\ 0 & 0 & -\lambda\\ 0 & \lambda^2-\lambda & \lambda^3\end{pmatrix}\rightarrow\begin{pmatrix}1 & 0 & 0\\ 0 & -\lambda & 0\\ 0 & \lambda^3 & \lambda^2-\lambda\end{pmatrix}\rightarrow\begin{pmatrix}1 & 0 & 0\\ 0 & \lambda & 0\\ 0 & 0 & \lambda^2-\lambda\end{pmatrix}.$$

4.4　λ – 矩阵的等价不变量

4.3 节证明了任意 λ – 矩阵的 Smith 标准形是存在的，本节将继续研究 λ – 矩阵在等价下的不变量，并证明 λ – 矩阵的 Smith 标准形是唯一的.

定义 1　设 λ – 矩阵 $\boldsymbol{A}(\lambda)$ 的秩为 $r(\geqslant 1)$. 对于正整数 $k(1\leqslant k\leqslant r)$，$\boldsymbol{A}(\lambda)$ 中所有非零 k 阶子式的首项系数为 1 的最大公因式称为 $\boldsymbol{A}(\lambda)$ 的 k 阶行列式因子，记作 $D_k(\boldsymbol{A}(\lambda))$，在不引起混淆的情况下简记为 $D_k(\lambda)$.

由定义 1 可知，秩为 r 的 λ – 矩阵有 r 个行列式因子，且都是首 1 多项式. 由行列式按行(列)展开可知，$\boldsymbol{A}(\lambda)$ 的任一 $i+1$ 阶子式是 $\boldsymbol{A}(\lambda)$ 的 i 阶子式的组合，从而 $D_i(\lambda)$ 整除 $\boldsymbol{A}(\lambda)$ 的所有 $i+1$ 阶子式，所以 $D_i(\lambda)\mid D_{i+1}(\lambda)$，$i=1,2,\cdots,r-1$.

定理 1　等价的 λ – 矩阵有相同的行列式因子，即 λ – 矩阵的初等变换不改变行列式因子.

证明　设 λ – 矩阵 $\boldsymbol{A}(\lambda)$ 与 $\boldsymbol{B}(\lambda)$ 是等价的，则 $\boldsymbol{A}(\lambda)$ 与 $\boldsymbol{B}(\lambda)$ 具有相同的秩. 不妨设 $\operatorname{rank}(\boldsymbol{A}(\lambda))=\operatorname{rank}(\boldsymbol{B}(\lambda))=r\geqslant 1$. 只需证明 $\boldsymbol{A}(\lambda)$ 当经过一次初等变换变为 $\boldsymbol{B}(\lambda)$ 时，$\boldsymbol{A}(\lambda)$ 与 $\boldsymbol{B}(\lambda)$ 具有相同的行列式因子. 此时，对任意 $1\leqslant k\leqslant r$，$\boldsymbol{B}(\lambda)$ 的任一 k 阶子式都是 $\boldsymbol{A}(\lambda)$ 的某些 k 阶子式的组合，从而被 $D_k(\boldsymbol{A}(\lambda))$ 整除，所以

$$D_k(\boldsymbol{A}(\lambda))\mid D_k(\boldsymbol{B}(\lambda)).$$

由于等价具有对称性，同理可得 $D_k(\boldsymbol{B}(\lambda))\mid D_k(\boldsymbol{A}(\lambda))$.

再由 $D_k(\boldsymbol{A}(\lambda))$，$D_k(\boldsymbol{B}(\lambda))$ 都是首 1 多项式，所以 $D_k(\boldsymbol{A}(\lambda))=D_k(\boldsymbol{B}(\lambda))$.

证毕.

例 1 求下列 λ - 矩阵的行列式因子.

$$(1)\boldsymbol{A}(\lambda)=\begin{pmatrix}2\lambda & 1 & 0\\ 0 & -\lambda(\lambda+2) & -3\\ 0 & 0 & \lambda^2-1\end{pmatrix},\quad (2)\boldsymbol{B}(\lambda)=\begin{pmatrix}\lambda & 0 & 0 & 5\\ -1 & \lambda & 0 & 4\\ 0 & -1 & \lambda & 3\\ 0 & 0 & -1 & \lambda+2\end{pmatrix}.$$

解 (1)由 $|\boldsymbol{A}(\lambda)|=-2\lambda^2(\lambda+2)(\lambda^2-1)$ 有 $\operatorname{rank}(A(\lambda))=3$. 故 $\boldsymbol{A}(\lambda)$ 的 3 阶行列式因子 $D_3(\lambda)=\lambda^2(\lambda+2)(\lambda^2-1)$.

又 2 阶子式

$$\begin{vmatrix}1 & 0\\ -\lambda(\lambda+2) & -3\end{vmatrix}=-3\neq 0,$$

所以 $\boldsymbol{A}(\lambda)$ 的 2 阶行列式因子 $D_2(\lambda)=1$,由一阶子式 $|-3|=-3\neq 0$ 有 1 阶行列式因子 $D_1(\lambda)=1$.

(2)因为

$$|\boldsymbol{B}(\lambda)|=\begin{vmatrix}\lambda & 0 & 0 & 5\\ -1 & \lambda & 0 & 4\\ 0 & -1 & \lambda & 3\\ 0 & 0 & -1 & \lambda+2\end{vmatrix}=\lambda^4+2\lambda^3+3\lambda^2+4\lambda+5,$$

所以 $\boldsymbol{B}(\lambda)$ 的 4 阶行列式因子为 $D_4(\lambda)=\lambda^4+2\lambda^3+3\lambda^2+4\lambda+5$.

又

$$\begin{vmatrix}-1 & \lambda & 0\\ 0 & -1 & \lambda\\ 0 & 0 & -1\end{vmatrix}=-1\neq 0,\quad \begin{vmatrix}-1 & \lambda\\ 0 & -1\end{vmatrix}=1\neq 0,\quad |-1|=-1\neq 0,$$

所以 $\boldsymbol{B}(\lambda)$ 的 3 阶行列式因子 $D_3(\lambda)=1$,2 阶行列式因子 $D_2(\lambda)=1$,1 阶行列式因子 $\mathrm{D}_1(\lambda)=1$.

例 2 求 λ - 矩阵 $\boldsymbol{A}(\lambda)$ 的标准形

$$\boldsymbol{\Lambda}(\lambda)=\begin{pmatrix}d_1(\lambda) & & & & & & \\ & d_2(\lambda) & & & & & \\ & & \ddots & & & & \\ & & & d_r(\lambda) & & & \\ & & & & 0 & & \\ & & & & & \ddots & \\ & & & & & & 0\end{pmatrix}$$

的行列式因子,其中 $d_i(\lambda)(i=1,2,\cdots,r)$ 是首 1 多项式,且

$$d_i(\lambda) \mid d_{i+1}(\lambda), i=1,2,\cdots,r-1.$$

解 设$k\leqslant r$,取$\boldsymbol{B}(\lambda)$的$i_1,i_2,\cdots,i_k$行与$j_1,j_2,\cdots,j_k$列组成的k阶子式,

(1)若$i_1,i_2,\cdots,i_k$与$j_1,j_2,\cdots,j_k$不同,则该k阶子式为0.

(2)若$i_1,i_2,\cdots,i_k$与$j_1,j_2,\cdots,j_k$相同,但$i_k>r$,则该k阶子式为0.

(3)若$i_1,i_2,\cdots,i_k$与$j_1,j_2,\cdots,j_k$相同,但$i_k\leqslant r$,则该k阶子式为

$$d_{i_1}(\lambda)d_{i_2}(\lambda)\cdots d_{i_r}(\lambda).$$

从而$B(\lambda)$的k阶行列式因子为$D_k(\lambda)=d_1(\lambda)d_2(\lambda)\cdots d_k(\lambda)$.

定理2 λ-矩阵$\boldsymbol{A}(\lambda)$的Smith标准形是唯一的.

证明 设$\boldsymbol{A}(\lambda)$的Smith标准形为

$$\boldsymbol{\Lambda}(\lambda)=\begin{pmatrix} d_1(\lambda) & & & & & & \\ & d_2(\lambda) & & & & & \\ & & \ddots & & & & \\ & & & d_r(\lambda) & & & \\ & & & & 0 & & \\ & & & & & \ddots & \\ & & & & & & 0 \end{pmatrix}$$

其中,$d_i(\lambda),d_2(\lambda),\cdots,d_r(\lambda)$是首1多项式,且$d_i(\lambda)\mid d_{i+1}(\lambda),i=1,2,\cdots,r-1$,则$\boldsymbol{A}(\lambda)$与$\boldsymbol{\Lambda}(\lambda)$等价.因此,$\boldsymbol{A}(\lambda)$与$\boldsymbol{\Lambda}(\lambda)$有相同的秩与行列式因子,所以$r=\operatorname{rank}(\boldsymbol{A}(\lambda))$,且$\boldsymbol{A}(\lambda)$的$k$阶行列式因子为

$$D_k(\lambda)=d_i(\lambda)d_2(\lambda)\cdots d_k(\lambda),\quad k=1,2,\cdots,r.$$

于是

$$d_1(\lambda)=D_1(\lambda),$$
$$d_2(\lambda)=\frac{D_2(\lambda)}{D_1(\lambda)},$$
$$\cdots$$
$$d_r(\lambda)=\frac{D_r(\lambda)}{D_{r-1}(\lambda)}.$$

这说明$\boldsymbol{A}(\lambda)$的标准形$\boldsymbol{\Lambda}(\lambda)$的主对角线上的元素是被$\boldsymbol{A}(\lambda)$的行列式因子所唯一确定的,所以$\boldsymbol{A}(\lambda)$的Smith标准形是唯一的.

证毕.

定义2 设$\boldsymbol{A}(\lambda)$是λ-矩阵,且$\operatorname{rank}(\boldsymbol{A}(\lambda))=r\geqslant 1$,则$\boldsymbol{A}(\lambda)$的Smith标准形$\boldsymbol{\Lambda}(\lambda)$中主对角线上的$r$个首1多项式

$$d_1(\lambda),d_2(\lambda),\cdots,d_r(\lambda)$$

称为 λ - 矩阵 $\boldsymbol{A}(\lambda)$ 的不变因子.

例 3 求 λ - 矩阵 $\boldsymbol{A}(\lambda)=\begin{pmatrix}\lambda-1 & 2 & 2\\ 2 & \lambda-1 & 2\\ 2 & 2 & \lambda-1\end{pmatrix}$ 的不变因子和 Smith 标准形.

解法 1 由 $|\boldsymbol{A}(\lambda)|=\begin{vmatrix}\lambda-1 & 2 & 2\\ 2 & \lambda-1 & 2\\ 2 & 2 & \lambda-1\end{vmatrix}=(\lambda+3)(\lambda-3)^2$ 可知 $\operatorname{rank}(\boldsymbol{A}(\lambda))=3$.

所以 $\boldsymbol{A}(\lambda)$ 的 3 阶行列式因子为

$$D_3(\lambda)=(\lambda+3)(\lambda-3)^2.$$

又 $\boldsymbol{A}(\lambda)$ 的所有非零的 2 阶子式

$$\begin{vmatrix}\lambda-1 & 2\\ 2 & \lambda-1\end{vmatrix}=(\lambda+1)(\lambda-3),\quad \begin{vmatrix}\lambda-1 & 2\\ 2 & 2\end{vmatrix}=2(\lambda-3),$$

$$\begin{vmatrix}2 & 2\\ \lambda-1 & 2\end{vmatrix}=-2(\lambda-3),\quad \begin{vmatrix}2 & 2\\ 2 & \lambda-1\end{vmatrix}=2(\lambda-3),$$

$$\begin{vmatrix}2 & \lambda-1\\ 2 & 2\end{vmatrix}=-2(\lambda-3),$$

则 $\boldsymbol{A}(\lambda)$ 的 2 阶行列式因子为 $D_2(\lambda)=\lambda-3$.

由 1 阶子式 $|2|=2$ 有 $\boldsymbol{A}(\lambda)$ 的 1 阶行列式因子为 $D_1(\lambda)=1$.

故 $\boldsymbol{A}(\lambda)$ 的不变因子为

$$d_1(\lambda)=1,d_2(\lambda)=\lambda-3,d_3(\lambda)=(\lambda+3)(\lambda-3),$$

所以 $\boldsymbol{A}(\lambda)$ 的 Smith 标准形为

$$\begin{pmatrix}1 & & \\ & \lambda-3 & \\ & & (x+3)(x-3)\end{pmatrix}.$$

解法 2 利用初等变换将 $\boldsymbol{A}(\lambda)$ 化为 Smith 标准形.

$$\boldsymbol{A}(\lambda)=\begin{pmatrix}\lambda-1 & 2 & 2\\ 2 & \lambda-1 & 2\\ 2 & 2 & \lambda-1\end{pmatrix}\to\begin{pmatrix}2 & 2 & \lambda-1\\ 2 & \lambda-1 & 2\\ \lambda-1 & 2 & 2\end{pmatrix}$$

$$\to\begin{pmatrix}2 & 2 & \lambda-1\\ 0 & \lambda-3 & 3-\lambda\\ 0 & 3-\lambda & -\frac{1}{2}(\lambda-3)(\lambda+1)\end{pmatrix}\to\begin{pmatrix}2 & 2 & \lambda-1\\ 0 & \lambda-3 & 3-\lambda\\ 0 & 0 & \frac{1}{2}(\lambda+3)\end{pmatrix}$$

$$\rightarrow\begin{pmatrix}1 & 0 & 0\\ 0 & \lambda-3 & 0\\ 0 & 0 & (\lambda-3)(\lambda+3)\end{pmatrix},$$

则 $\boldsymbol{A}(\lambda)$ 的不变因子为

$$1,\lambda,(\lambda-3)(\lambda+3),$$

所以 $\boldsymbol{A}(\lambda)$ 的 Smith 标准形为

$$\begin{pmatrix}1 & 0 & 0\\ 0 & \lambda-3 & 0\\ 0 & 0 & (\lambda-3)(\lambda+3)\end{pmatrix}.$$

定理 3　等价的 λ - 矩阵有相同的不变因子,即 λ - 矩阵的初等变换不改变不变因子.

证明　略.

由于数域 P 上的首 1 多项式都可以唯一分解为互不相同的首 1 不可约多项式方幂的乘积,因此,我们将利用首 1 不可约多项式的方幂给出 λ - 矩阵在等价下的另一个不变量.

定义 3　设 $\boldsymbol{A}(\lambda)$ 是复数域 $\mathbf{C}$ 上的 λ - 矩阵,且 $\operatorname{rank}(\boldsymbol{A}(\lambda))=r\geqslant 1$. 将 $\boldsymbol{A}(\lambda)$ 中每个次数大于 0 的不变因子分解成一些互不相同的首 1 的一次因式的方幂的乘积. 所有这些首 1 的一次因式的方幂(相同的按出现的次数计算)称为 $\boldsymbol{A}(\lambda)$ 的初等因子.

为方便起见,将 $n\times n$ 的数字矩阵 $\boldsymbol{A}$(或线性变换 $\mathscr{A}$)的特征矩阵 $\lambda\boldsymbol{E}-\boldsymbol{A}$ 的行列式因子、不变因子和初等因子分别称为数字矩阵 $\boldsymbol{A}$(或线性变换 $\mathscr{A}$)的行列式因子、不变因子和初等因子.

例 4　设 7×7 的数字矩阵 $\boldsymbol{A}$ 的不变因子为

$$1,1,1,1,\lambda+1,(\lambda+1)(\lambda+2),(\lambda+1)^2(\lambda+2)^2,$$

则 $\boldsymbol{A}$ 的初等因子为 $\lambda+1,\lambda+1,\lambda+2,(\lambda+1)^2,(\lambda+2)^2$.

例 5　设 10×12 的 λ - 矩阵 $\boldsymbol{A}(\lambda)$ 的不变因子为

$$1,1,(\lambda+2)^3(\lambda+1),(\lambda+2)^3(\lambda+1)(\lambda+3),(\lambda+2)^4(\lambda+1)^2(\lambda+3)(\lambda-3)^2,$$

则显然 $\operatorname{rank}(\boldsymbol{A}(\lambda))=5$,且 $\boldsymbol{A}(\lambda)$ 的初等因子为

$$(\lambda+2)^3,\lambda+1,(\lambda+2)^3,\lambda+1,\lambda+3,(\lambda+2)^4,(\lambda+1)^2,(\lambda+3)^2,(\lambda-3)^2.$$

下面讨论初等因子与不变因子之间的关系.

设 λ - 矩阵 $\boldsymbol{A}(\lambda)$ 的秩为 $r(\geqslant 1)$,且 $\boldsymbol{A}(\lambda)$ 的不变因子为

$$d_1(\lambda),d_2(\lambda),\cdots,d_r(\lambda),$$

则将这些不变因子分解成一些互不相同的首 1 的一次因式的方幂的乘积

$$d_1(\lambda)=(\lambda-\lambda_1)^{d_{11}}(\lambda-\lambda_2)^{d_{12}}\cdots(\lambda-\lambda_s)^{d_{1s}},$$

$$d_2(\lambda)=(\lambda-\lambda_1)^{d_{21}}(\lambda-\lambda_2)^{d_{22}}\cdots(\lambda-\lambda_s)^{d_{2s}},$$

$$\vdots$$

$$d_r(\lambda)=(\lambda-\lambda_1)^{d_{r1}}(\lambda-\lambda_2)^{d_{r2}}\cdots(\lambda-\lambda_s)^{d_{rs}},$$

由于

$$d_i(\lambda) \mid d_{i+1}(\lambda) \quad (i=1,2,\cdots,r-1),$$

则

$$(\lambda-\lambda_j)^{d_{ij}} \mid (\lambda-\lambda_j)^{d_{i+1j}},$$

从而,$d_{1j}\leqslant d_{2j}\leqslant\cdots\leqslant d_{rj}(j=1,2,\cdots,s)$. 故其中 $d_{ij}\geqslant 1$ 的因子

$$(\lambda-\lambda_j)^{d_{ij}}$$

就是 $\boldsymbol{A}(\lambda)$ 的初等因子.

反之,已知 $\boldsymbol{A}(\lambda)$ 的初等因子,且秩 $\operatorname{rank}(\boldsymbol{A}(\lambda))=r$,则将初等因子中同一个一次因式的方幂按降幂排列,不足 r 个,用 1 补齐到 r 个,这样排成一行,不同的一次因式排成不同行. 因此有

$$\begin{gathered}(\lambda-\lambda_1)^{k_{11}},(\lambda-\lambda_1)^{k_{21}},\cdots,(\lambda-\lambda_1)^{k_{r1}},\\ (\lambda-\lambda_2)^{k_{12}},(\lambda-\lambda_2)^{k_{22}},\cdots,(\lambda-\lambda_2)^{k_{r2}},\\ \vdots\\ (\lambda-\lambda_s)^{k_{1s}},(\lambda-\lambda_s)^{k_{2s}},\cdots,(\lambda-\lambda_s)^{k_{rs}},\end{gathered}$$

其中 $k_{1j}\geqslant k_{2j}\geqslant\cdots\geqslant k_{rj}(j=1,2,\cdots,s)$,则 $\boldsymbol{A}(\lambda)$ 的不变因子为

$$\begin{gathered}d_1(\lambda)=(\lambda-\lambda_1)^{k_{r1}}(\lambda-\lambda_2)^{k_{r2}}\cdots(\lambda-\lambda_s)^{k_{rs}},\\ d_2(\lambda)=(\lambda-\lambda_1)^{k_{r-1,1}}(\lambda-\lambda_2)^{k_{r-1,2}}\cdots(\lambda-\lambda_s)^{k_{r-1,s}},\\ \vdots\\ d_r(\lambda)=(\lambda-\lambda_1)^{k_{11}}(\lambda-\lambda_1)^{k_{12}}\cdots(\lambda-\lambda_s)^{k_{1s}}.\end{gathered}$$

例 6 设 5×6 的 λ - 矩阵 $\boldsymbol{A}(\lambda)$ 的秩为 4,初等因子为

$$(\lambda-1)^3,(\lambda+2)^4,(\lambda-1)^2,\lambda-1,\lambda+2,$$

将一次因式的方幂按降幂排列,不足 4 个,用 1 补齐到 4 个,有

$$\begin{gathered}(\lambda-1)^3,(\lambda-1)^2,\lambda-1,1\\ (\lambda+2)^4,\lambda+2,1,1\end{gathered}$$

则 $\boldsymbol{A}(\lambda)$ 的不变因子为

$$d_1(\lambda)=1,d_2(\lambda)=\lambda-1,d_3(\lambda)=(\lambda-1)^2(\lambda+2),d_4(\lambda)=(\lambda-1)^3(\lambda+2)^4,$$

从而 $\boldsymbol{A}(\lambda)$ 的标准形为

$$\begin{pmatrix}1&0&0&0&0&0\\0&\lambda-1&0&0&0&0\\0&0&(\lambda-1)^2(\lambda+2)&0&0&0\\0&0&0&(\lambda-1)^3(\lambda+2)^4&0&0\\0&0&0&0&0&0\end{pmatrix}.$$

下面给出求初等因子的另一种方法.

定理4 设 $m\times n$ 的 λ-矩阵 $\boldsymbol{A}(\lambda)$ 的秩为 $r(\geqslant 1)$，将 $\boldsymbol{A}(\lambda)$ 经过有限次初等变换化为

$$\begin{pmatrix} f_1(\lambda) & & & & & & \\ & f_2(\lambda) & & & & & \\ & & \ddots & & & & \\ & & & f_r(\lambda) & & & \\ & & & & 0 & & \\ & & & & & \ddots & \\ & & & & & & 0 \end{pmatrix},$$

其中 $f_i(\lambda)(1\leqslant i\leqslant r)$ 是首1多项式. 再将 $f_i(\lambda)$ 的次数大于0的多项式分解成首1的一些一次因式方幂的乘积，则这些一次因式的方幂就是 $\boldsymbol{A}(\lambda)$ 的初等因子.

证明 略.

例7 若 5×6 的 λ-矩阵 $\boldsymbol{A}(\lambda)$ 经过初等变换化为

$$\begin{pmatrix} 1 & 0 & 0 & 0 & 0 & 0 \\ 0 & \lambda+1 & 0 & 0 & 0 & 0 \\ 0 & 0 & (\lambda+1)^2(\lambda+2) & 0 & 0 & 0 \\ 0 & 0 & 0 & (\lambda+2)(\lambda-3)^4 & 0 & 0 \\ 0 & 0 & 0 & 0 & 0 & 0 \end{pmatrix}$$

则 $\boldsymbol{A}(\lambda)$ 的初等因子为

$$\lambda+1,(\lambda+1)^2,\lambda+2,\lambda+2,(\lambda-3)^4,$$

且 $\operatorname{rank}(\boldsymbol{A}(\lambda))=4$. 从而 $\boldsymbol{A}(\lambda)$ 的不变因子为

$$d_1(\lambda)=1,d_2(\lambda)=1,d_3(\lambda)=(\lambda+1)(\lambda+2),$$

$$d_4(\lambda)=(\lambda+1)^2(\lambda+2)(\lambda-3)^4.$$

$\boldsymbol{A}(\lambda)$ 的标准形为

$$\begin{pmatrix} 1 & 0 & 0 & 0 & 0 & 0 \\ 0 & 1 & 0 & 0 & 0 & 0 \\ 0 & 0 & (\lambda+1)(\lambda+2) & 0 & 0 & 0 \\ 0 & 0 & 0 & (\lambda+1)^2(\lambda+2)(\lambda-3)^4 & 0 & 0 \\ 0 & 0 & 0 & 0 & 0 & 0 \end{pmatrix}.$$

例8 设 5×5 的数字矩阵 $\boldsymbol{A}$ 的特征矩阵 $\lambda\boldsymbol{E}-\boldsymbol{A}$ 经过初始变换化为

$$\begin{pmatrix} 1 & 0 & 0 & 0 & 0 \\ 0 & (\lambda+1)(\lambda+2) & 0 & 0 & 0 \\ 0 & 0 & 1 & 0 & 0 \\ 0 & 0 & 0 & \lambda+1 & 0 \\ 0 & 0 & 0 & 0 & (\lambda+1)(\lambda+2) \end{pmatrix},$$

则 $\boldsymbol{A}$ 的初等因子为

$$\lambda+1,\lambda+2,\lambda+1,\lambda+1,\lambda+2.$$

从而 $\boldsymbol{A}$ 的不变因子为

$$d_1(\lambda)=1,d_2(\lambda)=1,d_3(\lambda)=\lambda+1,d_4(\lambda)=(\lambda+1)(\lambda+2),d_5(\lambda)=(\lambda+1)(\lambda+2).$$

也可以证明定理 5.

定理 5 设 $\boldsymbol{A}(\lambda),\boldsymbol{B}(\lambda)$ 都是非零 λ - 矩阵,则 $\boldsymbol{A}(\lambda)$ 与 $\boldsymbol{B}(\lambda)$ 等价的充分必要条件是 $\boldsymbol{A}(\lambda),\boldsymbol{B}(\lambda)$ 有相同的秩和初等因子.

4.5 λ - 矩阵可逆的条件及数字矩阵的相似

本节将利用 λ - 矩阵的理论解决 λ - 矩阵可逆的条件以及数域 P 上矩阵的相似问题.

设 $n\times n$ 的 λ - 矩阵 $\boldsymbol{A}(\lambda)$ 可逆,则由 4.3 节定理 1 可知 $|\boldsymbol{A}(\lambda)|=d$,其中 d 为非零常数,所以 $\boldsymbol{A}(\lambda)$ 的 n 阶行列式因子

$$D_n(\lambda)=1.$$

于是 $\boldsymbol{A}(\lambda)$ 的 k 阶行列式因子 $D_k(\lambda)=1,k=1,2,\cdots,n$,从而 $\boldsymbol{A}(\lambda)$ 的不变因子

$$d_1(\lambda)=d_2(\lambda)=\cdots=d_n(\lambda)=1.$$

因此,$\boldsymbol{A}(\lambda)$ 的 Smith 标准形为单位矩阵 $\boldsymbol{E}_n$.

反过来,若 $n\times n$ 的 λ - 矩阵 $\boldsymbol{A}(\lambda)$ 与单位矩阵 $\boldsymbol{E}_n$ 等价,则存在 n 阶初等矩阵 $\boldsymbol{P}_1(\lambda),\cdots,\boldsymbol{P}_s(\lambda),\boldsymbol{Q}_1(\lambda),\cdots,\boldsymbol{Q}_t(\lambda)$

$$\boldsymbol{E}_n=\boldsymbol{P}_s(\lambda)\boldsymbol{P}_{s-1}(\lambda)\cdots\boldsymbol{P}_2(\lambda)\boldsymbol{P}_1(\lambda)\boldsymbol{A}(\lambda)\boldsymbol{Q}_1(\lambda)\boldsymbol{Q}_2(\lambda)\cdots\boldsymbol{Q}_t(\lambda),$$

两端取行列式有 $|\boldsymbol{A}(\lambda)|$ 也是非零常数. 因此,$\boldsymbol{A}(\lambda)$ 可逆,且

$$\boldsymbol{A}(\lambda)=\boldsymbol{P}_1^{-1}(\lambda)\cdots\boldsymbol{P}_{s-1}^{-1}(\lambda)\boldsymbol{P}_s^{-1}(\lambda)\boldsymbol{Q}_t^{-1}(\lambda)\cdots\boldsymbol{Q}_2^{-1}(\lambda)\boldsymbol{Q}_1^{-1}(\lambda).$$

进而有如下定理.

定理 1 $n\times n$ 的 λ - 矩阵 $\boldsymbol{A}(\lambda)$ 可逆的充分必要条件是 $\boldsymbol{A}(\lambda)$ 的 Smith 标准形为单位矩阵 $\boldsymbol{E}_n$.

定理 2 $n\times n$ 的 λ - 矩阵 $\boldsymbol{A}(\lambda)$ 可逆的充分必要条件是 $\boldsymbol{A}(\lambda)$ 可以表示成一些初等矩阵的乘积.

推论 两个 $s\times n$ 的 λ - 矩阵 $\boldsymbol{A}(\lambda)$ 与 $\boldsymbol{B}(\lambda)$ 等价的充分必要条件是存在 $s\times s$ 可逆矩阵 $\boldsymbol{P}(\lambda)$ 与 $n\times n$ 可逆矩阵 $\boldsymbol{Q}(\lambda)$,使得

$$\boldsymbol{B}(\lambda)=\boldsymbol{P}(\lambda)\boldsymbol{A}(\lambda)\boldsymbol{Q}(\lambda).$$

在求一个数字矩阵 $\boldsymbol{A}$ 的特征值和特征向量时曾出现过 λ - 矩阵 $\lambda\boldsymbol{E}-\boldsymbol{A}$,下面的主要结果是证明两个 $n\times n$ 的数字矩阵 $\boldsymbol{A},\boldsymbol{B}$ 相似的充分必要条件是它们的特征矩阵 $\lambda\boldsymbol{E}-\boldsymbol{A}$ 与 $\lambda\boldsymbol{E}-\boldsymbol{B}$ 等价.

引理 1 设 $\boldsymbol{A},\boldsymbol{B}$ 是两个 n 阶数字矩阵. 若存在 $n\times n$ 的数字矩阵 $\boldsymbol{P}_0,\boldsymbol{Q}_0$,使得

$$\lambda\boldsymbol{E}-\boldsymbol{A}=\boldsymbol{P}_0(\lambda\boldsymbol{E}-\boldsymbol{B})\boldsymbol{Q}_0$$

则 $\boldsymbol{A}$ 与 $\boldsymbol{B}$ 相似.

证明 由 $\lambda\boldsymbol{E}-\boldsymbol{A}=\boldsymbol{P}_0(\lambda\boldsymbol{E}-\boldsymbol{B})\boldsymbol{Q}_0$ 有 $\boldsymbol{P}_0\boldsymbol{Q}_0=\boldsymbol{E},\boldsymbol{A}=\boldsymbol{P}_0\boldsymbol{B}\boldsymbol{Q}_0$. 由前式有 $\boldsymbol{Q}_0,\boldsymbol{P}_0$ 可逆,且 $\boldsymbol{Q}_0^{-1}=\boldsymbol{P}_0,\boldsymbol{P}_0^{-1}=\boldsymbol{Q}_0$,由后式有 $\boldsymbol{B}=\boldsymbol{P}_0^{-1}\boldsymbol{A}\boldsymbol{Q}_0^{-1}=\boldsymbol{Q}_0\boldsymbol{A}\boldsymbol{Q}_0^{-1}$,即 $\boldsymbol{A}$ 与 $\boldsymbol{B}$ 相似.

证毕.

引理 2 设 $\boldsymbol{A}$ 是 $n\times n$ 的非零数字矩阵,$\boldsymbol{U}(\lambda)$ 和 $\boldsymbol{V}(\lambda)$ 是两个 λ - 矩阵,则存在 $n\times n$ 的 λ - 矩阵 $\boldsymbol{Q}(\lambda)$ 和 $\boldsymbol{R}(\lambda)$,以及 $n\times n$ 的数字矩阵 $\boldsymbol{U}_0$ 和 $\boldsymbol{V}_0$,使得

$$\boldsymbol{U}(\lambda)=(\lambda\boldsymbol{E}-\boldsymbol{A})\boldsymbol{Q}(\lambda)+\boldsymbol{U}_0,$$
$$\boldsymbol{V}(\lambda)=\boldsymbol{R}(\lambda)(\lambda\boldsymbol{E}-\boldsymbol{A})+\boldsymbol{V}_0.$$

证明 略.

定理 3 设 $\boldsymbol{A}$ 和 $\boldsymbol{B}$ 是两个 $n\times n$ 的数字矩阵,则 $\boldsymbol{A}$ 与 $\boldsymbol{B}$ 相似的充分必要条件是它们的特征矩阵 $\lambda\boldsymbol{E}-\boldsymbol{A}$ 和 $\lambda\boldsymbol{E}-\boldsymbol{B}$ 等价.

证明 略.

因此,有如下推论.

推论 设 $\boldsymbol{A}$ 和 $\boldsymbol{B}$ 是两个 $n\times n$ 的数字矩阵,则 $\boldsymbol{A}$ 与 $\boldsymbol{B}$ 相似的充分必要条件是它们的特征矩阵 $\lambda\boldsymbol{E}-\boldsymbol{A}$ 和 $\lambda\boldsymbol{E}-\boldsymbol{B}$ 有相同的行列式因子,因而有相同的不变因子.

显然,$n\times n$ 的数字矩阵 $\boldsymbol{A}$ 的特征矩阵 $\lambda\boldsymbol{E}-\boldsymbol{A}$ 的行列式为一个首 1 的 n 次多项式,所以 $R(\lambda\boldsymbol{E}-\boldsymbol{A})=n$,因此 $\boldsymbol{A}$ 的行列式因子有 n 个,不变因子也有 n 个,且 n 个不变因子的乘积等于 $\boldsymbol{A}$ 的特征多项式 $|\lambda\boldsymbol{E}-\boldsymbol{A}|$.

定理 4 两个 $n\times n$ 的复数字矩阵 $\boldsymbol{A}$ 与 $\boldsymbol{B}$ 相似的充分必要条件是 $\boldsymbol{A}$ 与 $\boldsymbol{B}$ 的初等因子相同.

由以上结论可知,不变因子是矩阵相似不变量,又因为线性变换在不同基下的矩阵是相似的,所以有如下定义.

定义 n 维线性空间 V 上的线性变换 $\mathscr{A}$ 在任一组基下的矩阵的不变因子称为 $\mathscr{A}$ 的不变因子.

4.6 矩阵的 Jordan 标准形

本节利用初等因子证明:任一复矩阵都相似于 Jordan 形矩阵.

定义 1 形如

$$\begin{pmatrix} \lambda_0 & & & & \\ 1 & \lambda_0 & & & \\ & 1 & \ddots & & \\ & & \ddots & \lambda_0 & \\ & & & 1 & \lambda_0 \end{pmatrix}$$

的 $n \times n$ 的矩阵称为 Jordan 块,记为 $\boldsymbol{J}(\lambda_0, n)$,其中 λ_0 是复数域 $\mathbf{C}$ 中的任意常数.

定理 1 Jordan 块 $\boldsymbol{J}(\lambda_0, n)$ 的初等因子为 $(\lambda - \lambda_0)^n$.

证明 特征矩阵 $\lambda \boldsymbol{E} - \boldsymbol{J}(\lambda_0, n) = \begin{pmatrix} \lambda - \lambda_0 & & & \\ -1 & \lambda - \lambda_0 & & \\ & -1 & \ddots & \\ & & -1 & \lambda - \lambda_0 \end{pmatrix}$,

则 $\boldsymbol{J}(\lambda_0, n)$ 的 n 阶行列式因子为

$$D_n(\lambda) = |\lambda \boldsymbol{E} - \boldsymbol{J}(\lambda_0, n)| = (\lambda - \lambda_0)^n.$$

又 $\lambda \boldsymbol{E} - \boldsymbol{J}(\lambda_0, n)$ 左下角的 $n-1$ 阶行列式

$$\begin{vmatrix} -1 & \lambda - \lambda_0 & & \\ & -1 & \ddots & \\ & & \ddots & \lambda - \lambda_0 \\ & & & -1 \end{vmatrix} = (-1)^{n-1} \neq 0,$$

所以 $\boldsymbol{J}(\lambda_0, n)$ 的 $n-1$ 阶行列式因子为

$$D_{n-1}(\lambda) = 1,$$

从而

$$D_1(\lambda) = \cdots = D_{n-2}(\lambda) = 1.$$

进而 $\boldsymbol{J}(\lambda_0, n)$ 的不变因子为

$$d_1(\lambda) = \cdots = d_{n-1}(\lambda) = 1, d_n(\lambda) = (\lambda - \lambda_0)^n.$$

因此 $\boldsymbol{J}(\lambda_0, n)$ 的初等因子为

$$(\lambda - \lambda_0)^n.$$

证毕.

显然每个 Jordan 块 $\boldsymbol{J}(\lambda_0,n)$ 完全被它的阶数 n 与主对角线上元素 λ_0 所刻画. 而这两个数都反映在它的初等因子 $(\lambda-\lambda_0)^n$ 中,因此 Jordan 块被它的初等因子唯一决定.

定义 2　设 $\boldsymbol{J}(\lambda_i,n_i)$ 是 Jordan 块 $(i=1,2,\cdots,s)$,准对角矩阵

$$\boldsymbol{J}=\begin{pmatrix}\boldsymbol{J}(\lambda_1,n_1) & & & \\ & \boldsymbol{J}(\lambda_2,n_2) & & \\ & & \ddots & \\ & & & \boldsymbol{J}(\lambda_s,n_s)\end{pmatrix}$$

称为 Jordan 形矩阵.

下面来求 Jordan 矩阵 $\boldsymbol{J}$ 的初等因子.

由本节的定理 1 可知 Jordan 块 $\boldsymbol{J}(\lambda_i,n_i)$ 的初等因子为 $(\lambda-\lambda_i)^{n_i}$,所以 $\boldsymbol{J}(\lambda_i,n_i)$ 的不变因子为 $1,\cdots,1,(\lambda-\lambda_i)^{n_i}$,从而 $\lambda\boldsymbol{E}_{n_i}-\boldsymbol{J}(\lambda_i,n_i)$ 与 $\begin{pmatrix}1 & & & \\ & \ddots & & \\ & & 1 & \\ & & & (1-\lambda_i)^{n_i}\end{pmatrix}$ 等价.

于是

$$\lambda\boldsymbol{E}-\boldsymbol{J}=\begin{pmatrix}\lambda\boldsymbol{E}_{n_1}-\boldsymbol{J}(\lambda_1,n_1) & & & \\ & \lambda\boldsymbol{E}_{n_2}-\boldsymbol{J}(\lambda_2,n_2) & & \\ & & \ddots & \\ & & & \lambda\boldsymbol{E}_{n_s}-\boldsymbol{J}(\lambda_s,n_s)\end{pmatrix}$$

与

$$\begin{pmatrix}1 & & & & & & & & & & & & \\ & \ddots & & & & & & & & & & & \\ & & 1 & & & & & & & & & & \\ & & & (1-\lambda_1)^{n_1} & & & & & & & & & \\ & & & & 1 & & & & & & & & \\ & & & & & \ddots & & & & & & & \\ & & & & & & 1 & & & & & & \\ & & & & & & & (\lambda-\lambda_2)^{n_2} & & & & & \\ & & & & & & & & \ddots & & & & \\ & & & & & & & & & 1 & & & \\ & & & & & & & & & & \ddots & & \\ & & & & & & & & & & & 1 & \\ & & & & & & & & & & & & (\lambda-\lambda_s)^{n_s}\end{pmatrix}$$

等价. 因此 $\boldsymbol{J}$ 的全部初等因子为

$$(\lambda-\lambda_1)^{n_1},(\lambda-\lambda_2)^{n_2},\cdots,(\lambda-\lambda_s)^{n_s}.$$

进一步说明了每个 Jordan 形矩阵 $\boldsymbol{J}$ 的全部初等因子是由它的全部 Jordan 块的初等因子构成的. 从而 Jordan 形矩阵除去其中 Jordan 块排列的次序外是被它的初等因子唯一决定. 因此,有如下定理 2.

定理 2 每个 n 阶的复数矩阵 $\boldsymbol{A}$ 都与一个 Jordan 形矩阵相似,这个 Jordan 形矩阵除去其中 Jordan 块排列的次序外被 $\boldsymbol{A}$ 唯一决定,称这个 Jordan 形矩阵为 $\boldsymbol{A}$ 的 Jordan 标准形.

例 1 设 10 阶矩阵的不变因子为

$$1,1,1,1,1,1,\lambda+1,(\lambda+1)(\lambda+2),(\lambda+1)(\lambda+2)^2,(\lambda+1)^2(\lambda+2)^2,$$

则它的初等因子为

$$\lambda+1,\lambda+1,\lambda+2,\lambda+1,(\lambda+2)^2,(\lambda+1)^2,(\lambda+2)^2,$$

它的 Jordan 标准形为

$$\begin{pmatrix} \boxed{-1} &&&&&& \\ & \boxed{-1} &&&&& \\ && \boxed{-2} &&&& \\ &&& \boxed{-1} &&& \\ &&&& \boxed{\begin{matrix}-2 & 0\\ 1 & -2\end{matrix}} && \\ &&&&& \boxed{\begin{matrix}-1 & 0\\ 1 & -1\end{matrix}} & \\ &&&&&& \boxed{\begin{matrix}-2 & 0\\ 1 & -2\end{matrix}} \end{pmatrix}.$$

例 2 求矩阵 $\boldsymbol{A}=\begin{pmatrix} 4 & -1 & 2\\ -9 & 4 & -6\\ -9 & 3 & -5\end{pmatrix}$ 的 Jordan 标准形.

解 特征矩阵 $\lambda\boldsymbol{E}-\boldsymbol{A}=\begin{pmatrix} \lambda-4 & 1 & -2\\ 9 & \lambda-4 & 6\\ 9 & -3 & \lambda+5\end{pmatrix}\to\begin{pmatrix} 1 & 0 & 0\\ 0 & \lambda-1 & 0\\ 0 & 0 & (\lambda-1)^2\end{pmatrix}$,

则 $\boldsymbol{A}$ 的初等因子为

$$\lambda-1,(\lambda-1)^2,$$

因此 $\boldsymbol{A}$ 的 Jordan 标准形是

$$\begin{pmatrix}1&0&0\\0&1&0\\0&1&1\end{pmatrix}.$$

定理 3　设 V 是复数域 $\mathbf{C}$ 上的 n 维线性空间，$\mathscr{A}\in V$，则在 V 中必定存在一组基，使得 $\mathscr{A}$ 在这组基下的矩阵是 Jordan 形矩阵，并且这个 Jordan 形矩阵除去其中 Jordan 块排列的次序外被 $\mathscr{A}$ 唯一决定.

在 Jordan 形矩阵中，对角矩阵是一种特殊情形，即由一阶 Jordan 块构成的 Jordan 形矩阵，由此即得定理 4 和定理 5.

定理 4　n 阶复数矩阵 $\boldsymbol{A}$ 与对角矩阵相似的充要条件是 $\boldsymbol{A}$ 的初等因子全是一次的.

定理 5　n 阶复数矩阵 $\boldsymbol{A}$ 与对角矩阵相似的充要条件是 $\boldsymbol{A}$ 的不变因子都没有重根.

定义 3　形如

$$\begin{pmatrix}\lambda_0&1&&&&\\&\lambda_0&1&&&\\&&\lambda_0&1&&\\&&&\ddots&\ddots&\\&&&&\lambda_0&1\\&&&&&\lambda_0\end{pmatrix}$$

的矩阵也称为 Jordan 块.

应用完全类似的方法，可以有相应的结论.

例 3　求矩阵 $\boldsymbol{A}=\begin{pmatrix}2&-1&-1\\2&-1&-2\\-1&1&2\end{pmatrix}$ 的 Jordan 标准形及相似变换矩阵 $\boldsymbol{P}$.

解　经计算特征矩阵

$$\lambda\boldsymbol{E}-\boldsymbol{A}=\begin{pmatrix}\lambda-2&1&1\\-2&\lambda+1&2\\1&-1&\lambda-2\end{pmatrix}$$

的初等因子为 $(\lambda-1)$，$(\lambda-1)^2$，故 $\boldsymbol{A}$ 的 Jordan 标准形为

$$\boldsymbol{J}=\begin{pmatrix}1&0&0\\0&1&0\\0&1&1\end{pmatrix}.$$

设 $\boldsymbol{P}^{-1}\boldsymbol{AP}=\boldsymbol{J}$，从而 $\boldsymbol{AP}=\boldsymbol{PJ}$. 记 $\boldsymbol{P}=(\boldsymbol{P}_1,\boldsymbol{P}_2,\boldsymbol{P}_3)$，则

$$\boldsymbol{AP}=(\boldsymbol{AP}_1,\boldsymbol{AP}_2,\boldsymbol{AP}_3),\boldsymbol{PJ}=(\boldsymbol{P}_1,\boldsymbol{P}_2,\boldsymbol{P}_3)\begin{pmatrix}1&0&0\\0&1&0\\0&1&1\end{pmatrix}=(\boldsymbol{P}_1,\boldsymbol{P}_2+\boldsymbol{P}_3,\boldsymbol{P}_3),$$

于是有

$$\boldsymbol{AP}_1=\boldsymbol{P}_1,\boldsymbol{AP}_2=\boldsymbol{P}_2+\boldsymbol{P}_3,\boldsymbol{AP}_3=\boldsymbol{P}_3,$$

即

$$\begin{aligned}(\boldsymbol{E}-\boldsymbol{A})\boldsymbol{P}_1&=\boldsymbol{0},\\(\boldsymbol{E}-\boldsymbol{A})\boldsymbol{P}_2&=-\boldsymbol{P}_3,\\(\boldsymbol{E}-\boldsymbol{A})\boldsymbol{P}_3&=\boldsymbol{0}.\end{aligned}$$

由第一式和第三式可知 $\boldsymbol{P}_1,\boldsymbol{P}_3$ 都是 $(\boldsymbol{E}-\boldsymbol{A})\boldsymbol{x}=\boldsymbol{0}$ 的解. 又因为齐次线性方程组 $(\boldsymbol{E}-\boldsymbol{A})\boldsymbol{x}=\boldsymbol{0}$ 的一个基础解系为

$$\boldsymbol{e}_1=(1,1,0)^{\mathrm{T}},\boldsymbol{e}_2=(1,0,1)^{\mathrm{T}}$$

所以 $\boldsymbol{P}_3=c_1\boldsymbol{e}_1+c_2\boldsymbol{e}_2=(c_1+c_2,c_1,c_2)^{\mathrm{T}}$，其中 c_1,c_2 为待定系数且不全为0.

为使第二式有解，可选择 c_1,c_2 的值，使得 $\boldsymbol{E}-\boldsymbol{A}$，$(\boldsymbol{E}-\boldsymbol{A},-\boldsymbol{P}_3)$ 的秩相同. 由

$$(\boldsymbol{E}-\boldsymbol{A},-\boldsymbol{P}_3)=\begin{pmatrix}-1&1&1&-c_2-c_1\\-2&2&2&-c_1\\1&-1&-1&-c_2\end{pmatrix}\to\begin{pmatrix}-1&1&1&-c_2-c_1\\0&0&0&c_1+2c_2\\0&0&0&0\end{pmatrix}$$

有 $c_1+2c_2=0$. 不妨令 $c_2=1$，则 $c_1=-2$. 于是

$$\boldsymbol{P}_3=\begin{pmatrix}-1\\-2\\1\end{pmatrix}^{\mathrm{T}}.$$

从而，有第二式的同解线性方程组为

$$-x_1+x_2+x_3=1.$$

其通解为

$$\begin{pmatrix}x_1\\x_2\\x_3\end{pmatrix}=k_1\begin{pmatrix}1\\1\\0\end{pmatrix}+k_2\begin{pmatrix}1\\0\\1\end{pmatrix}+\begin{pmatrix}-1\\0\\0\end{pmatrix},$$

故取

$$\boldsymbol{P}_2=\begin{pmatrix}-1\\0\\0\end{pmatrix},\boldsymbol{P}_1=\boldsymbol{e}_1=\begin{pmatrix}1\\1\\0\end{pmatrix}.$$

则

$$P=\begin{pmatrix}1 & -1 & -1\\ 1 & 0 & -2\\ 0 & 0 & 1\end{pmatrix},$$

使得

$$P^{-1}AP=J=\begin{pmatrix}1 & 0 & 0\\ 0 & 1 & 0\\ 0 & 1 & 1\end{pmatrix}.$$

4.7 哈密顿 – 凯莱定理 最小多项式

若 n 阶矩阵 $\boldsymbol{A}$ 满足条件 $\boldsymbol{A}^2=\boldsymbol{E}$，也就是 $(\boldsymbol{A}-\boldsymbol{E})(\boldsymbol{A}+\boldsymbol{E})=\boldsymbol{O}$，可以理解为 $\boldsymbol{A}$ 是多项式 $(\lambda-1)(\lambda+1)$ 的"根". 那么对于 n 阶矩阵 $\boldsymbol{A}$，是否一定存在非零多项式 $f(\lambda)$ 以 $\boldsymbol{A}$ 为"根"呢?

定义 1 设 $\boldsymbol{A}$ 是 n 阶矩阵，$f(\lambda)=a_0+a_1\lambda+\cdots+a_m\lambda^m\in P[\lambda]$，称

$$f(\boldsymbol{A})=a_0\boldsymbol{E}+a_1\boldsymbol{A}+\cdots+a_m\boldsymbol{A}^m$$

为 $\boldsymbol{A}$ 的矩阵多项式.

定义 2 设 $\boldsymbol{A}$ 是 n 阶矩阵，$f(\lambda)$ 是 $P[\lambda]$ 中非零多项式. 若 $f(\boldsymbol{A})=\boldsymbol{O}$，则称 $f(\lambda)$ 以 $\boldsymbol{A}$ 为根，或称 $f(\lambda)$ 是 $\boldsymbol{A}$ 的零化多项式.

下面给出哈密顿 – 凯莱定理，说明 n 阶矩阵 $\boldsymbol{A}$ 的零化多项式一定是存在的.

定理 1 （哈密顿 – 凯莱定理） 设 $\boldsymbol{A}$ 是 n 阶矩阵，且 $\boldsymbol{A}$ 的特征多项式

$$f(\lambda)=|\lambda\boldsymbol{E}-\boldsymbol{A}|=\lambda^n+a_1\lambda^{n-1}+\cdots+a_{n-1}\lambda+a_n,$$

则 $f(\boldsymbol{A})=\boldsymbol{A}^n+a_1\boldsymbol{A}^{n-1}+\cdots+a_{n-1}\boldsymbol{A}+a_n\boldsymbol{E}=\boldsymbol{O}$.

证明 设 $\boldsymbol{B}(\lambda)$ 是 $\lambda\boldsymbol{E}-\boldsymbol{A}$ 的伴随矩阵，则

$$(\lambda\boldsymbol{E}-\boldsymbol{A})\boldsymbol{B}(\lambda)=\boldsymbol{B}(\lambda)(\lambda\boldsymbol{E}-\boldsymbol{A})=|\lambda\boldsymbol{E}-\boldsymbol{A}|\boldsymbol{E}.$$

因为 $\boldsymbol{B}(\lambda)$ 是由 $\boldsymbol{A}(\lambda)$ 中元素的代数余子式构成，且这些代数余子式为次数不超过 $n-1$ 的多项式或 0，所以设

$$\boldsymbol{B}(\lambda)=\boldsymbol{B}_0\lambda^{n-1}+\boldsymbol{B}_1\lambda^{n-2}+\cdots+\boldsymbol{B}_{n-2}\lambda+\boldsymbol{B}_{n-1},$$

其中 $\boldsymbol{B}_0,\boldsymbol{B}_1,\boldsymbol{B}_2,\cdots,\boldsymbol{B}_{n-1}$ 是待定的系数矩阵. 又

$$\begin{aligned}(\lambda\boldsymbol{E}-\boldsymbol{A})\boldsymbol{B}(\lambda)&=(\lambda\boldsymbol{E}-\boldsymbol{A})(\boldsymbol{B}_0\lambda^{n-1}+\boldsymbol{B}_1\lambda^{n-2}+\cdots+\boldsymbol{B}_{n-2}\lambda+\boldsymbol{B}_{n-1})\\&=\boldsymbol{B}_0\lambda^n+(\boldsymbol{B}_1-\boldsymbol{A}\boldsymbol{B}_0)\lambda^{n-1}+(\boldsymbol{B}_2-\boldsymbol{A}\boldsymbol{B}_1)\lambda^{n-2}+\cdots+(\boldsymbol{B}_{n-k}-\boldsymbol{A}\boldsymbol{B}_{n-k-1})\lambda^k\\&\quad+\cdots+(\boldsymbol{B}_{n-1}-\boldsymbol{A}\boldsymbol{B}_{n-2})\lambda-\boldsymbol{A}\boldsymbol{B}_{n-1},\end{aligned}$$

$$|\lambda \boldsymbol{E}-\boldsymbol{A}|\boldsymbol{E}=\lambda^{n}\boldsymbol{E}+a_{1}\lambda^{n-1}\boldsymbol{E}+\cdots+a_{n-1}\lambda\boldsymbol{E}+a_{n}\boldsymbol{E},$$

因此,

$$\begin{aligned}\boldsymbol{B}_{0}&=\boldsymbol{E}\\ \boldsymbol{B}_{1}-\boldsymbol{A}\boldsymbol{B}_{0}&=a_{1}\boldsymbol{E}\\ \boldsymbol{B}_{2}-\boldsymbol{A}\boldsymbol{B}_{1}&=a_{2}\boldsymbol{E}\\ &\vdots\\ \boldsymbol{B}_{k}-\boldsymbol{A}\boldsymbol{B}_{n-k-1}&=a_{k}\boldsymbol{E}\\ &\vdots\\ \boldsymbol{B}_{n-1}-\boldsymbol{A}\boldsymbol{B}_{n-2}&=a_{n-1}\boldsymbol{E}\\ -\boldsymbol{A}\boldsymbol{B}_{n-1}&=a_{n}\boldsymbol{E}.\end{aligned}$$

以上 $n+1$ 个式子从上至下依次左乘 $\boldsymbol{A}^{n},\boldsymbol{A}^{n-1},\cdots,\boldsymbol{A},\boldsymbol{E}$,然后相加可得

$$\boldsymbol{O}=\boldsymbol{A}^{n}+a_{1}\boldsymbol{A}^{n-1}+\cdots+a_{n-1}\boldsymbol{A}+a_{n}\boldsymbol{E}.$$

即 $f(\boldsymbol{A})=\boldsymbol{O}$.

证毕.

例 1 设 $\boldsymbol{A}=\begin{pmatrix}1&2&2\\2&1&2\\2&2&1\end{pmatrix}$,求

$$g(\boldsymbol{A})=\boldsymbol{A}^{7}-3\boldsymbol{A}^{6}-9\boldsymbol{A}^{5}-4\boldsymbol{A}^{4}-2\boldsymbol{A}^{3}-12\boldsymbol{A}^{2}-12\boldsymbol{A}-8\boldsymbol{E}.$$

解 $\boldsymbol{A}$ 的特征多项式

$$f(\lambda)=|\lambda\boldsymbol{E}-\boldsymbol{A}|=\begin{vmatrix}\lambda-1&-2&-2\\-2&\lambda-1&-2\\-2&-2&\lambda-1\end{vmatrix}=(\lambda-5)(\lambda+1)^{2}=\lambda^{3}-3\lambda^{2}-9\lambda-5.$$

设

$$g(\lambda)=\lambda^{7}-3\lambda^{6}-9\lambda^{5}-4\lambda^{4}-2\lambda^{3}-12\lambda^{2}-12\lambda-8,$$

则由带余除法有

$$g(\lambda)=f(\lambda)(\lambda^{4}+\lambda+1)+2\lambda-3,$$

则

$$g(\boldsymbol{A})=f(\boldsymbol{A})(\boldsymbol{A}^{4}+\boldsymbol{A}+\boldsymbol{E})+2\boldsymbol{A}-3\boldsymbol{E}.$$

由哈密顿 - 凯莱定理有 $f(\boldsymbol{A})=\boldsymbol{O}$,从而

$$g(\boldsymbol{A})=2\boldsymbol{A}-3\boldsymbol{E}=\begin{pmatrix}-1&4&4\\4&-1&4\\4&4&-1\end{pmatrix}.$$

哈密顿 - 凯莱定理说明了对任一 n 阶矩阵 $\boldsymbol{A}$ 都存在一个 n 次的首 1 多项式 $f(\lambda)$

(特征多项式),使得$f(\boldsymbol{A})=\boldsymbol{O}$. 当然,可能存在一个 $n-1$ 次或者 $n-2$ 次甚至更低次数的首 1 多项式使 $\boldsymbol{A}$ 零化. 我们感兴趣的是使 $\boldsymbol{A}$ 零化的最低次数的首 1 多项式.

定义 3　设 $\boldsymbol{A}$ 是 n 阶矩阵,次数最低且首 1 的 $\boldsymbol{A}$ 的零化多项式称为 $\boldsymbol{A}$ 的最小多项式,记作 $m(\lambda)$.

n 阶矩阵 $\boldsymbol{A}$ 的最小多项式 $m(\lambda)$ 具有如下性质.

性质 1　n 阶矩阵 $\boldsymbol{A}$ 的最小多项式整除 $\boldsymbol{A}$ 的任一零化多项式.

证明　设 $m(\lambda)$ 为 $\boldsymbol{A}$ 的最小多项式,$f(\lambda)$ 是 $\boldsymbol{A}$ 的任一零化多项式,则由带余除法有

$$f(\lambda)=m(\lambda)q(\lambda)+r(\lambda),$$

其中余式 $r(\lambda)=0$ 或 $\partial(r(\lambda))<\partial(m(\lambda))$. 由 $f(\boldsymbol{A})=\boldsymbol{O}$ 和 $m(\boldsymbol{A})=\boldsymbol{O}$ 有 $r(\boldsymbol{A})=\boldsymbol{O}$.

若 $r(\lambda)\neq 0$,则 $\partial(r(\lambda))<\partial(m(\lambda))$,且 $r(\lambda)$ 是 $\boldsymbol{A}$ 的零化多项式,与 $m(\lambda)$ 是 $\boldsymbol{A}$ 的最小多项式矛盾. 故 $r(\lambda)=0$,从而 $m(\lambda)\mid f(\lambda)$.

证毕.

性质 2　n 阶矩阵 $\boldsymbol{A}$ 的最小多项式是唯一的.

证明　设 $m_1(\lambda)$ 和 $m_2(\lambda)$ 是 $\boldsymbol{A}$ 的最小多项式,则由性质 1 有 $m_1(\lambda)\mid m_2(\lambda)$,$m_2(\lambda)\mid m_1(\lambda)$. 又 $m_1(\lambda)$,$m_2(\lambda)$ 是首 1 多项式,所以 $m_1(\lambda)=m_2(\lambda)$.

证毕.

性质 3　n 阶矩阵 $\boldsymbol{A}$ 的最小多项式的根是 $\boldsymbol{A}$ 的特征多项式的根;反过来,n 阶矩阵 $\boldsymbol{A}$ 的特征多项式的根是 $\boldsymbol{A}$ 的最小多项式的根.

证明　显然,由性质 1 可得 n 阶矩阵 $\boldsymbol{A}$ 的最小多项式的根是 $\boldsymbol{A}$ 的特征多项式的根.

反过来,设 λ_0 是 $\boldsymbol{A}$ 的特征多项式的根,则 λ_0 是 $\boldsymbol{A}$ 的特征值. 设 $\boldsymbol{x}$ 是 $\boldsymbol{A}$ 对应于 λ_0 的特征向量,则

$$\boldsymbol{A}\boldsymbol{x}=\lambda_0\boldsymbol{x},$$

从而

$$\boldsymbol{A}^i\boldsymbol{x}=\lambda_0^i\boldsymbol{x},\quad i=1,2,\cdots.$$

设 $\boldsymbol{A}$ 的最小多项式为

$$m(\lambda)=\lambda^k+a_1\lambda^{k-1}+\cdots+a_{k-1}\lambda+a_k,$$

则

$$m(\boldsymbol{A})=\boldsymbol{A}^k+a_1\boldsymbol{A}^{k-1}+\cdots+a_{k-1}\boldsymbol{A}+a_k\boldsymbol{E}=\boldsymbol{O}.$$

故

$$\boldsymbol{A}^k\boldsymbol{x}+a_1\boldsymbol{A}^{k-1}\boldsymbol{x}+\cdots+a_{k-1}\boldsymbol{A}\boldsymbol{x}+a_k\boldsymbol{x}=\boldsymbol{0},$$

有

$$({\lambda_0}^k+a_1{\lambda_0}^{k-1}+\cdots+a_{k-1}\lambda_0+a_k)\boldsymbol{x}=\boldsymbol{0},$$

即

$$m(\lambda_0)\boldsymbol{x}=\boldsymbol{0},$$

故 $m(\lambda_0)=0$. 这就是说 λ_0 是 $m(\lambda)$ 的根.

证毕.

性质 3 反映了特征多项式与最小多项式之间的重要关系,由此可得到求最小多项式的一个方法.

设复数域上的 n 阶矩阵 $\boldsymbol{A}$ 的所有不同特征值为 $\lambda_1,\lambda_2,\cdots,\lambda_s$,对应的代数重数分别为

$$k_1,k_2,\cdots,k_s,$$

则 $\boldsymbol{A}$ 的特征多项式

$$f(\lambda)=|\lambda\boldsymbol{E}-\boldsymbol{A}|=(\lambda-\lambda_1)^{k_1}(\lambda-\lambda_2)^{k_2}\cdots(\lambda-\lambda_s)^{k_s}.$$

因此 $\boldsymbol{A}$ 的最小多项式必具有如下形式

$$m(\lambda)=(\lambda-\lambda_1)^{l_1}(\lambda-\lambda_2)^{l_2}\cdots(\lambda-\lambda_s)^{l_s},$$

其中 $1\leqslant l_i\leqslant k_i,i=1,2,\cdots,s$.

例 2 求矩阵 $\boldsymbol{A}=\begin{pmatrix}3&-3&2\\-1&5&-2\\-1&3&0\end{pmatrix}$ 的最小多项式 $m(\lambda)$.

解 $\boldsymbol{A}$ 的特征多项式

$$f(\lambda)=|\lambda\boldsymbol{E}-\boldsymbol{A}|=\begin{vmatrix}\lambda-3&3&-2\\1&\lambda-5&2\\1&-3&\lambda\end{vmatrix}=(\lambda-2)^2(\lambda-4),$$

故 $\boldsymbol{A}$ 的最小多项式

$$m(\lambda)=(\lambda-2)(\lambda-4)$$

或

$$m(\lambda)=f(\lambda)=(\lambda-2)^2(\lambda-4).$$

因为

$$(\boldsymbol{A}-2\boldsymbol{E})(\boldsymbol{A}-4\boldsymbol{E})=\begin{pmatrix}1&-3&2\\-1&3&-2\\-1&3&-2\end{pmatrix}\begin{pmatrix}-1&-3&2\\-1&1&-2\\-1&3&-4\end{pmatrix}=\boldsymbol{O}.$$

所以 $\boldsymbol{A}$ 的最小多项式

$$m(\lambda)=(\lambda-2)(\lambda-4).$$

可以证明矩阵的最小多项式与其不变因子有如下关系:

定理 2　设 $\boldsymbol{A}$ 是 n 阶矩阵,则 $\boldsymbol{A}$ 的最小多项式 $m(\lambda)=\dfrac{D_n(\lambda)}{D_{n-1}(\lambda)}=d_n(\lambda)$. 这里 $d_n(\lambda)$ 是 $\lambda\boldsymbol{E}-\boldsymbol{A}$ 的第 n 个不变因子.

证明　略.

也可以证明如下定理.

定理 3　复数域上的 n 阶矩阵 $\boldsymbol{A}$ 可对角化的充分必要条件是 $\boldsymbol{A}$ 的最小多项式没有重根.

4.8　应用实例——军事评价中各指标重要性的确定问题

本应用实例选自杨萍等编著的《工程数学工程应用案例及分析》中的军事评价中各指标重要性的确定问题.

4.8.1　背景描述

在军事领域中,经常会遇到需要做出判断和决定的决策(评价)问题. 决策者需要对若干个备选方案进行筛选,从中选择一个相对最优的方案. 而备选方案往往具有多个指标,且各指标的重要程度不同,因此需要引入“权”这一概念. 通过权,决策者就可以对各指标重要性进行量化. 在军事评价中对各指标重要性进行量化与确定的问题,实际上就是权的确定问题. 此问题的解决需要用到矩阵及其特征值与特征向量等知识.

4.8.2　问题的数学描述与分析

“权”是指标重要性的数量化表示,但在指标较多时,决策者往往难以直接确定每个指标的权重. 因此,通常的做法是让决策者首先把各指标成对比较,用“同等重要”“稍微重要”“明显重要”“十分重要”“极其重要”等定性语言,说明其中一个指标比另一个指标对总体而言的重要程度. 将这些定性语言定量化,引人对总体而言指标 u_i 比指标 u_j 的重要性标度,根据一般人的认知习惯和判断能力给出了指标间相对重要性等级表,也就是 1~9 标度,如表 4-1 所示.

表 4-1　标度及其含义

标度	含义
1	表示两个元素相比,具有同样重要性
3	表示两个元素相比,前者比后者稍重要

续表

标度	含义
5	表示两个元素相比,前者比后者明显重要
7	表示两个元素相比,前者比后者强烈重要
9	表示两个元素相比,前者比后者极端重要
2,4,6,8	表示上述相邻判断的中间值

例如,决策者认为 u_i 比 u_j 明显重要,则 $a_{ij}=5$,这样由决策者的定性判断转换为定量表示. 1 ~ 9 比率标度方法的引人,使得决策者判断思维数学化,这种将判断思维数学化的方法大大简化了问题的分析,使非常复杂的社会、经济、科学管理领域、军事领域等问题定量分析成为可能. 但是,这种比较可能不准确或不一致. 例如,决策者虽然认为第一个指标的重要性是第二个指标重要性的 3 倍,第二个指标的重要性是第三个指标重要性的 2 倍,但他并不认为第一个指标的重要性是第三个指标重要性的 6 倍,因此,需要一定的方法把指标间的成对比较结果聚合起来确定一组权.

那么,如何把指标间的成对比较结果聚合?如何由此确定权重?常用特征向量法. 具体如下:

1. 比较判断矩阵

首先,由决策者把指标的重要性做成对比较,得到比较判断矩阵.

设 n 个指标的权向量为 $\boldsymbol{w}=(w_1,w_2,\cdots,w_n)^{\mathrm{T}}$(待求). 对于 n 个指标 $u_1,u_2,\cdots,u_n$,则需要比较 $\mathrm{C}_n^2=\frac{1}{2}n(n-1)$ 次. 把第 i 个指标 u_i 对第 j 个指标 u_j 的相对重要性记为 a_{ij}(其值可以由 1 ~ 9 标度确定),并认为,这就是指标 u_i 的权 w_i 与指标 u_j 的权 w_j 之比的近似值,$a_{ij}\approx\frac{w_i}{w_j}$,$n$ 个指标成对比较的结果为矩阵 $\boldsymbol{A}$. 由于 $\boldsymbol{A}$ 是两两比较判断矩阵,简称为判断矩阵.

$$\boldsymbol{A}=\begin{pmatrix} a_{11} & a_{12} & \cdots & a_{1n} \\ a_{21} & a_{22} & \cdots & a_{2n} \\ \vdots & \vdots & \ddots & \vdots \\ a_{n1} & a_{n2} & \cdots & a_{nn} \end{pmatrix} \approx \begin{pmatrix} \frac{w_1}{w_1} & \frac{w_1}{w_2} & \cdots & \frac{w_1}{w_n} \\ \frac{w_2}{w_1} & \frac{w_2}{w_2} & \cdots & \frac{w_2}{w_n} \\ \vdots & \vdots & \ddots & \vdots \\ \frac{w_n}{w_1} & \frac{w_n}{w_2} & \cdots & \frac{w_n}{w_n} \end{pmatrix}$$

其中 $\boldsymbol{A}$ 中元素满足 $a_{ij}>0,a_{ji}=\frac{1}{a_{ij}},a_{ii}=1$,也称为正互反矩阵.

例如共有 3 个指标,决策者认为指标 u_1 与 u_2 相比,重要性介于同样重要和稍微重要之间,u_3 比 u_1 稍重要,u_3 比 u_2 强烈重要,得比较判断矩阵为

$$A=\begin{pmatrix}1 & 2 & \frac{1}{3}\\ \frac{1}{2} & 1 & \frac{1}{7}\\ 3 & 7 & 1\end{pmatrix}$$

2. 权重的计算

情形 1　若决策者能够准确估计 a_{ij},也就是判断矩阵 A 中的元素满足:

$$a_{ij}a_{jk}=a_{ik},i,j,k=1,2,\cdots,n$$

若一个 n 阶正互反矩阵 A 的元素满足上述条件,则称矩阵 A 为一致性矩阵,简称一致阵.

对于一致阵,则判断矩阵 A 的等号成立,即 A 的近似就变成了完全相等,即

$$A=\begin{pmatrix}a_{11} & a_{12} & \cdots & a_{1n}\\ a_{21} & a_{22} & \cdots & a_{2n}\\ \vdots & \vdots & \ddots & \vdots\\ a_{n1} & a_{n2} & \cdots & a_{nn}\end{pmatrix}=\begin{pmatrix}\frac{w_1}{w_1} & \frac{w_1}{w_2} & \cdots & \frac{w_1}{w_n}\\ \frac{w_2}{w_1} & \frac{w_2}{w_2} & \cdots & \frac{w_2}{w_n}\\ \vdots & \vdots & \ddots & \vdots\\ \frac{w_n}{w_1} & \frac{w_n}{w_2} & \cdots & \frac{w_n}{w_n}\end{pmatrix}$$

用向量 $\boldsymbol{w}=(w_1,w_2,\cdots,w_n)^{\mathrm{T}}$ ($\sum_{i=1}^{n}w_i=1$) 右乘 A,得:

$$A\boldsymbol{w}=\begin{pmatrix}\frac{w_1}{w_1} & \frac{w_1}{w_2} & \cdots & \frac{w_1}{w_n}\\ \frac{w_2}{w_1} & \frac{w_2}{w_2} & \cdots & \frac{w_2}{w_n}\\ \vdots & \vdots & \ddots & \vdots\\ \frac{w_n}{w_1} & \frac{w_n}{w_2} & \cdots & \frac{w_n}{w_n}\end{pmatrix}\begin{pmatrix}w_1\\ w_2\\ \vdots\\ w_n\end{pmatrix}=\begin{pmatrix}nw_1\\ nw_2\\ \vdots\\ nw_n\end{pmatrix}=n\boldsymbol{w}$$

由上式可知,向量 $\boldsymbol{w}$ 满足特征向量的定义,可见,n 就是矩阵 A 的特征值,权重 $\boldsymbol{w}=(w_1,w_2,\cdots,w_n)^{\mathrm{T}}$ 就是 A 的对应特征值 n 的归一化的特征向量,又根据矩阵理论,若判断矩阵 A 满足完全一致性,则 A 具有唯一非零、最大的特征值 n,且除 n 外,其余特征值均为零. 因此,权重的计算就归结为计算判断矩阵的最大特征值及其特征向量的问题.

情形 2 若决策者不能够准确估计 a_{ij},也就是,在一般决策问题中,决策者不可能给出精确的$\frac{w_i}{w_j}$度量,只能对它们进行估计判断. 这样,实际给出的 a_{ij} 判断与理想的$\frac{w_i}{w_j}$有偏差,不能保证判断矩阵具有完全的一致性.

根据矩阵理论,则相应于判断矩阵 $\boldsymbol{A}$ 的特征值也将发生变化,新的问题即归结为

$$\boldsymbol{A}\boldsymbol{W}' = \lambda_{\max}\boldsymbol{W}'$$

其中 $\lambda_{\max}$ 为判断矩阵 $\boldsymbol{A}$ 的最大特征值,$\boldsymbol{W}'$为对应 $\lambda_{\max}$ 的归一化的特征向量,也就是说,若 $\boldsymbol{A}$ 不一致,在不一致程度容许范围内,把对应 $\lambda_{\max}$ 的归一化的特征向量 $\boldsymbol{W}'$作为权向量,这就是特征向量法.

由于判断矩阵会存在误差,为了判断误差的大小以及最后得到的结果是否合理,我们就需要进行一致性的检验. 对于具有一致性的比较矩阵,最大特征值为 n;若一个比较矩阵的最大特征值为 n,则一定具有一致性,估计误差的存在破坏了一致性,必然导致特征向量及特征值也有偏差. 我们用 $\lambda_{\max}$ 表示带有偏差的最大特征值,则 $\lambda_{\max}$ 与 n 之差的大小反映了不一致的程度. 考虑到因素个数的影响,将 $\mathrm{CI} = \frac{\lambda_{\max} - n}{n-1}$定义为一致性指标,当 CI = 0 时,比较矩阵完全一致,否则就存在不一致;CI 值越大,不一致的程度也就越大. 为了确定不一致程度的允许范围,又定义了一个一致性比率 CR,当 $\mathrm{CR} = \frac{\mathrm{CI}}{\mathrm{RI}} < 0.1$ 时,认为其不一致性可以被接受,不会影响排序的定性结果. 具体 RI 值如表 4-2 所示.

表 4-2 RI 值

1	2	3	4	5	6	7	8	9
0.00	0.00	0.58	0.90	1.12	1.24	1.32	1.41	1.45

4.8.3 应用举例

反坦克导弹阵地应具备优良的条件,然而影响阵地选择的因素较多. 下面以反坦克阵地选择为例,主要因素从以下 6 个方面考虑:

(1)是否便于发扬火力,视界、射界是否良好;

(2)是否地幅适中,有良好遮蔽度,能疏散隐蔽地配置人员和装备,便于展开作业;

(3)是否便于占领和撤出,有隐蔽方便的进出路;

(4)是否便于构筑工事和伪装;

(5)是否便于班(组)长的指挥;

(6)能否避开独立明显物体.

B1:便于发扬火力,视界、射界良好;B2:地幅适中有良好遮蔽度,能疏散隐蔽地配置人员和装备,便于展开作业;B3:便于占领和撤出,有隐蔽方便的进出路;B4:便于构筑工事和伪装;B5:便于班(组)长的指挥;B6:避开独立明显物体.

根据表 4-1 的标度,建立判断矩阵,计算 6 个因素的权重.

解　(1)建立比较判断矩阵:

$$A=\begin{pmatrix}1 & 2 & 3 & 5 & 7 & 8\\ \frac{1}{2} & 1 & 2 & 4 & 5 & 6\\ \frac{1}{3} & \frac{1}{2} & 1 & 3 & 4 & 5\\ \frac{1}{5} & \frac{1}{4} & \frac{1}{3} & 1 & 2 & 3\\ \frac{1}{7} & \frac{1}{5} & \frac{1}{4} & \frac{1}{2} & 1 & 2\\ \frac{1}{8} & \frac{1}{6} & \frac{1}{5} & \frac{1}{3} & \frac{1}{2} & 1\end{pmatrix}$$

(2)计算权重:

计算得出最大特征值 $\lambda_{\max}$ 和特征向量 $\boldsymbol{w}'=(w_1,w_2,\cdots,w_n)^{\mathrm{T}}$,元素 w_i 值表示各个因素相对重要性权值,得到

$$\boldsymbol{w}'=(0.42,0.257,0.172,0.0819,0.0524,0.0355)^{\mathrm{T}},$$

所以 6 个因素的权重分别为 0.42,0.26,0.17,0.08,0.05,0.04.

习题 4

1. 设 $\mathscr{A}$ 是 3 维线性空间 V 的线性变换,且 $\mathscr{A}$ 的特征值为 $-1,2,4$,求 $3\mathscr{A},\mathscr{A}^2,\mathscr{A}^3-4\mathscr{A}^2+5\mathscr{A}+\mathscr{E}$ 的特征值.

2. 设 $\mathscr{A}$ 是 3 维线性空间 V 的线性变换,且满足 $\mathscr{A}^2=\mathscr{A}$,求 $\mathscr{A}$ 的特征值.

3. 设 $\mathscr{A}$ 是 3 维线性空间 V 的线性变换,且 $\mathscr{A}$ 在基 $\boldsymbol{\alpha}_1,\boldsymbol{\alpha}_2,\boldsymbol{\alpha}_3$ 下的矩阵为 $\boldsymbol{A}$. 若 $\mathscr{A}$ 的特征值为 $2,3,\lambda$,且 $|\boldsymbol{A}|=-96$,求 λ 的值.

4. 求复数域上的线性空间 V 的线性变换 $\mathscr{A}$ 的全部特征值与特征向量.

(1)已知 $\mathscr{A}$ 在一组基 $\boldsymbol{\beta}_1,\boldsymbol{\beta}_2$ 下的矩阵为 $\boldsymbol{A}=\begin{pmatrix}7 & -2\\ 4 & 1\end{pmatrix}$;

(2)已知$\mathscr{A}$在一组基$\boldsymbol{\alpha}_1,\boldsymbol{\alpha}_2,\boldsymbol{\alpha}_3$下的矩阵为$\boldsymbol{A}=\begin{pmatrix}1&0&0\\0&3&0\\0&0&0\end{pmatrix}$;

(3)已知$\mathscr{A}$在一组基$\boldsymbol{\xi}_1,\boldsymbol{\xi}_2,\boldsymbol{\xi}_3$下的矩阵为$\boldsymbol{A}=\begin{pmatrix}5&6&-3\\-1&0&1\\1&2&-1\end{pmatrix}$.

5. 设$\mathscr{A}$是2维线性空间V的线性变换,且$\mathscr{A}$在一组基$\boldsymbol{\varepsilon}_1,\boldsymbol{\varepsilon}_2$下的矩阵为$\boldsymbol{A}=\begin{pmatrix}-3&4\\2&-1\end{pmatrix}$,求$\mathscr{A}$的特征子空间的维数及其一组基.

6. 设$a\in P$,定义线性空间$P[x]_3$上的变换$\mathscr{A}:f(x)\to xf'(x)+f(x+a)$,易知$\mathscr{A}$是$P[x]_3$的线性变换,求$\mathscr{A}$的全部特征值及对应的特征子空间的一组基.

7. 设$\mathscr{A}$在线性空间V的一组基$\boldsymbol{\varepsilon}_1,\boldsymbol{\varepsilon}_2,\boldsymbol{\varepsilon}_3$下的矩阵为$\boldsymbol{A}=\begin{pmatrix}1&4&2\\0&-3&4\\0&4&3\end{pmatrix}$.

(1)求$\mathscr{A}$的全部特征值与特征向量;

(2)求一组基,使得$\mathscr{A}$在该组基下的矩阵是对角矩阵;

(3)求$\boldsymbol{A}^k$.

8. 设$\boldsymbol{\varepsilon}_1,\boldsymbol{\varepsilon}_2,\boldsymbol{\varepsilon}_3$是3维线性空间$V$的一组基,线性变换$\mathscr{A}$在基$\boldsymbol{\varepsilon}_1,\boldsymbol{\varepsilon}_2,\boldsymbol{\varepsilon}_3$下的矩阵为

$$\boldsymbol{A}=\begin{pmatrix}3&-1&-2\\2&0&-2\\2&-1&-1\end{pmatrix},$$

判断V中是否存在一组基,使得线性变换$\mathscr{A}$在该基下的矩阵为对角矩阵.

9. 设V是数域P上的n维线性空间,$\mathscr{A},\mathscr{B}\in L(V)$,且$\mathscr{A}$在$P$中有$n$个互异的特征值,证明:

(1)$\mathscr{A}$的特征向量都是$\mathscr{B}$的特征向量的充分必要条件是$\mathscr{A}\mathscr{B}=\mathscr{B}\mathscr{A}$;

(2)若$\mathscr{A}\mathscr{B}=\mathscr{B}\mathscr{A}$,则$\mathscr{B}$是$\mathscr{E},\mathscr{A},\mathscr{A}^2,\cdots,\mathscr{A}^{n-1}$的线性组合.

10. 设P是数域,$\boldsymbol{A}=\begin{pmatrix}-2&1\\0&-2\end{pmatrix}\in P^{2\times 2}$,$f(x)=x^2+3x+2$,定义变换:

$$\mathscr{B}(\boldsymbol{X})=f(\boldsymbol{A})\boldsymbol{X}\quad(\text{任意 }\boldsymbol{X}\in P^{2\times 3}),$$

(1)证明:$\mathscr{B}$是数域P上的线性空间$P^{2\times 3}$的线性变换;

(2)求$\mathscr{B}$在$P^{2\times 3}$的基$\boldsymbol{E}_{11}=\begin{pmatrix}1&0&0\\0&0&0\end{pmatrix}$,$\boldsymbol{E}_{12}=\begin{pmatrix}0&1&0\\0&0&0\end{pmatrix}$,$\boldsymbol{E}_{13}=\begin{pmatrix}0&0&1\\0&0&0\end{pmatrix}$,$\boldsymbol{E}_{21}=$

$\begin{pmatrix}0&0&0\\1&0&0\end{pmatrix},\boldsymbol{E}_{22}=\begin{pmatrix}0&0&0\\0&1&0\end{pmatrix},\boldsymbol{E}_{23}=\begin{pmatrix}0&0&0\\0&0&1\end{pmatrix}$下的矩阵 $\boldsymbol{B}$；

(3)求$\mathscr{B}$的全部特征值及其属于特征值的线性无关的特征向量.

11. 设 P 是数域,在线性空间 $W=\left\{\begin{pmatrix}a&0&b\\0&c&0\\d&0&e\end{pmatrix}\middle|\, a,b,c,d,e\in P\right\}$上定义线性变换$\mathscr{A}$：

$$\mathscr{A}(\boldsymbol{X})=\boldsymbol{AX},\text{任意 }\boldsymbol{X}\in W,\boldsymbol{A}=\begin{pmatrix}0&0&1\\0&1&0\\1&0&0\end{pmatrix}.$$

(1)写出 W 的一组基(无需证明),求$\mathscr{A}$在这组基下的矩阵；

(2)求出$\mathscr{A}$的全部特征值及相应的全部特征向量；

(3)求 W 的一组基,使$\mathscr{A}$在这组基下的矩阵成为对角矩阵.

12. 求 λ - 矩阵$\begin{pmatrix}1&2\lambda&\lambda+3&\lambda^2+1\\1&2&0&1\\\lambda+1&2&\lambda^3-1&3\lambda+2\end{pmatrix}$的秩.

13. 判断 λ - 矩阵$\begin{pmatrix}1&\lambda+1&2\\-1&\lambda+2&3\\\lambda&1&4\end{pmatrix}$是否可逆？若可逆,请求其逆矩阵.

14. 计算 λ - 矩阵$\begin{pmatrix}\lambda+1&2&\lambda^2+\lambda-2\\-\lambda^2+3\lambda&0&\lambda\\1&\lambda-2&1\end{pmatrix}+\begin{pmatrix}1&\lambda-1&1\\2&3&\lambda\\0&0&\lambda\end{pmatrix}$的行列式.

15. 判断下列命题是否正确,并说明理由.

(1)将 $\boldsymbol{A}(\lambda)$的第 2 列乘非零多项式 $\varphi(\lambda)$得到 $\boldsymbol{B}(\lambda)$,则 $\boldsymbol{A}(\lambda)$与 $\boldsymbol{B}(\lambda)$等价.

(2)将 $\boldsymbol{A}(\lambda)$的第 1 行的 $\varphi(\lambda)$倍加到第 2 行得到 $\boldsymbol{B}(\lambda)$,再将 $\boldsymbol{B}(\lambda)$的第 3 列乘 3 得到 $\boldsymbol{C}(\lambda)$,则 $\boldsymbol{C}(\lambda)=\boldsymbol{P}(1,2(\varphi(\lambda)))\boldsymbol{A}(\lambda)\boldsymbol{P}(3(3))$.

16. 求下列 λ - 矩阵的秩及其 Smith 标准形.

(1)$\begin{pmatrix}\lambda^3-\lambda&2\lambda^2\\\lambda^2+5\lambda&3\lambda\end{pmatrix}$,　　(2)$\begin{pmatrix}1-\lambda&2\lambda^2&\lambda\\\lambda&2\lambda&-\lambda\\1+\lambda^2&2\lambda^2&-\lambda^2\end{pmatrix}$,

$$(3)\begin{pmatrix} 0 & 0 & 0 & \lambda^2 \\ 0 & 0 & \lambda^2-2\lambda & 0 \\ 0 & (\lambda-1)^2 & 0 & 0 \\ \lambda^2-\lambda & 0 & 0 & 0 \end{pmatrix},\quad (4)\begin{pmatrix} \lambda+1 & 0 & 0 \\ 0 & \lambda+2 & 0 \\ 0 & 0 & (\lambda+3)^2 \end{pmatrix}.$$

17. 设 λ - 矩阵 $\boldsymbol{A}(\lambda)$ 的 Smith 标准形是

$$\begin{pmatrix} 1 & 0 & 0 & 0 \\ 0 & \lambda+1 & 0 & 0 \\ 0 & 0 & (\lambda+1)(\lambda+2) & 0 \\ 0 & 0 & 0 & (\lambda+1)^2(\lambda+2)^3 \end{pmatrix},$$

求 $\boldsymbol{A}(\lambda)$ 的行列式因子、不变因子和初等因子.

18. 设 4×5 的 λ - 矩阵 $\boldsymbol{A}(\lambda)$ 的行列式因子是 $1,\lambda+1,(\lambda+1)^2(\lambda+3)$，求 $\boldsymbol{A}(\lambda)$ 的不变因子、初等因子和 Smith 标准形.

19. 判断下列命题是否正确，并说明理由.

(1) 等价的 λ - 矩阵有相同的初等因子.

(2) 等价的 λ - 矩阵有相同的行列式因子和不变因子.

(3) 若 $n\times n$ 的 λ - 矩阵 $\boldsymbol{A}(\lambda)$ 的秩为 n，则 $\boldsymbol{A}(\lambda)$ 的 n 阶行列式因子是 1.

(4) 若两个 λ - 矩阵有相同的行列式因子，则这两个 λ - 矩阵的秩相同.

20. 求下列 λ - 矩阵的行列式因子、不变因子、初等因子和 Smith 标准形.

$$(1)\boldsymbol{A}(\lambda)=\begin{pmatrix} \lambda-1 & 2 & 2 \\ 2 & \lambda-1 & 2 \\ 2 & 2 & \lambda-1 \end{pmatrix},\quad (2)\boldsymbol{B}(\lambda)=\begin{pmatrix} \lambda-1 & 1 & \lambda \\ \lambda^2+2\lambda-3 & \lambda+2 & 1 \\ 0 & \lambda-2 & \lambda^2-\lambda \end{pmatrix}.$$

21. 设 6 阶矩阵 $\boldsymbol{A}$ 的不变因子是 $1,1,1,1,(\lambda+1)(\lambda+2),(\lambda+1)^2(\lambda+2)^2$，求 $\boldsymbol{A}$ 的初等因子和行列式因子.

22. 设 8 阶矩阵 $\boldsymbol{A}$ 的的初等因子为 $\lambda+1,\lambda+1,\lambda-1,(\lambda+1)^2,(\lambda-1)^3$，求 $\boldsymbol{A}$ 的不变因子和行列式因子.

23. 设 5×6 的 λ - 矩阵 $\boldsymbol{A}(\lambda)$ 的秩为 4，不变因子是

$$\lambda+1,(\lambda-1)^2(\lambda+1),(\lambda-1)^2(\lambda+1)^2,$$

求 $\boldsymbol{A}(\lambda)$ 的初等因子、行列式因子和等价标准形.

24. 设 7×8 的 λ - 矩阵 $\boldsymbol{A}(\lambda)$ 的秩为 7，初等因子是

$$\lambda+1,(\lambda-1)^2,(\lambda+1),(\lambda-1)^2,(\lambda+1)^2,\lambda-1,\lambda+2,$$

求 $\boldsymbol{A}(\lambda)$ 的初等因子、行列式因子和 Smith 标准形.

25. 求下列矩阵的行列式因子、不变因子和初等因子，并求其特征矩阵的 Smith 标

准形.

(1) $A=\begin{pmatrix}3&0&8\\3&-1&6\\-2&0&-5\end{pmatrix}$, (2) $A=\begin{pmatrix}3&0&8\\3&-1&6\\-2&0&-5\end{pmatrix}$,

(3) $A=\begin{pmatrix}1&2&0\\0&2&0\\-2&-2&-1\end{pmatrix}$, (4) $A=\begin{pmatrix}1&1&-1\\-3&-3&3\\-2&-2&2\end{pmatrix}$.

26. 设 $A=\begin{pmatrix}0&1&1\\1&0&1\\1&1&0\end{pmatrix}$, $B=\begin{pmatrix}2&0&0\\0&-1&0\\0&0&-1\end{pmatrix}$, 判断 A,B 是否相似.

27. 设 A 与 B 是数域 P 上的 n 阶矩阵, λE_n-A 等价于

$$\operatorname{diag}(f_1(\lambda),f_2(\lambda),\cdots,f_n(\lambda)),$$

λE_n-B 等价于

$$\operatorname{diag}(f_{i_1}(\lambda),f_{i_2}(\lambda),\cdots,f_{i_n}(\lambda)),$$

其中 $f_{i_1}(\lambda),f_{i_2}(\lambda),\cdots,f_{i_n}(\lambda)$ 是 $f_1(\lambda),f_2(\lambda),\cdots,f_n(\lambda)$ 的一个排列, 证明 A 与 B 相似.

28. 设 n 阶矩阵 A,B,C,D 中 A,C 可逆, 证明: 存在可逆矩阵 P,Q 上使得 $A=PCQ$, $B=PDQ$ 的充分必要条件是 $\lambda A-B$ 与 $\lambda C-D$ 等价.

29. 求下列 Jordan 块的初等因子.

(1) $\begin{pmatrix}2&0&0\\1&2&0\\0&1&2\end{pmatrix}$, (2) (-4), (3) $\begin{pmatrix}-1&0&0&0\\1&-1&0&0\\0&1&-1&0\\0&0&1&-1\end{pmatrix}$.

30. 求下列初等因子对应的 Jordan 块.

(1) $\lambda+3$, (2) $(\lambda+1)^2$, (3) $(\lambda-6)^5$.

31. 求下列 Jordan 矩阵的初等因子.

(1) $\begin{pmatrix}1&0&0&0\\0&2&0&0\\0&1&2&0\\0&0&0&2\end{pmatrix}$, (2) $\begin{pmatrix}1&0&0&0\\0&2&0&0\\0&0&2&0\\0&0&0&3\end{pmatrix}$, (3) $\begin{pmatrix}1&0&0&0&0\\0&2&0&0&0\\0&1&2&0&0\\0&0&0&-1&0\\0&0&0&1&-1\end{pmatrix}$.

32. 已知矩阵 A 的初等因子是 $\lambda+1,(\lambda+2)^3,(\lambda+2)^2,\lambda-4$, 求 A 的 Jordan 形矩阵.

33. 求下列矩阵的 Jordan 标准形.

(1) $\begin{pmatrix} 1 & -1 & 2 \\ 3 & -3 & 6 \\ 2 & -2 & 4 \end{pmatrix}$, (2) $\begin{pmatrix} 0 & 3 & 2 \\ -1 & 8 & 6 \\ 2 & -14 & -10 \end{pmatrix}$.

34. 设 $n(n>1)$ 阶矩阵 $\boldsymbol{A}$ 的秩为 1,试求 $\boldsymbol{A}$ 的 Jordan 标准形.

35. 设矩阵 $\boldsymbol{A}=\begin{pmatrix} 3 & 0 & 8 \\ 3 & -1 & 6 \\ -2 & 0 & -5 \end{pmatrix}$,利用哈密顿-凯莱定理计算

$$f(\boldsymbol{A})=\boldsymbol{A}^5+\boldsymbol{A}^4-2\boldsymbol{A}^3-2\boldsymbol{A}^2+2\boldsymbol{A}+4\boldsymbol{E}.$$

36. 求数量矩阵 $k\boldsymbol{E}_n$ 的最小多项式.

37. 设 $\boldsymbol{A}$ 的最小多项式是 $x+2$,求 $\boldsymbol{A}$.

38. 求矩阵 $\boldsymbol{A}=\begin{pmatrix} 0 & 0 & 0 & 1 \\ 1 & 0 & 0 & 2 \\ 0 & 1 & 0 & 3 \\ 0 & 0 & 1 & 4 \end{pmatrix}$的最小多项式,并求 $\boldsymbol{A}^{-1}$.

39. 设矩阵 $\boldsymbol{A}=\begin{pmatrix} 3 & 0 & 8 \\ 3 & -1 & 6 \\ -2 & 0 & -5 \end{pmatrix}$,求 $\boldsymbol{A}$ 的行列式因子、不变因子、初等因子、Jordan 标准形和最小多项式.

40. 举例说明两个矩阵的特征多项式相同,最小多项式也相同,但它们不相似.

41. 设矩阵 $\boldsymbol{A}=\begin{pmatrix} 1 & 1 \\ 1 & 1 \end{pmatrix}$,证明存在常数 c,使得 $\boldsymbol{A}^4-8\boldsymbol{A}^3-2\boldsymbol{A}^2+2\boldsymbol{A}=c\boldsymbol{A}$.

第5章 矩阵分析

本章在高等数学、线性代数和复变函数论的基础上介绍向量与矩阵的范数、极限、导数与积分,矩阵级数,矩阵函数,讨论范数之间的等价关系,极限与范数之间的关系,矩阵级数和幂级数的收敛性的判定,矩阵函数的计算以及在微分方程组中的应用.

5.1 矩阵范数

5.1.1 向量范数

定义1 设 V 是复数域 $\mathbf{C}$ 上的线性空间. 若从 V 到 $\overline{R^-}$ 定义一个映射 $\|\cdot\|$,使得任意 $\boldsymbol{x}\in V$,在 $\overline{R^-}$ 中都有唯一的非负实数 $\|\boldsymbol{x}\|$ 与之对应,且满足:

(1)正定性:任意 $\boldsymbol{x}\in V$,有 $\|\boldsymbol{x}\|\geqslant 0$,等号成立的充分必要条件是 $\boldsymbol{x}=\boldsymbol{0}$;

(2)齐次性:任意 $\lambda\in P$,任意 $\boldsymbol{x}\in V$,有 $\|\lambda\boldsymbol{x}\|=|\lambda|\,\|\boldsymbol{x}\|$;

(3)三角不等式:任意 $\boldsymbol{x},\boldsymbol{y}\in V$,有 $\|\boldsymbol{x}+\boldsymbol{y}\|\leqslant\|\boldsymbol{x}\|+\|\boldsymbol{y}\|$.

则称 $\|\cdot\|$ 是 V 上的一种范数,此时,V 称为赋范空间.

例1 在酉空间 V 中,定义了向量的长度

$$任意\ \boldsymbol{x}\in V,\ \|\boldsymbol{x}\|=\sqrt{(\boldsymbol{x},\boldsymbol{x})}.$$

由第3章有向量的长度具有三个基本性质:

(1)任意 $\boldsymbol{x}\in V$,有 $\|\boldsymbol{x}\|\geqslant 0$,等号成立的充分必要条件是 $\boldsymbol{x}=\boldsymbol{0}$;

(2)任意 $\lambda\in\mathbf{C}$,任意 $\boldsymbol{x}\in V$,有 $\|\lambda\boldsymbol{x}\|=|\lambda|\,\|\boldsymbol{x}\|$;

(3)任意 $\boldsymbol{x},\boldsymbol{y}\in V$,有 $\|\boldsymbol{x}+\boldsymbol{y}\|\leqslant\|\boldsymbol{x}\|+\|\boldsymbol{y}\|$.

由定义1可知向量 $\boldsymbol{x}$ 的长度 $\|\boldsymbol{x}\|$ 是 $\boldsymbol{x}$ 的范数,记为 $\|\boldsymbol{x}\|_2$. 特别地,当 $V=\mathbf{C}^n$

时,$\boldsymbol{x}=(x_1,x_2,\cdots,x_n)\in\mathbf{C}^n$,

$$\|\boldsymbol{x}\|_2=\sqrt{(\boldsymbol{x},\boldsymbol{x})}=\sqrt{\boldsymbol{x}\boldsymbol{x}^{\mathrm{H}}}=\sqrt{\sum_{i=1}^{n}x_i\overline{x_i}}=\sqrt{\sum_{i=1}^{n}|x_i|^2}$$

称为 $\boldsymbol{x}$ 的 2 范数.

例 2 任意 $\boldsymbol{x}=(x_1,x_2,\cdots,x_n)\in\mathbf{C}^n$,定义

$$\|\boldsymbol{x}\|_1=\sum_{i=1}^{n}|x_i|.$$

验证 $\|\cdot\|_1$ 是 $\mathbf{C}^n$ 上的范数,称为 1 – 范数.

证明 任意 $\boldsymbol{x}=(x_1,x_2,\cdots,x_n),\boldsymbol{y}=(y_1,y_2,\cdots,y_n)\in\mathbf{C}^n$,任意 $\lambda\in\mathbf{C}$.

(1)正定性:

显然,有 $\|\boldsymbol{x}\|_1\geqslant 0$. 若 $\boldsymbol{x}=\boldsymbol{0}$,有 $x_1=x_2=\cdots=x_n=0$,则 $\|\boldsymbol{x}\|_1=\sum_{i=1}^{n}|x_i|=0$;若 $\|\boldsymbol{x}\|_1=0$,即 $\sum_{i=1}^{n}|x_i|=0$,则 $|x_i|=0(i=1,2,\cdots,n)$,从而 $\boldsymbol{x}=\boldsymbol{0}$.

(2)齐次性:

$$\|\lambda\boldsymbol{x}\|_1=\sum_{i=1}^{n}|\lambda x_i|=\sum_{i=1}^{n}|\lambda||x_i|=|\lambda|\sum_{i=1}^{n}|x_i|=|\lambda|\|\boldsymbol{x}\|_1.$$

(3)三角不等式:

$$\|\boldsymbol{x}+\boldsymbol{y}\|_1=\sum_{i=1}^{n}|x_i+y_i|\leqslant\sum_{i=1}^{n}(|x_i|+|y_i|)=\sum_{i=1}^{n}|x_i|+\sum_{i=1}^{n}|y_i|=\|x\|_1+\|y\|_1.$$

由定义 1 有 $\|\cdot\|_1$ 是 $\mathbf{C}^n$ 上的范数.

证毕.

例 3 任意 $\boldsymbol{x}=(x_1,x_2,\cdots,x_n)\in\mathbf{C}^n$,定义

$$\|\boldsymbol{x}\|_\infty=\max_{1\leqslant i\leqslant n}|x_i|.$$

验证 $\|\cdot\|_\infty$ 是 $\mathbf{C}^n$ 上的范数,称为无穷范数.

证明 任意 $\boldsymbol{x}=(x_1,x_2,\cdots,x_n),\boldsymbol{y}=(y_1,y_2,\cdots,y_n)\in\mathbf{C}^n$,任意 $\lambda\in\mathbf{C}$.

(1)正定性:

显然,$\|\boldsymbol{x}\|_\infty\geqslant 0$. 若 $\|\boldsymbol{x}\|_\infty=0$,则 $\max_{1\leqslant i\leqslant n}|x_i|=0$,从而 $|x_i|=0,i=1,2,\cdots,n$. 于是 $\boldsymbol{x}=\boldsymbol{0}$. 若 $\boldsymbol{x}=\boldsymbol{0}$,则 $x_1=x_2=\cdots=x_n=0$,即有 $\|\boldsymbol{x}\|_\infty=0$.

(2)齐次性:

$$\|\lambda\boldsymbol{x}\|_\infty=\max_{1\leqslant i\leqslant n}|\lambda x_i|=\max_{1\leqslant i\leqslant n}|\lambda||x_i|=|\lambda|\max_{1\leqslant i\leqslant n}|x_i|=|\lambda|\|\boldsymbol{x}\|_\infty.$$

(3)三角不等式:

$$\|\boldsymbol{x}+\boldsymbol{y}\|_\infty=\max_{1\leqslant i\leqslant n}|x_i+y_i|\leqslant\max_{1\leqslant i\leqslant n}(|x_i|+|y_i|)\leqslant\max_{1\leqslant i\leqslant n}|x_i|+\max_{1\leqslant i\leqslant n}|y_i|=\|\boldsymbol{x}\|_\infty+\|\boldsymbol{y}\|_\infty.$$

由定义 1 有 $\|\cdot\|_\infty$ 是 $\mathbf{C}^n$ 上的范数.

证毕.

例4 任意 $\boldsymbol{x}=(x_1,x_2,\cdots,x_n)\in\mathbf{C}^n$,定义

$$\|\boldsymbol{x}\|_p=\left(\sum_{i=1}^{n}|x_i|^p\right)^{\frac{1}{p}}.$$

可验证 $\|\cdot\|_p$ 是 $\mathbf{C}^n$ 上的范数,称为 p - 范数.

显然,当 $p=1$ 时,p - 范数就是例2定义的1 - 范数;当 $p=2$ 时,p - 范数就是例1定义的2 - 范数. 下面给出 p - 范数与无穷范数之间的关系.

定理1 任意 $\boldsymbol{x}=(x_1,x_2,\cdots,x_n)\in\mathbf{C}^n$,都有

$$\|\boldsymbol{x}\|_\infty=\lim_{p\to\infty}\|\boldsymbol{x}\|_p$$

证明 当 $\boldsymbol{x}=\mathbf{0}$ 时,$\|\boldsymbol{x}\|_p=0$,$\|\boldsymbol{x}\|_\infty=0$,结论显然成立.

当 $\boldsymbol{x}\neq\mathbf{0}$,记

$$\omega=\max_{1\leqslant i\leqslant n}|x_i|,$$

则有

$$\|\boldsymbol{x}\|_p=\left(\sum_{i=1}^{n}|x_i|^p\right)^{\frac{1}{p}}=\left(\sum_{i=1}^{n}\omega^p\left|\frac{x_i}{\omega}\right|^p\right)^{\frac{1}{p}}=\omega\left(\sum_{i=1}^{n}\left|\frac{x_i}{\omega}\right|^p\right)^{\frac{1}{p}},$$

这里 $\left|\frac{x_i}{\omega}\right|\leqslant1(i=1,2,\cdots,n)$,且至少有一个 $\left|\frac{x_i}{\omega}\right|=1$,故

$$1\leqslant\left(\sum_{i=1}^{n}\left|\frac{x_i}{\omega}\right|^p\right)^{\frac{1}{p}}\leqslant n^{\frac{1}{p}}.$$

又因为 $\lim\limits_{p\to\infty}n^{\frac{1}{p}}=1$,所以由夹逼准则有

$$\lim_{p\to\infty}\left(\sum_{i=1}^{n}\left|\frac{x_i}{\omega}\right|^p\right)^{\frac{1}{p}}=1,$$

故 $\lim\limits_{p\to\infty}\|\boldsymbol{x}\|_p=\omega=\|\boldsymbol{x}\|_\infty$.

证毕.

定义2 设 $\|\cdot\|_\alpha$ 与 $\|\cdot\|_\beta$ 是有限维线性空间 V 上的两个范数. 若任意 $\boldsymbol{x}\in V$,都存在与 $\boldsymbol{x}$ 无关的正常数 c_1,c_2,使得

$$\|\boldsymbol{x}\|_\alpha\leqslant c_1\|\boldsymbol{x}\|_\beta,$$
$$\|\boldsymbol{x}\|_\beta\leqslant c_2\|\boldsymbol{x}\|_\alpha,$$

则称 $\|\cdot\|_\alpha$ 与 $\|\cdot\|_\beta$ 等价.

定理2 n 维线性空间 $\mathbf{C}^n$ 上的范数是相互等价的.

证明 为简单起见,我们仅就 n 维线性空间 $\mathbf{R}^n$ 来证明这一定理. 类似地在 n 维线性空间 $\mathbf{C}^n$ 上可以证明该结论.

设 $\boldsymbol{e}_1,\boldsymbol{e}_2,\cdots,\boldsymbol{e}_n$ 是 $\mathbf{R}^n$ 的一组基,则任意 $\boldsymbol{x}\in\mathbf{R}^n$ 有

$$\boldsymbol{x}=k_1\boldsymbol{e}_1+k_2\boldsymbol{e}_2+\cdots+k_n\boldsymbol{e}_n.$$

定义

$$\|\boldsymbol{x}\|_E=\sqrt{k_1^2+k_2^2+\cdots+k_n^2}.$$

利用定义 1 可以论证 $\|\cdot\|_E$ 是 $\mathbf{R}^n$ 的一种向量范数.

又给定范数

$$\|\boldsymbol{x}\|_\alpha=\|x_1\boldsymbol{e}_1+x_2\boldsymbol{e}_2+\cdots+x_n\boldsymbol{e}_n\|_\alpha.$$

现在来证明 $\|\boldsymbol{x}\|_\alpha$ 与 $\|\boldsymbol{x}\|_E$ 等价.

$\|\boldsymbol{x}\|_\alpha$ 可以看作 n 个变量 $x_1,x_2,\cdots,x_n$ 的函数,记

$$\varphi(x_1,x_2,\cdots,x_n)=\|\boldsymbol{x}\|_\alpha.$$

现在证明 $\varphi(x_1,x_2,\cdots,x_n)$ 是连续函数.

设另一向量

$$\boldsymbol{x}'=x_1'\boldsymbol{e}_1+x_2'\boldsymbol{e}_2+\cdots+x_n'\boldsymbol{e}_n,$$

$\boldsymbol{x}'$ 的范数为 $\|\boldsymbol{x}'\|_\alpha=\varphi(x_1',x_2',\cdots,x_n')$,则有

$$\begin{aligned}&|\varphi(x_1',x_2',\cdots,x_n')-\varphi(x_1,x_2,\cdots,x_n)|\\&=|\,\|\boldsymbol{x}'\|_\alpha-\|\boldsymbol{x}\|_\alpha|\\&\leqslant\|\boldsymbol{x}'-\boldsymbol{x}\|_\alpha\\&=\|(x_1'-x_1)\boldsymbol{e}_1+(x_2'-x_2)\boldsymbol{e}_2+\cdots+(x_n'-x_n)\boldsymbol{e}_n\|_\alpha\\&\leqslant|x_1'-x_1|\,\|\boldsymbol{e}_1\|_\alpha+|x_2'-x_2|\,\|\boldsymbol{e}_2\|_\alpha+\cdots+|x_n'-x_n|\,\|\boldsymbol{e}_n\|_\alpha.\end{aligned}$$

因为 $\|\boldsymbol{e}_i\|_\alpha(i=1,2,\cdots,n)$ 是常数,所以当 x_i' 与 x_i 充分接近时,$\varphi(x_1',x_2',\cdots,x_n')$ 就充分接近 $\varphi(x_1,x_2,\cdots,x_n)$,即 $\varphi(x_1,x_2,\cdots,x_n)$ 是连续函数.

根据连续函数的性质,可知在有界闭集

$$W=\{\boldsymbol{x}=(x_1,x_2,\cdots,x_n)\mid x_1^2+x_2^2+\cdots+x_n^2=1,x_i\in\mathbf{R}(i=1,2,\cdots,n)\}$$

上,函数 $\|\boldsymbol{x}\|_\alpha=\varphi(x_1,x_2,\cdots,x_n)$ 可达到最大值 M 及最小值 m. 而当 $\boldsymbol{x}\in W$ 时,显然 $\boldsymbol{x}\neq\boldsymbol{0}$,因此 $m>0$. 又记

$$d=\sqrt{\sum_{i=1}^n x_i^2}\qquad(\boldsymbol{x}=(x_1,x_2,\cdots,x_n)\in\mathbf{R}^n\text{ 且 }\boldsymbol{x}\neq\boldsymbol{0}),$$

则向量

$$\boldsymbol{y}=\sum_{i=1}^n\frac{x_i}{d}\boldsymbol{e}_i=\frac{1}{d}\boldsymbol{x}$$

的分量满足

$$\sum_{i=1}^n\left(\frac{x_i}{d}\right)^2=1,$$

因此 $\boldsymbol{y}\in W$,于是

$$0 < m \leqslant \|\boldsymbol{y}\|_\alpha = \varphi\left(\frac{x_1}{d}, \frac{x_2}{d}, \cdots, \frac{x_n}{d}\right) \leqslant M.$$

由 $\boldsymbol{x} = d\boldsymbol{y}$ 得

$$\|\boldsymbol{x}\|_\alpha = \|d\boldsymbol{y}\|_\alpha = |d| \|\boldsymbol{y}\|_\alpha = d\|\boldsymbol{y}\|_\alpha.$$

再由上式得

$$md \leqslant \|\boldsymbol{x}\|_\alpha \leqslant Md,$$

即

$$m\|\boldsymbol{x}\|_E \leqslant \|\boldsymbol{x}\|_\alpha \leqslant M\|\boldsymbol{x}\|_E.$$

若取 $c_1 = M, c_2 = \dfrac{1}{m}$,则由此不等式即得

$$\|\boldsymbol{x}\|_\alpha \leqslant c_1\|\boldsymbol{x}\|_E, \|\boldsymbol{x}\|_E \leqslant c_2\|\boldsymbol{x}\|_\alpha,$$

这就是说 $\|\boldsymbol{x}\|_\alpha$ 与 $\|\boldsymbol{x}\|_E$ 是等价的.

同样可以证明 $\|\boldsymbol{x}\|_\beta$ 与 $\|\boldsymbol{x}\|_E$ 是等价的:

$$\|\boldsymbol{x}\|_\beta \leqslant c_3\|\boldsymbol{x}\|_E, \|\boldsymbol{x}\|_E \leqslant c_4\|\boldsymbol{x}\|_\beta,$$

因而有

$$\|\boldsymbol{x}\|_\alpha \leqslant c_1c_4\|\boldsymbol{x}\|_\beta, \|\boldsymbol{x}\|_\beta \leqslant c_3c_2\|\boldsymbol{x}\|_\alpha,$$

即 $\|\boldsymbol{x}\|_\alpha$ 与 $\|\boldsymbol{x}\|_\beta$ 是等价的.

证毕.

5.1.2　矩阵范数

一个 $m \times n$ 矩阵可以看作一个 mn 维向量.因此,可以按向量范数的办法定义范数.但矩阵还有乘法运算,因而对于 $n \times n$ 的矩阵定义相应的范数.

定义 3　在 $\mathbf{C}^{n\times n}$ 到 $\overline{R^-}$ 定义一种映射 $\|\cdot\|$,使得任意 $\boldsymbol{A} \in \mathbf{C}^{n\times n}$ 都有一个非负实数 $\|\boldsymbol{A}\|$ 与之对应,且满足任意 $\boldsymbol{A}, \boldsymbol{B} \in \mathbf{C}^{n\times n}$,任意 $\lambda \in \mathbf{C}$,都有

(1) 正定性:$\|\boldsymbol{A}\| \geqslant 0$,等号成立的充分必要条件是 $\boldsymbol{A} = \boldsymbol{O}$;

(2) 齐次性:$\|\lambda\boldsymbol{A}\| = |\lambda| \|\boldsymbol{A}\|$;

(3) 三角不等式:$\|\boldsymbol{A} + \boldsymbol{B}\| \leqslant \|\boldsymbol{A}\| + \|\boldsymbol{B}\|$;

(4) 相容性:$\|\boldsymbol{AB}\| \leqslant \|\boldsymbol{A}\| \|\boldsymbol{B}\|$;

则称 $\|\cdot\|$ 是 $\mathbf{C}^{n\times n}$ 上的一个矩阵范数,$\|\boldsymbol{A}\|$ 称为 $\boldsymbol{A}$ 的范数.

例 5　验证如下所定义的 $\mathbf{C}^{n\times n}$ 上的非负实值函数是 $\mathbf{C}^{n\times n}$ 上的矩阵范数.

(1) $\|\boldsymbol{A}\|_1 = \max\limits_{1\leqslant j\leqslant n} \sum\limits_{i=1}^{n} |a_{ij}|$ (列模和最大者);

(2) $\|\boldsymbol{A}\|_\infty = \max\limits_{1\leqslant i\leqslant n} \sum\limits_{j=1}^{n} |a_{ij}|$ (行模和最大者);

(3) $\|A\|_2=\max\limits_{1\leqslant j\leqslant n}(\lambda_j(A^{\mathrm H}A))^{\frac{1}{2}}=\sqrt{\lambda_{A^{\mathrm H}A}}$,其中 $\lambda_{A^{\mathrm H}A}$ 是矩阵 $A^{\mathrm H}A$ 的最大特征值,称为 A 的谱范数;

(4) $\|A\|_4=\sum\limits_{i=1}^{n}\sum\limits_{j=1}^{n}|a_{ij}|$;

(5) $\|A\|_5=n\max\limits_{1\leqslant i,j\leqslant n}|a_{ij}|$;

(6) $\|A\|_F=\left(\sum\limits_{i=1}^{n}\sum\limits_{j=1}^{n}|a_{ij}|^2\right)^{\frac{1}{2}}=(\mathrm{tr}(A^{\mathrm H}A))^{\frac{1}{2}}$,称为 A 的 F 范数.

证明 (1)任意 $A=(a_{ij}),B=(b_{ij})\in C^{n\times n}$,任意 $\lambda\in\mathbf C$,

正定性 显然,$\|A\|_1\geqslant 0$. 若 $A=O$,则 $\|A\|_1=0$. 若 $\|A\|_1=0$,则 $\max\limits_{1\leqslant j\leqslant n}\sum\limits_{i=1}^{n}|a_{ij}|=0$,即 $\sum\limits_{i=1}^{n}|a_{ij}|=0(j=1,2,\cdots,n)$,故 $|a_{ij}|=0(i,j=1,2,\cdots,n)$,即 $a_{ij}=0(i,j=1,2,\cdots,n)$,有 $A=O$.

齐次性

$$\|\lambda A\|_1=\max_{1\leqslant j\leqslant n}\sum_{i=1}^{n}|\lambda a_{ij}|=\max_{1\leqslant j\leqslant n}\sum_{i=1}^{n}|\lambda||a_{ij}|=|\lambda|\max_{1\leqslant j\leqslant n}\sum_{i=1}^{n}|a_{ij}|=|\lambda|\|A\|_1.$$

三角不等式

$$\begin{aligned}\|A+B\|_1&=\max_{1\leqslant j\leqslant n}\sum_{i=1}^{n}|a_{ij}+b_{ij}|\leqslant\max_{1\leqslant j\leqslant n}\sum_{i=1}^{n}(|a_{ij}|+|b_{ij}|)\\&\leqslant\max_{1\leqslant j\leqslant n}\sum_{i=1}^{n}|a_{ij}|+\max_{1\leqslant j\leqslant n}\sum_{i=1}^{n}|b_{ij}|=\|A\|_1+\|B\|_1.\end{aligned}$$

相容性

$$\begin{aligned}\|AB\|_1&=\max_{1\leqslant j\leqslant n}\sum_{i=1}^{n}\left|\sum_{k=1}^{n}a_{ik}b_{kj}\right|\leqslant\max_{1\leqslant j\leqslant n}\sum_{i=1}^{n}\sum_{k=1}^{n}|a_{ik}||b_{kj}|=\max_{1\leqslant j\leqslant n}\sum_{k=1}^{n}\sum_{i=1}^{n}|a_{ik}||b_{kj}|\\&=\max_{1\leqslant j\leqslant n}\sum_{k=1}^{n}\left(\sum_{i=1}^{n}|a_{ik}|\right)|b_{kj}|\leqslant\max_{1\leqslant j\leqslant n}\sum_{k=1}^{n}\left(\max_{1\leqslant k\leqslant n}\sum_{i=1}^{n}|a_{ik}|\right)|b_{kj}|\\&=\max_{1\leqslant j\leqslant n}\left(\max_{1\leqslant k\leqslant n}\sum_{i=1}^{n}|a_{ik}|\right)\sum_{k=1}^{n}|b_{kj}|=\max_{1\leqslant k\leqslant n}\sum_{i=1}^{n}|a_{ik}|\max_{1\leqslant j\leqslant n}\sum_{k=1}^{n}|b_{kj}|\\&=\|A\|_1\|B\|_1.\end{aligned}$$

由定义 3 有 $\|A\|_1=\max\limits_{1\leqslant j\leqslant n}\sum\limits_{i=1}^{n}|a_{ij}|$ 是 $\mathbf C^{n\times n}$ 的一种范数.

类似地可以证明(2)~(5).

(6)任意 $A=(a_{ij}),B=(b_{ij})\in\mathbf C^{n\times n}$,任意 $\lambda\in\mathbf C$,

正定性. 显然,$\|A\|_F\geqslant 0$. 当 $A=O$ 时,$A^{\mathrm H}A=0$,从而 $\|A\|_F=0$;当 $\|A\|_F=0$,则 $\sum\limits_{i=1}^{n}\sum\limits_{j=1}^{n}|a_{ij}|=0$,从而 $a_{ij}=0(i,j=1,2,\cdots,n)$,即 $A=O$.

齐次性.

$$\|\lambda A\|_F=\sqrt{\sum_{i=1}^{n}\sum_{j=1}^{n}|\lambda a_{ij}|^2}=\sqrt{\sum_{i=1}^{n}\sum_{j=1}^{n}|\lambda|^2|a_{ij}|^2}=|\lambda|\sqrt{\sum_{i=1}^{n}\sum_{j=1}^{n}|a_{ij}|^2}=|\lambda|\,\|A\|_F.$$

三角不等式.

$$\begin{aligned}\|A+B\|_F&=\sqrt{\sum_{i=1}^{n}\sum_{j=1}^{n}|a_{ij}+b_{ij}|^2}\leqslant\sqrt{\sum_{i=1}^{n}\sum_{j=1}^{n}(|a_{ij}|+|b_{ij}|)^2}\\&=\sqrt{\sum_{i=1}^{n}\sum_{j=1}^{n}(|a_{ij}|^2+2|a_{ij}||b_{ij}|+|b_{ij}|^2)}\\&=\sqrt{\|A\|_F^2+\|B\|_F^2+2\sum_{i=1}^{n}\sum_{j=1}^{n}|a_{ij}||b_{ij}|}\\&\leqslant\sqrt{\|A\|_F^2+\|B\|_F^2+2\sqrt{\sum_{i=1}^{n}\sum_{j=1}^{n}|a_{ij}|^2}\sqrt{\sum_{i=1}^{n}\sum_{j=1}^{n}|b_{ij}|^2}}\\&=\sqrt{\|A\|_F^2+\|B\|_F^2+2\|A\|_F\|B\|_F}\\&=\|A\|_F+\|B\|_F.\end{aligned}$$

相容性.

$$\begin{aligned}\|AB\|_F&=\sqrt{\sum_{i=1}^{n}\sum_{j=1}^{n}|a_{i1}b_{1j}+a_{i2}b_{2j}+\cdots+a_{in}b_{nj}|^2}\\&\leqslant\sqrt{\sum_{i=1}^{n}\sum_{j=1}^{n}(|a_{i1}|^2+|a_{i2}|^2+\cdots+|a_{in}|^2)(|b_{1j}|^2+|b_{2j}|^2+\cdots+|b_{nj}|^2)}\\&=\sqrt{\sum_{i=1}^{n}(|a_{i1}|^2+|a_{i2}|^2+\cdots+|a_{in}|^2)\sum_{j=1}^{n}(|b_{1j}|^2+|b_{2j}|^2+\cdots+|b_{nj}|^2)}\\&=\sqrt{\sum_{i=1}^{n}(|a_{i1}|^2+|a_{i2}|^2+\cdots+|a_{in}|^2)}\sqrt{\sum_{j=1}^{n}(|b_{1j}|^2+|b_{2j}|^2+\cdots+|b_{nj}|^2)}\\&=\sqrt{\sum_{i=1}^{n}\sum_{j=1}^{n}|a_{ij}|^2}\sqrt{\sum_{i=1}^{n}\sum_{j=1}^{n}|b_{ij}|^2}\\&=\|A\|_F\|B\|_F.\end{aligned}$$

由定义 3 有 $\|A\|_F=\left(\sum_{i=1}^{n}\sum_{j=1}^{n}|a_{ij}|^2\right)^{\frac{1}{2}}=(\mathrm{tr}(A^{\mathrm{H}}A))^{\frac{1}{2}}$ 是 $\mathbf{C}^{n\times n}$的一种范数.

证毕.

定理 3　设 $A\in\mathbf{C}^{n\times n}$, U 是酉矩阵,则 $\|UA\|_F=\|A\|_F=\|AU\|_F$.

证明　$\|UA\|_F^2=\mathrm{tr}((UA)^{\mathrm{H}}(UA))=\mathrm{tr}(A^{\mathrm{H}}U^{\mathrm{H}}UA)=\mathrm{tr}(A^{\mathrm{H}}A)=\|A\|_F$,

$\|AU\|_F^2=\mathrm{tr}((AU)^{\mathrm{H}}(AU))=\mathrm{tr}(U^{\mathrm{H}}(A^{\mathrm{H}}A)U)=\mathrm{tr}(A^{\mathrm{H}}A)=\|A\|_F$,

故 $\|UA\|_F=\|A\|_F=\|AU\|_F$.

证毕.

5.1.3　向量范数与矩阵范数之间的关系

定义 4　设 $\|\cdot\|$ 是 $\mathbf{C}^{n\times n}$ 上的一种矩阵范数. 若存在 $\mathbf{C}^n$ 上的一种向量范数 $\|\cdot\|_\alpha$,

使得任意 $A\in \mathbf{C}^{n\times n}$,任意 $x\in \mathbf{C}^n$,都有

$$\|Ax\|_\alpha \leqslant \|A\|\ \|x\|_\alpha$$

则称矩阵范数 $\|\cdot\|$ 与向量范数 $\|\cdot\|_\alpha$ 是相容的.

关于向量范数与矩阵范数之间的关系有如下结论.

(1)对于 $\mathbf{C}^{n\times n}$ 上的任一种矩阵范数,在 $\mathbf{C}^n$ 上都存在与之相容的向量范数;

(2) $\mathbf{C}^{n\times n}$ 上的任两种矩阵范数 $\|\cdot\|_\alpha$, $\|\cdot\|_\beta$ 都是等价的,即任意 $A\in \mathbf{C}^{n\times n}$ 都存在与 A 无关的正数 c_1,c_2,使得

$$\|A\|_\alpha \leqslant c_1\ \|A\|_\beta,\ \|A\|_\beta \leqslant c_2\ \|A\|_\alpha.$$

(3) $\mathbf{C}^{n\times n}$ 上的 F - 范数与 P^n 上的 2 - 范数是相容的. 即任意 $A\in \mathbf{C}^{n\times n}$,任意 $x\in \mathbf{C}^n$ 都有

$$\|Ax\|_2 \leqslant \|A\|_F\ \|x\|_2.$$

证明 记

$$y = Ax = (\eta_1,\eta_2,\cdots,\eta_n)^{\mathrm{T}},$$

则有

$$\begin{aligned}
\|Ax\|_2 &= \|y\|_2 = \sqrt{\sum_{i=1}^{n} |\eta_i|^2} = \sqrt{\sum_{i=1}^{n} |a_{i1}x_1 + a_{i2}x_2 + \cdots + a_{in}x_n|^2} \\
&\leqslant \sqrt{\sum_{i=1}^{n} (|a_{i1}||x_1| + |a_{i2}||x_2| + \cdots + |a_{in}||x_n|)^2} \\
&\leqslant \sqrt{\sum_{i=1}^{n} \left(\sum_{j=1}^{n} |a_{ij}|^2\right)\left(\sum_{j=1}^{n} |x_j|^2\right)} \\
&= \sqrt{\sum_{i=1}^{n}\sum_{j=1}^{n} |a_{ij}|^2}\sqrt{\sum_{j=1}^{n} |x_j|^2} \\
&= \|A\|_F\ \|x\|_2,
\end{aligned}$$

故 $\mathbf{C}^{n\times n}$ 上的 F - 范数与 $\mathbf{C}^n$ 上的 2 - 范数是相容的.

证毕.

5.2 向量与矩阵的极限

5.2.1 向量的极限

定义 1 设 $x^{(m)} = (x_1^{(m)}, x_2^{(m)}, \cdots, x_n^{(m)})(m=1,2,\cdots)$ 是 $\mathbf{C}^n$ 中的向量序列. 若 n 个极限

$$\lim_{m\to\infty} x_i^{(m)} = x_i (i=1,2,\cdots,n)$$

都成立,则称向量序列 $\{x^{(m)}\}_{m=1}^{\infty}$ 收敛于向量 $x=(x_1,x_2,\cdots,x_n)$,记作

$$\lim_{m\to\infty}\boldsymbol{x}^{(m)}=\boldsymbol{x}$$

或

$$\boldsymbol{x}^{(m)}\to\boldsymbol{x}(m\to\infty).$$

若 n 个极限极限 $\lim_{m\to\infty}x_i^{(m)}=x_i(i=1,2,\cdots,n)$ 中有一个不存在,则称向量序列 $\{\boldsymbol{x}^{(m)}\}_{m=1}^{\infty}$ 是发散的.

由定义 1 可知,向量序列的收敛性归结于 n 个坐标数列的收敛性.

例 1　$\lim_{m\to\infty}\left(\frac{1}{2^m},\frac{3m+2}{4m-3},\left(1-\frac{1}{m}\right)^m\right)=\left(0,\frac{3}{4},\mathrm{e}^{-1}\right).$

向量序列的极限与向量范数之间的关系有如下定理.

定理 1　线性空间 $\mathbf{C}^n$ 中的向量序列 $\{\boldsymbol{x}^{(m)}\}_{m=1}^{\infty}$ 收敛于 $\boldsymbol{x}$ 的充分必要条件是对于 $\mathbf{C}^n$ 的任意一种向量范数 $\|\cdot\|$,都有

$$\lim_{m\to\infty}\|\boldsymbol{x}^{(m)}-\boldsymbol{x}\|=0$$

证明　因为向量范数具有等价性,所以只需证明对一种向量范数结论成立,则对任意一种向量范数结论也成立,因而取向量范数 $\|\cdot\|_\infty$.

充分性　若对于向量范数 $\|\cdot\|_\infty$,有

$$\lim_{m\to\infty}\|\boldsymbol{x}^{(m)}-\boldsymbol{x}\|_\infty=0,$$

则

$$\|\boldsymbol{x}^{(m)}-\boldsymbol{x}\|_\infty=\max_{1\leqslant i\leqslant n}|x_i^{(m)}-x_i|\to0(m\to\infty),$$

从而对于 $i=1,2,\cdots,n$ 有 $x_i^{(m)}\to x_i(m\to\infty)$. 因此

$$\boldsymbol{x}^{(m)}\to\boldsymbol{x}(m\to\infty).$$

必要性　若 $\boldsymbol{x}^{(m)}\to\boldsymbol{x}(m\to\infty)$,则由定义 1 有

$$\lim_{m\to\infty}x_i^{(m)}=x_i(i=1,2,\cdots,n)$$

都存在. 因此任意 $\varepsilon>0$,存在 $M_i>0$,使得当 $m>M_i$ 时,有

$$|x_i^{(m)}-x_i|<\varepsilon(i=1,2,\cdots,n).$$

取 $M=\max_{1\leqslant i\leqslant n}M_i$,则当 $m>M$ 时,都有

$$|x_i^{(m)}-x_i|<\varepsilon(i=1,2,\cdots,n),$$

故

$$\max_{1\leqslant i\leqslant n}|x_i^{(m)}-x_i|<\varepsilon,$$

即

$$\|\boldsymbol{x}^{(m)}-\boldsymbol{x}\|_\infty<\varepsilon.$$

因此,

$$\lim_{m\to\infty}\|\boldsymbol{x}^{(m)}-\boldsymbol{x}\|_\infty=0.$$

证毕.

5.2.2 矩阵的极限

定义 2 设 $\boldsymbol{A}^{(m)}=(a_{ij}^{(m)})(m=1,2,\cdots)$ 是线性空间 $\mathbf{C}^{s\times n}$ 中的矩阵序列. 若 $s\times n$ 个极限

$$\lim_{m\to\infty}a_{ij}^{(m)}=a_{ij}(i=1,2,\cdots,s;j=1,2,\cdots,n)$$

都存在,则称矩阵序列 $\{\boldsymbol{A}^{(m)}\}_{m=1}^{\infty}$ 收敛于矩阵 $\boldsymbol{A}=(a_{ij})$,记作

$$\lim_{m\to\infty}\boldsymbol{A}^{(m)}=\boldsymbol{A}$$

或

$$\boldsymbol{A}^{(m)}\to\boldsymbol{A}(m\to\infty).$$

否则,称矩阵序列 $\{\boldsymbol{A}^{(m)}\}_{m=1}^{\infty}$ 发散.

例 2
$$\lim_{m\to\infty}\begin{pmatrix} m\sin\dfrac{1}{m} & \dfrac{2m-3}{4m+6} & \left(1+\dfrac{1}{m}\right)^{m} \\ 0 & \sin\dfrac{\pi}{m} & \left(1-\dfrac{1}{m}\right)^{m}\end{pmatrix}=\begin{pmatrix}1 & \dfrac{1}{2} & \mathrm{e}\\ 0 & 0 & \mathrm{e}^{-1}\end{pmatrix}.$$

线性空间 $\mathbf{C}^{n\times n}$ 中矩阵序列的极限与矩阵范数之间的关系有如下定理.

定理 2 $\mathbf{C}^{n\times n}$ 中的矩阵序列 $\{\boldsymbol{A}^{(m)}\}_{m=1}^{\infty}$ 收敛于 $\boldsymbol{A}$ 的充分必要条件是对于 $\mathbf{C}^{n\times n}$ 上的任一种矩阵范数 $\|\cdot\|$,都有

$$\lim_{m\to\infty}\|\boldsymbol{A}^{(m)}-\boldsymbol{A}\|=0.$$

定理 2 的证明类似于定理 1 的证明.

5.2.3 矩阵序列的性质

定理 3 设 $\{\boldsymbol{A}^{(m)}\}_{m=1}^{\infty}$ 是 $\mathbf{C}^{n\times n}$ 中的一个矩阵序列. 若

$$\lim_{m\to\infty}\boldsymbol{A}^{(m)}=\boldsymbol{A},$$

则对于 $\mathbf{C}^{n\times n}$ 上的任意一种矩阵范数 $\|\cdot\|$,都有数列 $\{\|\boldsymbol{A}^{(m)}\|\}$ 是有界的.

证明 因为矩阵范数具有等价性,所以只需证明在一种矩阵范数下结论成立即可. 故矩阵范数取 F – 范数.

由 $\lim\limits_{m\to\infty}\boldsymbol{A}^{(m)}=\boldsymbol{A}$ 有 $\lim\limits_{m\to\infty}\|\boldsymbol{A}^{(m)}-\boldsymbol{A}\|_F=0$. 因此数列 $\{\|\boldsymbol{A}^{(m)}-\boldsymbol{A}\|_F\}$ 有界,即有正数 M_1,使得

$$\|\boldsymbol{A}^{(m)}-\boldsymbol{A}\|_F\leqslant M_1,$$

从而

$$\|\boldsymbol{A}^{(m)}\|_F=\|\boldsymbol{A}^{(m)}-\boldsymbol{A}+\boldsymbol{A}\|_F\leqslant\|\boldsymbol{A}^{(m)}-\boldsymbol{A}\|_F+\|\boldsymbol{A}\|_F\leqslant M_1+\|\boldsymbol{A}\|_F=M.$$

因此数列$\{\|A^{(m)}\|_F\}$是有界的.

证毕.

定理 4 设$\{A^{(m)}\}_{m=1}^{\infty}$，$\{B^{(m)}\}_{m=1}^{\infty}$是$\mathbf{C}^{n\times n}$中的两个矩阵序列，$\{a_m\}_{m=1}^{\infty}$，$\{b_m\}_{m=1}^{\infty}$是复数域$\mathbf{C}$中的两个数列. 若

$$\lim_{m\to\infty} A^{(m)} = A,$$
$$\lim_{m\to\infty} B^{(m)} = B,$$
$$\lim_{m\to\infty} a_m = a,$$
$$\lim_{m\to\infty} b_m = b.$$

则

$$\lim_{m\to\infty}(a_m A^{(m)} + b_m B^{(m)}) = aA + bB,$$
$$\lim_{m\to\infty} A^{(m)} B^{(m)} = AB.$$

证明 任意$\varepsilon>0$，对于$\mathbf{C}^{n\times n}$上的任一种矩阵范数$\|\cdot\|$，由$\lim\limits_{m\to\infty} A^{(m)} = A$有

$$\lim_{m\to\infty}\|A^{(m)} - A\| = 0,$$

由$\lim\limits_{m\to\infty} B^{(m)} = B$有

$$\lim_{m\to\infty}\|B^{(m)} - B\| = 0,$$

则存在正数M_1, M_2，使得当$m>M_1$时，有

$$\|A^{(m)} - A\| < \varepsilon,$$

当$m>M_2$时，有

$$\|B^{(m)} - B\| < \varepsilon.$$

由$\lim\limits_{m\to\infty} a_m = a$，$\lim\limits_{m\to\infty} b_m = b$有存在正数$M_3, M_4$，使得当$m>M_3$时，有

$$|a_m - a| < \varepsilon,$$

当$m>M_4$时，有

$$|b_m - b| < \varepsilon,$$

故取$M=\max\{M_1, M_2, M_3, M_4\}$，则当$m>M$时，有

$$\begin{aligned}
&\|a_m A^{(m)} + b_m B^{(m)} - (aA + bB)\| \\
&= \|a_m A^{(m)} - aA + b_m B^{(m)} - bB\| \\
&= \|a_m (A^{(m)} - A) + (a_m - a)A + b_m (B^{(m)} - B) + (b_m - b)B\| \\
&\leqslant \|a_m (A^{(m)} - A)\| + \|(a_m - a)A\| + \|b_m (B^{(m)} - B)\| + \|(b_m - b)B\| \\
&= |a_m|\,\|A^{(m)} - A\| + |a_m - a|\,\|A\| + |b_m|\,\|B^{(m)} - B\| + |b_m - b|\,\|B\| \\
&< |a_m|\varepsilon + \|A\|\varepsilon + |b_m|\varepsilon + \|B\|\varepsilon = (|a_m| + \|A\| + |b_m| + \|B\|)\varepsilon.
\end{aligned}$$

利用收敛数列的有界性,由

$$\lim_{m\to\infty} a_m = a, \lim_{m\to\infty} b_m = b$$

存在正数 T_1, T_2,使得

$$|a_m| \leqslant T_1, |b_m| \leqslant T_2,$$

则

$$\| a_m \boldsymbol{A}^{(m)} + b_m \boldsymbol{B}^{(m)} - (a\boldsymbol{A} + b\boldsymbol{B}) \| < (T_1 + \|\boldsymbol{A}\| + T_2 + \|\boldsymbol{B}\|)\varepsilon.$$

记

$$T = T_1 + \|\boldsymbol{A}\| + T_2 + \|\boldsymbol{B}\|,$$

则

$$\| a_m \boldsymbol{A}^{(m)} + b_m \boldsymbol{B}^{(m)} - (a\boldsymbol{A} + b\boldsymbol{B}) \| < T\varepsilon.$$

由定理 2 有

$$\lim_{m\to\infty} (a_m \boldsymbol{A}^{(m)} + b_m \boldsymbol{B}^{(m)}) = a\boldsymbol{A} + b\boldsymbol{B}.$$

取 $M = \max\{M_1, M_2\}$,则当 $m > M$ 时,有

$$\begin{aligned}
&\| \boldsymbol{A}^{(m)} \boldsymbol{B}^{(m)} - \boldsymbol{A}\boldsymbol{B} \| \\
&= \| (\boldsymbol{A}^{(m)} - \boldsymbol{A})\boldsymbol{B}^{(m)} + \boldsymbol{A}(\boldsymbol{B}^{(m)} - \boldsymbol{B}) \| \\
&\leqslant \| (\boldsymbol{A}^{(m)} - \boldsymbol{A})\boldsymbol{B}^{(m)} \| + \| \boldsymbol{A}(\boldsymbol{B}^{(m)} - \boldsymbol{B}) \| \\
&\leqslant \| \boldsymbol{A}^{(m)} - \boldsymbol{A} \| \| \boldsymbol{B}^{(m)} \| + \| \boldsymbol{A} \| \| \boldsymbol{B}^{(m)} - \boldsymbol{B} \| \\
&< \| \boldsymbol{B}^{(m)} \| \varepsilon + \| \boldsymbol{A} \| \varepsilon = (\| \boldsymbol{B}^{(m)} \| + \| \boldsymbol{A} \|)\varepsilon.
\end{aligned}$$

由 $\lim\limits_{m\to\infty} \boldsymbol{B}^{(m)} = \boldsymbol{B}$ 和定理 3 有存在正数 K,使得

$$|\boldsymbol{B}^{(m)}| \leqslant K,$$

则

$$\| \boldsymbol{A}^{(m)} \boldsymbol{B}^{(m)} - \boldsymbol{A}\boldsymbol{B} \| < (K + \|\boldsymbol{A}\|)\varepsilon.$$

记

$$T' = K + \|\boldsymbol{A}\|,$$

则

$$\| \boldsymbol{A}^{(m)} \boldsymbol{B}^{(m)} - \boldsymbol{A}\boldsymbol{B} \| < T'\varepsilon.$$

由定理 2 有

$$\lim_{m\to\infty} \boldsymbol{A}^{(m)} \boldsymbol{B}^{(m)} = \boldsymbol{A}\boldsymbol{B}.$$

证毕.

定理 5 设 $\{\boldsymbol{A}^{(m)}\}_{m=1}^{\infty}$ 是 $\mathbf{C}^{n\times n}$ 中的一个矩阵序列. 若

$$\lim_{m\to\infty} \boldsymbol{A}^{(m)} = \boldsymbol{A},$$

则当 $\boldsymbol{A}^{(m)}$ 与 $\boldsymbol{A}^{-1}$ $(m = 1, 2, \cdots)$ 均可逆时,有 $\lim\limits_{m\to\infty} (\boldsymbol{A}^{(m)})^{-1} = \boldsymbol{A}^{-1}$.

证明 因为

$$A^{(m)}(A^{(m)})^{-1}=(A^{(m)})^{-1}A^{(m)}=E,$$

所以由定理4有

$$\lim_{m\to\infty}(A^{(m)})^{-1}=A^{-1}.$$

证毕.

定义3 设$A\in\mathbf{C}^{n\times n}$,$\lambda_1,\lambda_2,\cdots,\lambda_n$是$A$在复数域$\mathbf{C}$中的$n$个特征值,称$\max\limits_{1\leqslant i\leqslant n}|\lambda_i|$为$A$的谱半径,记作$\rho(A)$,即

$$\rho(A)=\max_{1\leqslant i\leqslant n}|\lambda_i|.$$

定理6 设$A\in\mathbf{C}^{n\times n}$的谱半径为$\rho(A)$,则任意$\varepsilon>0$,存在一种矩阵范数$\|\cdot\|$,使得

$$\|A\|\leqslant\rho(A)+\varepsilon.$$

证明 一定存在可逆矩阵P,使得

$$A=PJP^{-1},$$

其中J是以J_i为Jordan块构成的Jordan标准形.

任意$\varepsilon>0$,构造一个对角矩阵

$$D_\varepsilon=\begin{pmatrix}1&&&&\\&\varepsilon&&&\\&&\varepsilon^2&&\\&&&\ddots&\\&&&&\varepsilon^{n-1}\end{pmatrix}.$$

对于任意$A\in\mathbf{C}^{n\times n}$,定义非负函数

$$\|A\|_\varepsilon=\|P^{-1}D_\varepsilon^{-1}JD_\varepsilon P\|_\infty,$$

其中$\|\cdot\|_\infty$是矩阵的无穷范数.可以验证$\|A\|_\varepsilon$是$\mathbf{C}^{n\times n}$上的一种矩阵范数.

考虑J中一个n_i阶Jordan块

$$J_i=\lambda_iE+N,$$

其中λ_i是特征值,N是幂零矩阵,则

$$D'^{-1}_\varepsilon J_iD'_\varepsilon=\lambda_iE+\varepsilon N,\text{其中}D'_\varepsilon\text{为}J\text{中}J_i\text{在}D_\varepsilon\text{中对应的块}.$$

因此$J_\varepsilon=D_\varepsilon^{-1}JD_\varepsilon$的每一行元素绝对值之和的最大值不超过$\rho(A)+\varepsilon$,即

$$\|J_\varepsilon\|_\infty=\|D_\varepsilon^{-1}JD_\varepsilon\|_\infty\leqslant\rho(A)+\varepsilon.$$

又因为

$$\|A\|_\varepsilon=\|P^{-1}D_\varepsilon^{-1}JD_\varepsilon P\|_\infty\leqslant\|D_\varepsilon^{-1}JD_\varepsilon\|_\infty,$$

所以

$$\|A\|_\varepsilon\leqslant\rho(A)+\varepsilon.$$

证毕.

定理7 设$A\in \mathbf{C}^{n\times n}$的谱半径为$\rho(A)$,则对于任意一种矩阵范数$\|\cdot\|$,都有

$$\rho(A)\leqslant \|A\|.$$

证明 设λ是A的一个特征值,v是A属于λ的一个特征向量,即

$$Av=\lambda v,$$

则对于任意一种矩阵范数$\|\cdot\|$,存在一种向量范数$\|\cdot\|_\alpha$,使得

$$|\lambda|\,\|v\|_\alpha=\|\lambda v\|_\alpha=\|Av\|_\alpha\leqslant \|A\|\,\|v\|_\alpha,$$

两端除以$\|v\|_\alpha$,得

$$|\lambda|\leqslant \|A\|,$$

因此

$$\rho(A)\leqslant \|A\|.$$

证毕.

定义4 设$A\in \mathbf{C}^{n\times n}$,称矩阵序列$E,A,A^2,\cdots,A^m,\cdots$为$A$的序列,记作$\{A^m\}_{m=0}^{\infty}$.

下面研究矩阵序列$\{A^m\}_{m=0}^{\infty}$的收敛性及性质.

定理8 设$A\in \mathbf{C}^{n\times n}$,则$\lim\limits_{m\to\infty}A^m=0$的充分必要条件是$\rho(A)<1$.

证明 充分性.由$\rho(A)<1$有存在$\varepsilon>0$,使得$\rho(A)+\varepsilon<1$.由定理6可知,存在一种矩阵范数$\|\cdot\|$,使得

$$\|A\|\leqslant \rho(A)+\varepsilon,$$

故

$$\|A^m-O\|=\|A^m\|\leqslant \|A\|\,\|A^{m-1}\|\leqslant\cdots\leqslant \|A\|^m\leqslant(\rho(A)+\varepsilon)^m\to 0\quad (m\to\infty).$$

从而由定理2有

$$\lim_{m\to\infty}A^m=O.$$

必要性.由$\lim\limits_{m\to\infty}A^m=O$有对任意一种矩阵范数$\|\cdot\|$,

$$\lim_{m\to\infty}\|A^m-O\|=\lim_{m\to\infty}\|A^m\|=0.$$

由定理7有

$$\rho(A^m)\leqslant \|A^m\|\to 0(m\to\infty).$$

设λ是A的特征值,x是A对于λ的特征向量,则

$$Ax=\lambda x.$$

因此,

$$A^m x=\lambda^m x,$$

即λ^m是A^m的特征值,从而

$$\rho(A^m)=(\rho(A))^m,$$

故

$$\rho(\boldsymbol{A})<1.$$

证毕.

5.2.4　函数矩阵的极限及连续性

定义5　设 $a_{ij}(t)(i=1,2,\cdots,s;j=1,2,\cdots,n)$ 是变量 t 的一元函数,称

$$\boldsymbol{A}(t)=(a_{ij}(t))$$

为函数矩阵.若

$$\lim_{t\to t_0}a_{ij}(t)=a_{ij}(i=1,2,\cdots,s;j=1,2,\cdots,n)$$

都成立,则称函数矩阵 $\boldsymbol{A}(t)$ 收敛于矩阵 $\boldsymbol{A}=(a_{ij})_{s\times n}$,记作

$$\lim_{t\to t_0}\boldsymbol{A}(t)=\boldsymbol{A}$$

或

$$\boldsymbol{A}(t)\to\boldsymbol{A}(t\to t_0).$$

否则,称函数矩阵 $\boldsymbol{A}(t)$ 在 $t\to t_0$ 时发散.

若

$$\lim_{t\to t_0}\boldsymbol{A}(t)=\boldsymbol{A}(t_0),$$

则称 $\boldsymbol{A}(t)$ 在 t_0 点是连续的.

例3　$\lim\limits_{t\to 0}\begin{pmatrix}2t+1 & \dfrac{\sin t}{t}\\ (1+t)^{\frac{1}{t}} & 2\end{pmatrix}=\begin{pmatrix}1 & 1\\ \mathrm{e} & 2\end{pmatrix}$,

$$\lim_{t\to\frac{\pi}{2}}\mathrm{e}^{-3\pi}\begin{pmatrix}\cos(4t)-\sin(4t) & \sin(4t) & 0\\ -2\sin(2t) & \cos(2t)-\sin(2t) & 1\end{pmatrix}=\mathrm{e}^{-\frac{3}{2}\pi}\begin{pmatrix}1 & 0 & 0\\ 0 & -1 & 1\end{pmatrix}.$$

5.3　矩阵的微分与积分

5.3.1　矩阵的微分

定义1　设 $\boldsymbol{A}(t)=(a_{ij}(t))\in\mathbf{C}^{s\times n}$.若 $a_{ij}(t)(i=1,2,\cdots,s;j=1,2,\cdots,n)$ 是变量 t 的可微函数,则称函数矩阵 $\boldsymbol{A}(t)$ 是可微的,且

$$\boldsymbol{A}'(t)=\frac{\mathrm{d}\boldsymbol{A}(t)}{\mathrm{d}t}=\left(\frac{\mathrm{d}a_{ij}(t)}{\mathrm{d}t}\right)=(a_{ij}'(t)).$$

定理1　设 $\boldsymbol{A}(t)$ 和 $\boldsymbol{B}(t)$ 是可进行运算的两个可微函数矩阵,则以下的运算规则成立.

(1) $(\boldsymbol{A}(t)+\boldsymbol{B}(t))'=\boldsymbol{A}'(t)+\boldsymbol{B}'(t)$;

(2) $(\boldsymbol{A}(t)\boldsymbol{B}(t))' = \boldsymbol{A}'(t)\boldsymbol{B}(t) + \boldsymbol{A}(t)\boldsymbol{B}'(t)$;

特别的有

$$(a(t)\boldsymbol{A}(t))' = a'(t)\boldsymbol{A}(t) + a(t)\boldsymbol{A}'(t);$$

(3) $(\boldsymbol{A}(f(t)))' = \boldsymbol{A}'(f(t))f'(t)$;

(4) 当 $s=n$ 时,若 $\boldsymbol{A}(t)$ 可逆,且 $\boldsymbol{A}(t)$ 与 $\boldsymbol{A}^{-1}(t)$ 是可微的,则

$$(\boldsymbol{A}^{-1}(t))' = -\boldsymbol{A}^{-1}(t)\boldsymbol{A}'(t)\boldsymbol{A}^{-1}(t).$$

证明 仅证明(4),(1)~(3)留给读者自证.

由 $\boldsymbol{A}(t)$ 可逆,且 $\boldsymbol{A}(t)$ 与 $\boldsymbol{A}^{-1}(t)$ 是可微的,有

$$\boldsymbol{A}(t)\boldsymbol{A}^{-1}(t) = \boldsymbol{E},$$

两端对 t 求导,得

$$\boldsymbol{A}'(t)\boldsymbol{A}^{-1}(t) + \boldsymbol{A}(t)(\boldsymbol{A}^{-1}(t))' = 0$$

即得

$$(\boldsymbol{A}^{-1}(t))' = -\boldsymbol{A}^{-1}(t)\boldsymbol{A}'(t)\boldsymbol{A}^{-1}(t).$$

证毕.

例 1 设 $\boldsymbol{A}(t) = \begin{pmatrix} \sin t & \cos t & t \\ \dfrac{\sin t}{t} & \mathrm{e}^t & t^2 \\ 1 & 0 & t^3 \end{pmatrix}$,则

$$\boldsymbol{A}'(t) = \begin{pmatrix} \cos t & -\sin t & 1 \\ \dfrac{t\cos t - \sin t}{t^2} & \mathrm{e}^t & 2t \\ 0 & 0 & 3t^2 \end{pmatrix}.$$

例 2 设 $\boldsymbol{A}(t) = \begin{pmatrix} \sin t & \cos t \\ -\cos t & \sin t \end{pmatrix}$,则

$$\boldsymbol{A}^2(t) = \begin{pmatrix} -\cos(2t) & \sin(2t) \\ -\sin(2t) & -\cos(2t) \end{pmatrix},$$

$$\frac{\mathrm{d}}{\mathrm{d}t}(\boldsymbol{A}^{-1}(t)) = \begin{pmatrix} \cos t & \sin t \\ -\sin t & \cos t \end{pmatrix},$$

$$\frac{\mathrm{d}}{\mathrm{d}t}(\boldsymbol{A}^2(t)) = \begin{pmatrix} 2\sin(2t) & 2\cos(2t) \\ -2\cos(2t) & 2\sin(2t) \end{pmatrix}.$$

定义 2 设 $f(x) = f(x_1, x_2 \cdots, x_n)$ 是可微函数,$\boldsymbol{x} = (x_1, x_2 \cdots, x_n)$. 称

$$\left(\frac{\partial f}{\partial x_1}, \frac{\partial f}{\partial x_2}, \cdots, \frac{\partial f}{\partial x_n}\right)$$

为函数 $f(x)$ 对向量 $\boldsymbol{x}$ 的导数,记为$\frac{\mathrm{d}f}{\mathrm{d}\boldsymbol{x}}$,即

$$\frac{\mathrm{d}f}{\mathrm{d}\boldsymbol{x}}=\left(\frac{\partial f}{\partial x_1},\frac{\partial f}{\partial x_2},\cdots,\frac{\partial f}{\partial x_n}\right).$$

定义 3　设 $\boldsymbol{Z}=(z_{ij})_{m\times n}$,$\boldsymbol{X}=(x_{kl})_{p\times q}$,且

$$z_{ij}(i=1,2,\cdots,m;j=1,2,\cdots,n)$$

是

$$x_{kl}(k=1,2,\cdots,p;l=1,2,\cdots,q)$$

的可微函数,则称

$$\begin{pmatrix}\frac{\partial \boldsymbol{Z}}{\partial x_{11}} & \frac{\partial \boldsymbol{Z}}{\partial x_{12}} & \cdots & \frac{\partial \boldsymbol{Z}}{\partial x_{1q}}\\ \frac{\partial \boldsymbol{Z}}{\partial x_{21}} & \frac{\partial \boldsymbol{Z}}{\partial x_{22}} & \cdots & \frac{\partial \boldsymbol{Z}}{\partial x_{2q}}\\ \vdots & \vdots & & \vdots\\ \frac{\partial \boldsymbol{Z}}{\partial x_{p1}} & \frac{\partial \boldsymbol{Z}}{\partial x_{p2}} & \cdots & \frac{\partial \boldsymbol{Z}}{\partial x_{pq}}\end{pmatrix}$$

为矩阵 $\boldsymbol{Z}$ 对矩阵 $\boldsymbol{X}$ 的导数,记为$\frac{\mathrm{d}\boldsymbol{Z}}{\mathrm{d}\boldsymbol{X}}$,即

$$\frac{\mathrm{d}\boldsymbol{Z}}{\mathrm{d}\boldsymbol{X}}=\begin{pmatrix}\frac{\partial \boldsymbol{Z}}{\partial x_{11}} & \frac{\partial \boldsymbol{Z}}{\partial x_{12}} & \cdots & \frac{\partial \boldsymbol{Z}}{\partial x_{1q}}\\ \frac{\partial \boldsymbol{Z}}{\partial x_{21}} & \frac{\partial \boldsymbol{Z}}{\partial x_{22}} & \cdots & \frac{\partial \boldsymbol{Z}}{\partial x_{2q}}\\ \vdots & \vdots & & \vdots\\ \frac{\partial \boldsymbol{Z}}{\partial x_{p1}} & \frac{\partial \boldsymbol{Z}}{\partial x_{p2}} & \cdots & \frac{\partial \boldsymbol{Z}}{\partial x_{pq}}\end{pmatrix}.$$

例 3　设 $\boldsymbol{Y}=(y_1,y_2,\cdots,y_n)^{\mathrm{T}}$,$\boldsymbol{X}=(x_1,x_2,\cdots,x_m)$,其中

$$y_i(i=1,2,\cdots,n)$$

是

$$x_j(j=1,2,\cdots,m)$$

的可微函数,则

$$\frac{\mathrm{d}\boldsymbol{Y}}{\mathrm{d}\boldsymbol{X}}=\left(\frac{\partial \boldsymbol{Y}}{\partial x_1},\frac{\partial \boldsymbol{Y}}{\partial x_2},\cdots,\frac{\partial \boldsymbol{Y}}{\partial x_m}\right)=\begin{pmatrix}\frac{\partial y_1}{\partial x_1} & \frac{\partial y_1}{\partial x_2} & \cdots & \frac{\partial y_1}{\partial x_m}\\ \frac{\partial y_2}{\partial x_1} & \frac{\partial y_2}{\partial x_2} & \cdots & \frac{\partial y_2}{\partial x_m}\\ \vdots & \vdots & & \vdots\\ \frac{\partial y_n}{\partial x_1} & \frac{\partial y_n}{\partial x_2} & \cdots & \frac{\partial y_n}{\partial x_m}\end{pmatrix}.$$

例 4 设 $\boldsymbol{Z}=\begin{pmatrix} xyz & \sin(xyz) \\ (xy)^2 & e^x \end{pmatrix}$，$\boldsymbol{X}=(x,y,z)$，则.

$$\frac{\mathrm{d}\boldsymbol{Z}}{\mathrm{d}\boldsymbol{X}}=\left(\frac{\partial \boldsymbol{Z}}{\partial x},\frac{\partial \boldsymbol{Z}}{\partial y},\frac{\partial \boldsymbol{Z}}{\partial z}\right)$$

$$=\begin{pmatrix} yz & yz\cos(xyz) & xz & xz\cos(xyz) & xy & xy\cos(xyz) \\ 2xy^2 & e^x & 2x^2y & 0 & 0 & 0 \end{pmatrix}.$$

例 5 设 $\boldsymbol{Z}=\begin{pmatrix} x^2+xyz & 2xt \\ xyt & x^2+z \end{pmatrix}$，$\boldsymbol{X}=\begin{pmatrix} x & y \\ z & t \end{pmatrix}$，则

$$\frac{\mathrm{d}\boldsymbol{Z}}{\mathrm{d}\boldsymbol{X}}=\begin{pmatrix} \dfrac{\partial \boldsymbol{Z}}{\partial x} & \dfrac{\partial \boldsymbol{Z}}{\partial y} \\ \dfrac{\partial \boldsymbol{Z}}{\partial z} & \dfrac{\partial \boldsymbol{Z}}{\partial t} \end{pmatrix}=\begin{pmatrix} 2x+yz & 2t & xz & 0 \\ yt & 2x & xt & 0 \\ xy & 0 & 0 & 2x \\ 0 & 1 & xy & 0 \end{pmatrix}.$$

5.3.2 矩阵的积分

定义 4 设函数矩阵 $\boldsymbol{A}(t)=(a_{ij}(t))_{m\times n}$. 若 $a_{ij}(t)(i=1,2,\cdots,m;j=1,2,\cdots,n)$ 在闭区间 $[a,b]$ 上可积，则称

$$\left(\int_a^b a_{ij}(t)\,\mathrm{d}t\right)_{m\times n}$$

为 $\boldsymbol{A}(t)$ 在闭区间 $[a,b]$ 上的定积分，记作

$$\int_a^b \boldsymbol{A}(t)\,\mathrm{d}t.$$

称

$$\left(\int a_{ij}(t)\,\mathrm{d}t\right)_{m\times n}$$

为 $A(t)$ 的不定积分，记作

$$\int \boldsymbol{A}(t)\,\mathrm{d}t.$$

函数矩阵的积分有如下性质：

(1) $\int(\alpha\boldsymbol{A}(t)+\beta\boldsymbol{B}(t))\,\mathrm{d}t=\alpha\int\boldsymbol{A}(t)\,\mathrm{d}t+\beta\int\boldsymbol{B}(t)\,\mathrm{d}t$，其中 α,β 为非零常数.

(2) $\int\boldsymbol{A}^{\mathrm{T}}(t)\,\mathrm{d}t=\left[\int\boldsymbol{A}(t)\,\mathrm{d}t\right]^{\mathrm{T}}$.

(3) $\int\boldsymbol{C}\boldsymbol{A}(t)\,\mathrm{d}t=\boldsymbol{C}\int\boldsymbol{A}(t)\,\mathrm{d}t$（$\boldsymbol{C}$ 为非零常数矩阵）.

(4) $\int\boldsymbol{A}(t)\boldsymbol{B}'(t)\,\mathrm{d}t=\boldsymbol{A}(t)\boldsymbol{B}(t)-\int\boldsymbol{A}'(t)\boldsymbol{B}(t)\,\mathrm{d}t$.

例 6　设 $A(t)=\begin{pmatrix}\sin t & \cos t\\ \tan t+\cos t & \tan t\end{pmatrix}$,则

$$\int A(t)\mathrm{d}t=\begin{pmatrix}\int \sin t\mathrm{d}t & \int \cos t\mathrm{d}t\\ \int(\tan t+\cos t)\mathrm{d}t & \int \tan t\mathrm{d}t\end{pmatrix}=\begin{pmatrix}-\cos t+c_{11} & \sin t+c_{12}\\ -\ln|\cos t|+\sin t+c_{21} & -\ln|\cos t|+c_{22}\end{pmatrix},$$

其中 $c_{ij}(i,j=1,2)$ 为任意常数.

5.4　级数

5.4.1　矩阵级数

定义 1　设 $A_1,A_2\cdots,A_m,\cdots$ 是 $\mathbf{C}^{n\times n}$ 中的矩阵序列,称

$$A_1+A_2+\cdots+A_m+\cdots$$

为矩阵级数,记作 $\sum\limits_{m=1}^{\infty}A_m$,其中 A_m 称为通项.

$$S_N=\sum_{m=1}^{N}A_m$$

称为矩阵级数 $\sum\limits_{m=1}^{\infty}A_m$ 的前 N 项的部分和,$\{S_N\}_{N=1}^{\infty}$ 称为部分和序列.

若 $\{S_N\}_{N=1}^{\infty}$ 收敛于矩阵 S,则称矩阵级数 $\sum\limits_{m=1}^{\infty}A_m$ 是收敛的,且其和为 S,记作

$$S=\sum_{m=1}^{\infty}A_m.$$

否则,称矩阵级数 $\sum\limits_{m=1}^{\infty}A_m$ 是发散的.

用 $(A_m)_{ij}$ 表示 A_m 的 (i,j) 元素 $(i,j=1,2,\cdots,n)$,由定义 1 有矩阵级数 $\sum\limits_{m=1}^{\infty}A_m$ 收敛的充分必要条件是 n^2 个数项级数 $\sum\limits_{m=1}^{\infty}(A_m)_{ij}(i,j=1,2,\cdots,n)$ 都收敛.

定义 2　若 n^2 个数项级数 $\sum\limits_{m=1}^{\infty}(A_m)_{ij}(i,j=1,2,\cdots,n)$ 都绝对收敛,则称矩阵级数 $\sum\limits_{m=1}^{\infty}A_m$ 是绝对收敛的.

关于矩阵级数的收敛问题,有下列基本性质.

性质 1　若矩阵级数 $\sum\limits_{m=1}^{\infty}A_m$ 绝对收敛,则 $\sum\limits_{m=1}^{\infty}A_m$ 一定收敛,且任意交换各项的次序,

所得新级数仍收敛,且和不变.

性质 2 矩阵级数 $\sum_{m=1}^{\infty} A_m$ 绝对收敛的充分必要条件是对任一矩阵范数 $\|\cdot\|$,正项级数 $\sum_{m=1}^{\infty}\|A_m\|$ 收敛.

证明 若能在某一种矩阵范数下证明这一性质,利用矩阵范数的等价性,则对任何矩阵范数的情形,结论也成立.下面证明在某一种范数下结论成立.

充分性 取矩阵范数为 $\|\cdot\|_1$.若正项级数 $\sum_{m=1}^{\infty}\|A_m\|_1$ 收敛,则由

$$\|A_m\|_1 = \max_{1\leqslant j\leqslant n}\sum_{i=1}^{n}|(A_m)_{ij}|$$

有

$$|(A_m)_{ij}|\leqslant\|A_m\|_1 (i,j=1,2,\cdots,n).$$

则由正项级数的比较判别法有

$$\sum_{m=1}^{\infty}|(A_m)_{ij}| (i,j=1,2,\cdots,n)$$

都收敛,即

$$\sum_{m=1}^{\infty}(A_m)_{ij} (i,j=1,2,\cdots,n)$$

是绝对收敛的,从而矩阵级数 $\sum_{m=1}^{\infty}A_m$ 绝对收敛.

必要性 若矩阵级数 $\sum_{m=1}^{\infty}A_m$ 绝对收敛,则正项级数

$$\sum_{m=1}^{\infty}|(A_m)_{ij}| (i,j=1,2,\cdots,n)$$

都收敛,从而

$$\sum_{m=1}^{\infty}\left(\sum_{i=1}^{n}\sum_{j=1}^{n}|(A_m)_{ij}|\right)$$

收敛.又

$$\|A_m\|_1 = \max_{1\leqslant j\leqslant n}\sum_{i=1}^{n}|(A_m)_{ij}|\leqslant\sum_{i=1}^{n}\sum_{j=1}^{n}|(A_m)_{ij}|,$$

故由正项级数的比较判别法有 $\sum_{m=1}^{\infty}\|A_m\|_1$ 收敛.

证毕.

性质 3 设 $P,Q\in\mathbf{C}^{n\times n}$ 为已知矩阵.若矩阵级数 $\sum_{m=1}^{\infty}A_m$ 收敛(或绝对收敛),则矩阵

级数 $\sum_{m=1}^{\infty} \boldsymbol{P}\boldsymbol{A}_m\boldsymbol{Q}$ 收敛(或绝对收敛),且

$$\sum_{m=1}^{\infty} \boldsymbol{P}\boldsymbol{A}_m\boldsymbol{Q} = \boldsymbol{P}\Big(\sum_{m=1}^{\infty} \boldsymbol{A}_m\Big)\boldsymbol{Q}.$$

证明　若矩阵级数 $\sum_{m=1}^{\infty} \boldsymbol{A}_m$ 收敛于 $\boldsymbol{S}$,则

$$\boldsymbol{S} = \lim_{N\to\infty}\sum_{m=1}^{N} \boldsymbol{A}_m.$$

故

$$\lim_{N\to\infty}\sum_{m=1}^{N} \boldsymbol{P}\boldsymbol{A}_m\boldsymbol{Q} = \lim_{N\to\infty}\boldsymbol{P}\left(\sum_{m=1}^{N} \boldsymbol{A}_m\right)\boldsymbol{Q} = \boldsymbol{PSQ},$$

即

$$\sum_{m=1}^{\infty} \boldsymbol{P}\boldsymbol{A}_m\boldsymbol{Q}$$

收敛,且

$$\sum_{m=1}^{\infty} \boldsymbol{P}\boldsymbol{A}_m\boldsymbol{Q} = \boldsymbol{P}\left(\sum_{m=1}^{\infty} \boldsymbol{A}_m\right)\boldsymbol{Q}.$$

若 $\sum_{m=1}^{\infty} \boldsymbol{A}_m$ 绝对收敛,则对任一矩阵范数 $\|\cdot\|$,正项级数 $\sum_{m=1}^{\infty}\|\boldsymbol{A}_m\|$ 收敛,于是正项级数 $\sum_{m=1}^{\infty}\|\boldsymbol{P}\|\,\|\boldsymbol{A}_m\|\,\|\boldsymbol{Q}\|$ 收敛. 由 $\|\boldsymbol{P}\boldsymbol{A}_m\boldsymbol{Q}\| \leqslant \|\boldsymbol{P}\|\,\|\boldsymbol{A}_m\|\,\|\boldsymbol{Q}\|$ 和比较判别法有正项级数 $\sum_{m=1}^{\infty}\|\boldsymbol{P}\boldsymbol{A}_m\boldsymbol{Q}\|$ 是收敛的,从而矩阵级数 $\sum_{m=1}^{\infty} \boldsymbol{P}\boldsymbol{A}_m\boldsymbol{Q}$ 绝对收敛.

证毕.

5.4.2　矩阵幂级数

定义 3　设 $\boldsymbol{A}\in\mathbf{C}^{n\times n}$,$c_m\in\mathbf{C}(m=0,1,2,\cdots)$,则称 $\sum_{m=0}^{\infty} c_m\boldsymbol{A}^m$ 为矩阵 $\boldsymbol{A}$ 的幂级数.

显然矩阵 $\boldsymbol{A}$ 的幂级数是矩阵级数的一种特殊情形,因此矩阵级数的相关结论对矩阵幂级数是适用的.

定理 1　设复变数幂级数 $\sum_{m=0}^{\infty} c_m z^m$ 的收敛半径为 R,$\boldsymbol{A}\in\mathbf{C}^{n\times n}$的谱半径为 $\rho(\boldsymbol{A})$,则

(1)若 $\rho(\boldsymbol{A})<R$,则矩阵幂级数 $\sum_{m=0}^{\infty} c_m\boldsymbol{A}^m$ 绝对收敛;

(2)若 $\rho(\boldsymbol{A})>R$,则矩阵幂级数 $\sum_{m=0}^{\infty} c_m\boldsymbol{A}^m$ 发散.

证明　(1)若 $\rho(\boldsymbol{A})<R$,则存在 $\varepsilon>0$,使得 $\rho(\boldsymbol{A})+\varepsilon<R$,所以

$$\sum_{m=0}^{\infty} c_m (\rho(\boldsymbol{A}) + \varepsilon)^m$$

绝对收敛,且存在某一个矩阵范数 $\|\cdot\|$,使得 $\|\boldsymbol{A}\| \leqslant \rho(\boldsymbol{A}) + \varepsilon$,故

$$\|c_m \boldsymbol{A}^m\| = |c_m| \|\boldsymbol{A}^m\| \leqslant |c_m| \|\boldsymbol{A}\|^m \leqslant |c_m| (\rho(\boldsymbol{A}) + \varepsilon)^m.$$

由正项级数的比较判别法有

$$\sum_{m=0}^{\infty} \|c_m \boldsymbol{A}^m\|$$

是收敛的,因而 $\sum_{m=0}^{\infty} c_m \boldsymbol{A}^m$ 绝对收敛.

(2)若 $\rho(\boldsymbol{A}) > R$,设 λ_j 是 $\boldsymbol{A}$ 的特征值,且满足 $\rho(\boldsymbol{A}) = |\lambda_j|$,$\boldsymbol{x}$ 是 $\boldsymbol{A}$ 的属于 λ_j 的单位特征向量,则 $\boldsymbol{A}\boldsymbol{x} = \lambda_j \boldsymbol{x}$,且 $\boldsymbol{x}^{\mathrm{H}}\boldsymbol{x} = 1$, $\sum_{m=0}^{\infty} c_m \lambda_j^m$ 发散.

若矩阵幂级数 $\sum_{m=0}^{\infty} c_m \boldsymbol{A}^m$ 收敛于 $\boldsymbol{S}$,即

$$\lim_{N\to\infty} \sum_{m=0}^{N} c_m \boldsymbol{A}^m = \boldsymbol{S},$$

则

$$\boldsymbol{x}^{\mathrm{H}} \left(\sum_{m=0}^{N} c_m \boldsymbol{A}^m \right) \boldsymbol{x} = \boldsymbol{x}^{\mathrm{H}} \sum_{m=0}^{N} c_m \boldsymbol{A}^m \boldsymbol{x} = \boldsymbol{x}^{\mathrm{H}} \sum_{m=0}^{N} c_m \lambda_j^m \boldsymbol{x} = \sum_{m=0}^{N} c_m \lambda_j^m \boldsymbol{x}^{\mathrm{H}} \boldsymbol{x} = \sum_{m=0}^{N} c_m \lambda_j^m,$$

两端取 $N\to\infty$,有

$$\boldsymbol{x}^{\mathrm{H}} \boldsymbol{S} \boldsymbol{x} = \lim_{N\to\infty} \sum_{m=0}^{N} c_m \lambda_j^m = \sum_{m=0}^{\infty} c_m \lambda_j^m,$$

即 $\sum_{m=0}^{\infty} c_m \lambda_j^m$ 收敛,矛盾. 从而 $\sum_{m=0}^{\infty} c_m \boldsymbol{A}^m$ 发散.

证毕.

推论 1 设复变数幂级数 $\sum_{m=0}^{\infty} c_m (z - \lambda_0)^m$ 的收敛半径为 R,$\boldsymbol{A} \in \mathbf{C}^{n\times n}$ 的特征值为 $\lambda_i (i = 1,2,\cdots,n)$,则

(1)若 $|\lambda_i - \lambda_0| < R (i = 1,2,\cdots,n)$ 都成立,则矩阵幂级数 $\sum_{m=0}^{\infty} c_m (\boldsymbol{A} - \lambda_0 \boldsymbol{E})^m$ 绝对收敛;

(2)若存在某个 λ_i,使得 $|\lambda_i - \lambda_0| > R$ 成立,则矩阵幂级数 $\sum_{m=0}^{\infty} c_m (\boldsymbol{A} - \lambda_0 \boldsymbol{E})^m$ 发散.

推论 2 若复变数幂级数 $\sum_{m=0}^{\infty} \frac{1}{m!} z^m$ 在整个复平面上都收敛,则对任意 $\boldsymbol{A} \in \mathbf{C}^{n\times n}$,矩阵幂级数 $\sum_{m=0}^{\infty} c_m \boldsymbol{A}^m$ 是绝对收敛的.

例 1　复变数幂级数 $\sum_{m=0}^{\infty}\frac{1}{m!}z^m$ 的收敛半径 $R=+\infty$，则任意 $\boldsymbol{A}\in\mathbf{C}^{n\times n}$，都有

$$\sum_{m=0}^{\infty}\frac{1}{m!}\boldsymbol{A}^m$$

绝对收敛，且收敛于 $e^{\boldsymbol{A}}$.

例 2　设 $\boldsymbol{A}=\begin{pmatrix}0.2 & 0.3 & 0.1\\ 0.1 & 0.15 & 0.3\\ 0.2 & 0.24 & 0.2\end{pmatrix}$，证明：$\sum_{m=0}^{\infty}\boldsymbol{A}^m$ 是绝对收敛的.

证明　复变数幂级数 $\sum_{m=0}^{\infty}z^m$ 的收敛半径 $R=1$. 又 $\rho(\boldsymbol{A})\leqslant\|\boldsymbol{A}\|_1=0.69<1$，所以 $\sum_{m=0}^{\infty}\boldsymbol{A}^m$ 是绝对收敛的.

证毕.

例 3　设 $\boldsymbol{A}\in\mathbf{C}^{n\times n}$. 若 $\rho(\boldsymbol{A})<1$，则 $\sum_{m=0}^{\infty}\boldsymbol{A}^m$ 是绝对收敛的，且 $\sum_{m=0}^{\infty}\boldsymbol{A}^m=(\boldsymbol{E}-\boldsymbol{A})^{-1}$.

证明　复变数幂级数 $\sum_{m=0}^{\infty}z^m$ 的收敛半径 $R=1$. 由 $\rho(\boldsymbol{A})<1$ 有 $\sum_{m=0}^{\infty}\boldsymbol{A}^m$ 是绝对收敛的，所以 $\lim_{N\to\infty}\boldsymbol{A}^N=0$. 又

$$(\boldsymbol{E}-\boldsymbol{A})(\boldsymbol{E}+\boldsymbol{A}+\cdots+\boldsymbol{A}^{N-1})=\boldsymbol{E}-\boldsymbol{A}^N\to\boldsymbol{E}\ (N\to\infty),$$

所以

$$(\boldsymbol{E}-\boldsymbol{A})\sum_{m=0}^{\infty}\boldsymbol{A}^m=\boldsymbol{E},$$

即

$$\sum_{m=0}^{\infty}\boldsymbol{A}^m=(\boldsymbol{E}-\boldsymbol{A})^{-1}.$$

证毕.

例 4　设 $\boldsymbol{A}=\begin{pmatrix}2 & 1 & 1\\ 1 & 2 & 1\\ 1 & 1 & 2\end{pmatrix}$，试判断矩阵幂级数 $\sum_{m=0}^{\infty}\sqrt{m+1}\boldsymbol{A}^m$ 和 $\sum_{m=0}^{\infty}\frac{1}{6^m}\boldsymbol{A}^m$ 的收敛性.

解　特征多项式

$$|\lambda\boldsymbol{E}-\boldsymbol{A}|=\begin{vmatrix}\lambda-2 & -1 & -1\\ -1 & \lambda-2 & -1\\ -1 & -1 & \lambda-2\end{vmatrix}=(\lambda-4)(\lambda-1)^2,$$

所以 $\boldsymbol{A}$ 的特征值为 $\lambda_1=4,\lambda_2=\lambda_3=1$，从而 $\rho(\boldsymbol{A})=4$.

可以计算得到复变数幂级数 $\sum_{m=0}^{\infty}\sqrt{m+1}z^m$ 的收敛半径 $R_1=1$，复变数幂级数 $\sum_{m=0}^{\infty}\frac{1}{6^m}z^m$ 的收敛半径 $R_2=6$. 可见

$$\rho(\boldsymbol{A})>R_1, \rho(\boldsymbol{A})<R_2,$$

从而 $\sum_{m=0}^{\infty}\sqrt{m+1}\boldsymbol{A}^m$ 发散，$\sum_{m=0}^{\infty}\frac{1}{6^m}\boldsymbol{A}^m$ 绝对收敛.

5.5 矩阵函数及其应用

5.5.1 矩阵函数

在复变函数论中，复变数幂级数

$$\sum_{m=0}^{\infty}\frac{1}{m!}z^m, \sum_{m=1}^{\infty}(-1)^{m-1}\frac{1}{(2m-1)!}z^{2m-1}, \quad 1+\sum_{m=1}^{\infty}(-1)^m\frac{1}{(2m)!}z^{2m}$$

在整个复平面上都收敛，且和分别为 $\mathrm{e}^z, \sin z, \cos z$，即

$$\mathrm{e}^z=\sum_{m=0}^{\infty}\frac{1}{m!}z^m,$$

$$\sin z=\sum_{m=1}^{\infty}(-1)^{m-1}\frac{1}{(2m-1)!}z^{2m-1},$$

$$\cos z=1+\sum_{m=1}^{\infty}(-1)^m\frac{1}{(2m)!}z^{2m}.$$

则对任意 $\boldsymbol{A}\in\mathbf{C}^{n\times n}$，矩阵幂级数

$$\sum_{m=0}^{\infty}\frac{1}{m!}\boldsymbol{A}^m, \sum_{m=1}^{\infty}(-1)^{m-1}\frac{1}{(2m-1)!}\boldsymbol{A}^{2m-1}, \boldsymbol{E}+\sum_{m=1}^{\infty}(-1)^m\frac{1}{(2m)!}\boldsymbol{A}^{2m}$$

都是绝对收敛的，且

$$\mathrm{e}^{\boldsymbol{A}}=\sum_{m=0}^{\infty}\frac{1}{m!}\boldsymbol{A}^m,$$

$$\sin\boldsymbol{A}=\sum_{m=1}^{\infty}(-1)^{m-1}\frac{1}{(2m-1)!}\boldsymbol{A}^{2m-1},$$

$$\cos\boldsymbol{A}=\boldsymbol{E}+\sum_{m=1}^{\infty}(-1)^m\frac{1}{(2m)!}\boldsymbol{A}^{2m}.$$

$\mathrm{e}^{\boldsymbol{A}}, \sin\boldsymbol{A}, \cos\boldsymbol{A}$ 分别称为矩阵 $\boldsymbol{A}$ 的指数函数、正弦函数和余弦函数.

类似地，

$$\ln(1+z)=\sum_{m=1}^{\infty}\frac{(-1)^{m-1}}{m}z^m \quad (|z|<1)$$

$$(1+z)^{\alpha}=1+\sum_{m=1}^{\infty}\frac{\alpha(\alpha-1)\cdots(\alpha-m+1)}{m!}z^{m}\quad(|z|<1)$$

则对于任意 $\boldsymbol{A}\in C^{n\times n}$，且 $\rho(\boldsymbol{A})<1$，可以定义矩阵函数：

$$\ln(\boldsymbol{E}+\boldsymbol{A})=\sum_{m=1}^{\infty}\frac{(-1)^{m-1}}{m}\boldsymbol{A}^{m},$$

$$(\boldsymbol{E}+\boldsymbol{A})^{\alpha}=\boldsymbol{E}+\sum_{m=1}^{\infty}\frac{\alpha(\alpha-1)\cdots(\alpha-m+1)}{m!}\boldsymbol{A}^{m},$$

因此有

设复变数幂级数 $\sum_{m=0}^{\infty}c_m z^m$ 的收敛半径为 R，且和为 $f(z)$，即

$$f(z)=\sum_{m=0}^{\infty}c_m z^m,\ |z|<R.$$

若 $\boldsymbol{A}\in\mathbf{C}^{n\times n}$，且 $\rho(\boldsymbol{A})<R$，则

$$f(\boldsymbol{A})=\sum_{m=0}^{\infty}c_m\boldsymbol{A}^m.$$

称 $f(\boldsymbol{A})$ 是矩阵幂级数 $\sum_{m=0}^{\infty}c_m\boldsymbol{A}^m$ 的和函数.

由矩阵幂级数 $\sum_{m=0}^{\infty}c_m\boldsymbol{A}^m$ 如何求出和函数 $f(\boldsymbol{A})$，就是本节要解决的问题.

定理 1　设复变数幂级数 $\sum_{m=0}^{\infty}c_m z^m$ 的收敛半径为 R，且和为 $f(z)$，即

$$f(z)=\sum_{m=0}^{\infty}c_m z^m,\ |z|<R.$$

设

$$\boldsymbol{X}=\begin{pmatrix}\boldsymbol{X}_1&&&\\&\boldsymbol{X}_2&&\\&&\ddots&\\&&&\boldsymbol{X}_s\end{pmatrix}\in\mathbf{C}^{n\times n},$$

其中 $\boldsymbol{X}_i$ 为 $n_i\times n_i$ 矩阵，且其谱半径为 $\rho(\boldsymbol{X}_i)(i=1,2,\cdots,s)$. 若

$$\max\{\rho(\boldsymbol{X}_1),\rho(\boldsymbol{X}_2),\cdots,\rho(\boldsymbol{X}_s)\}<R,$$

则矩阵幂级数 $\sum_{m=0}^{\infty}c_m\boldsymbol{X}^m$ 绝对收敛，且其和为

$$f(\boldsymbol{X})=\begin{pmatrix}f(\boldsymbol{X}_1)&&&\\&f(\boldsymbol{X}_2)&&\\&&\ddots&\\&&&f(\boldsymbol{X}_s)\end{pmatrix}.$$

证明 特征多项式

$$|\lambda \boldsymbol{E}-\boldsymbol{X}|=\begin{vmatrix}\lambda \boldsymbol{E}-\boldsymbol{X}_1 & & & \\ & \lambda \boldsymbol{E}-\boldsymbol{X}_2 & & \\ & & \ddots & \\ & & & \lambda \boldsymbol{E}-\boldsymbol{X}_s\end{vmatrix}=\prod_{i=1}^{s}|\lambda \boldsymbol{E}-\boldsymbol{X}_i|,$$

则 $\boldsymbol{X}$ 的特征值是 $|\lambda \boldsymbol{E}-\boldsymbol{X}_i|(i=1,2,\cdots,s)$ 的根构成的，因此

$$\rho(\boldsymbol{X})=\max(\rho(\boldsymbol{X}_1),\rho(\boldsymbol{X}_2),\cdots,\rho(\boldsymbol{X}_s)),$$

由已知条件 $\rho(\boldsymbol{X})<R$ 有 $\rho(\boldsymbol{X}_i)<R(i=1,2,\cdots,s)$，则矩阵幂级数

$$\sum_{m=0}^{\infty} c_m \boldsymbol{X}^m,\ \sum_{m=0}^{\infty} c_m \boldsymbol{X}_i^m (i=1,2,\cdots,s)$$

绝对收敛，且 $f(\boldsymbol{X})=\sum_{m=0}^{\infty} c_m \boldsymbol{X}^m$，$f(\boldsymbol{X}_i)=\sum_{m=0}^{\infty} c_m \boldsymbol{X}_i^m (i=1,2,\cdots,s)$. 故

$$f(\boldsymbol{X})=\sum_{m=0}^{\infty} c_m \boldsymbol{X}^m=\begin{pmatrix}\sum_{m=0}^{\infty} c_m \boldsymbol{X}_1^m & & & \\ & \sum_{m=0}^{\infty} c_m \boldsymbol{X}_2^m & & \\ & & \ddots & \\ & & & \sum_{m=0}^{\infty} c_m \boldsymbol{X}_s^m\end{pmatrix}$$

$$=\begin{pmatrix}f(\boldsymbol{X}_1) & & & \\ & f(\boldsymbol{X}_2) & & \\ & & \ddots & \\ & & & f(\boldsymbol{X}_s)\end{pmatrix}.$$

证毕.

定理 2 设复变数幂级数 $\sum_{m=0}^{\infty} c_m z^m$ 的收敛半径为 R，且和为 $f(z)$，即

$$f(z)=\sum_{m=0}^{\infty} c_m z^m,\ |z|<R.$$

设 $n\times n$ 的 Jordan 块

$$\boldsymbol{J}_0=\begin{pmatrix}\lambda_0 & & & & \\ 1 & \lambda_0 & & & \\ & 1 & \ddots & & \\ & & \ddots & \ddots & \\ & & & 1 & \lambda_0\end{pmatrix},$$

若$|\lambda_0|<R$,则矩阵幂级数$\sum\limits_{m=0}^{\infty}c_m\boldsymbol{J}_0^m$绝对收敛,且其和为

$$f(\boldsymbol{J}_0)=\begin{pmatrix} f(\lambda_0) & 0 & 0 & \cdots & 0 & 0 \\ f'(\lambda_0) & f(\lambda_0) & 0 & \cdots & 0 & 0 \\ \frac{1}{2!}f''(\lambda_0) & f'(\lambda_0) & f(\lambda_0) & \cdots & 0 & 0 \\ \vdots & \vdots & \vdots & \ddots & \vdots & \vdots \\ \frac{1}{(n-2)!}f^{(n-2)}(\lambda_0) & \frac{1}{(n-3)!}f^{(n-3)}(\lambda_0) & \frac{1}{(n-4)!}f^{(n-4)}(\lambda_0) & \cdots & f(\lambda_0) & 0 \\ \frac{1}{(n-1)!}f^{(n-1)}(\lambda_0) & \frac{1}{(n-2)!}f^{(n-2)}(\lambda_0) & \frac{1}{(n-3)!}f^{(n-3)}(\lambda_0) & \cdots & f'(\lambda_0) & f(\lambda_0) \end{pmatrix}.$$

为此,对于$\boldsymbol{A}\in\mathbf{C}^{n\times n}$,只要$\rho(\boldsymbol{A})<R$,就可以计算$f(\boldsymbol{A})$了.

定理 3 设复变数幂级数$\sum\limits_{m=0}^{\infty}c_mz^m$的收敛半径为$R$,且和为$f(z)$,即

$$f(z)=\sum_{m=0}^{\infty}c_mz^m,\ |z|<R.$$

设$\boldsymbol{A}\in\mathbf{C}^{n\times n}$,且$\rho(\boldsymbol{A})<R$.

(1)若存在相似变换矩阵$\boldsymbol{P}$,使得

$$\boldsymbol{P}^{-1}\boldsymbol{A}\boldsymbol{P}=\boldsymbol{\Lambda}=\begin{pmatrix} \lambda_1 & & & \\ & \lambda_2 & & \\ & & \ddots & \\ & & & \lambda_n \end{pmatrix},$$

则矩阵幂级数$\sum\limits_{m=0}^{\infty}c_m\boldsymbol{A}^m$绝对收敛,且其和为

$$f(\boldsymbol{A})=\boldsymbol{P}\begin{pmatrix} f(\lambda_1) & & & \\ & f(\lambda_2) & & \\ & & \ddots & \\ & & & f(\lambda_n) \end{pmatrix}\boldsymbol{P}^{-1}.$$

(2)若存在相似变换矩阵$\boldsymbol{P}$,使得

$$\boldsymbol{P}^{-1}\boldsymbol{A}\boldsymbol{P}=\boldsymbol{J}=\begin{pmatrix} \boldsymbol{J}_1 & & & \\ & \boldsymbol{J}_2 & & \\ & & \ddots & \\ & & & \boldsymbol{J}_s \end{pmatrix},$$

则矩阵幂级数 $\sum_{m=0}^{\infty} c_m \boldsymbol{A}^m$ 绝对收敛,其和为

$$f(\boldsymbol{A}) = \boldsymbol{P}\begin{pmatrix} f(\boldsymbol{J}_1) & & & \\ & f(\boldsymbol{J}_2) & & \\ & & \ddots & \\ & & & f(\boldsymbol{J}_s) \end{pmatrix}\boldsymbol{P}^{-1}.$$

证明 (1)

$$\begin{aligned} f(\boldsymbol{A}) &= \sum_{m=0}^{\infty} c_m \boldsymbol{A}^m = \sum_{m=0}^{\infty} c_m (\boldsymbol{P\Lambda P}^{-1})^m \\ &= \sum_{m=0}^{\infty} c_m \boldsymbol{P\Lambda}^m \boldsymbol{P}^{-1} = \boldsymbol{P}\left(\sum_{m=0}^{\infty} c_m \boldsymbol{\Lambda}^m\right)\boldsymbol{P}^{-1} \\ &= \boldsymbol{P}\left(\sum_{m=0}^{\infty} c_m \begin{pmatrix} \boldsymbol{\lambda}_1^m & & & \\ & \boldsymbol{\lambda}_2^m & & \\ & & \ddots & \\ & & & \boldsymbol{\lambda}_n^m \end{pmatrix}\right)\boldsymbol{P}^{-1} \\ &= \boldsymbol{P}\begin{pmatrix} \sum_{m=0}^{\infty} c_m \boldsymbol{\lambda}_1^m & & & \\ & \sum_{m=0}^{\infty} c_m \boldsymbol{\lambda}_2^m & & \\ & & \ddots & \\ & & & \sum_{m=0}^{\infty} c_m \boldsymbol{\lambda}_n^m \end{pmatrix}\boldsymbol{P}^{-1} \\ &= \boldsymbol{P}\begin{pmatrix} f(\boldsymbol{\lambda}_1) & & & \\ & f(\boldsymbol{\lambda}_2) & & \\ & & \ddots & \\ & & & f(\boldsymbol{\lambda}_s) \end{pmatrix}\boldsymbol{P}^{-1} \end{aligned}$$

(2)

$$\begin{aligned} f(\boldsymbol{A}) &= \sum_{m=0}^{\infty} c_m \boldsymbol{A}^m = \sum_{m=0}^{\infty} c_m (\boldsymbol{PJP}^{-1})^m \\ &= \sum_{m=0}^{\infty} c_m \boldsymbol{PJ}^m \boldsymbol{P}^{-1} = \boldsymbol{P}\left(\sum_{m=0}^{\infty} c_m \boldsymbol{J}^m\right)\boldsymbol{P}^{-1} \end{aligned}$$

$$= \boldsymbol{P}\left(\sum_{m=0}^{\infty} c_m \begin{pmatrix} \boldsymbol{J}_1^m & & & \\ & \boldsymbol{J}_2^m & & \\ & & \ddots & \\ & & & \boldsymbol{J}_n^m \end{pmatrix}\right)\boldsymbol{P}^{-1}$$

$$= \boldsymbol{P}\begin{pmatrix} \sum_{m=0}^{\infty} c_m \boldsymbol{J}_1^m & & & \\ & \sum_{m=0}^{\infty} c_m \boldsymbol{J}_2^m & & \\ & & \ddots & \\ & & & \sum_{m=0}^{\infty} c_m \boldsymbol{J}_n^m \end{pmatrix}\boldsymbol{P}^{-1}$$

$$= \boldsymbol{P}\begin{pmatrix} f(\boldsymbol{J}_1) & & & \\ & f(\boldsymbol{J}_2) & & \\ & & \ddots & \\ & & & f(\boldsymbol{J}_s) \end{pmatrix}\boldsymbol{P}^{-1}.$$

证毕.

特别地,(1)若

$$\boldsymbol{A} = \boldsymbol{P}\begin{pmatrix} \lambda_1 & & & \\ & \lambda_2 & & \\ & & \ddots & \\ & & & \lambda_n \end{pmatrix}\boldsymbol{P}^{-1},$$

则

$$\mathrm{e}^{\boldsymbol{A}} = \boldsymbol{P}\begin{pmatrix} \mathrm{e}^{\lambda_1} & & & \\ & \mathrm{e}^{\lambda_2} & & \\ & & \ddots & \\ & & & \mathrm{e}^{\lambda_n} \end{pmatrix}\boldsymbol{P}^{-1},$$

$$\sin\boldsymbol{A} = \boldsymbol{P}\begin{pmatrix} \sin\lambda_1 & & & \\ & \sin\lambda_2 & & \\ & & \ddots & \\ & & & \sin\lambda_n \end{pmatrix}\boldsymbol{P}^{-1},$$

$$\cos \boldsymbol{A}=\boldsymbol{P}\begin{pmatrix}\cos\lambda_1 & & & \\ & \cos\lambda_2 & & \\ & & \ddots & \\ & & & \cos\lambda_n\end{pmatrix}\boldsymbol{P}^{-1},$$

$$\boldsymbol{A}t=\boldsymbol{P}\begin{pmatrix}\lambda_1 t & & & \\ & \lambda_2 t & & \\ & & \ddots & \\ & & & \lambda_n t\end{pmatrix}\boldsymbol{P}^{-1},$$

$$\mathrm{e}^{\boldsymbol{A}t}=\boldsymbol{P}\begin{pmatrix}\mathrm{e}^{\lambda_1 t} & & & \\ & \mathrm{e}^{\lambda_2 t} & & \\ & & \ddots & \\ & & & \mathrm{e}^{\lambda_n t}\end{pmatrix}\boldsymbol{P}^{-1},$$

$$\sin(\boldsymbol{A}t)=P\begin{pmatrix}\sin(\lambda_1 t) & & & \\ & \sin(\lambda_2 t) & & \\ & & \ddots & \\ & & & \sin(\lambda_n t)\end{pmatrix}\boldsymbol{P}^{-1},$$

$$\cos(\boldsymbol{A}t)=P\begin{pmatrix}\cos(\lambda_1 t) & & & \\ & \cos(\lambda_2 t) & & \\ & & \ddots & \\ & & & \cos(\lambda_n t)\end{pmatrix}\boldsymbol{P}^{-1}.$$

例1 设 $\boldsymbol{A}=\begin{pmatrix}0 & 1\\ 0 & -2\end{pmatrix}$,求 $\mathrm{e}^{\boldsymbol{A}}$,$\sin(\boldsymbol{A}t)$.

解 $\boldsymbol{A}$ 的特征多项式

$$f(\lambda)=|\lambda\boldsymbol{E}-\boldsymbol{A}|=\begin{vmatrix}\lambda & -1\\ 0 & \lambda+2\end{vmatrix}=\lambda(\lambda+2),$$

则 $\boldsymbol{A}$ 的特征值为

$$\lambda_1=0,\lambda_2=-2.$$

对于 $\lambda_1=0$,齐次线性方程组 $(0\boldsymbol{E}-\boldsymbol{A})\boldsymbol{x}=\boldsymbol{0}$,即

$$\begin{cases}-x_2=0\\ 2x_2=0,\end{cases}$$

其一个基础解系为

$$\boldsymbol{\xi}_1 = \begin{pmatrix}1\\0\end{pmatrix}.$$

对于 $\lambda_2 = -2$，齐次线性方程组 $(-2\boldsymbol{E}-\boldsymbol{A})\boldsymbol{x}=\boldsymbol{0}$，即

$$-2x_1 - x_2 = 0,$$

其一个基础解系为

$$\boldsymbol{\xi}_2 = \begin{pmatrix}1\\-2\end{pmatrix}.$$

记

$$\boldsymbol{P} = (\boldsymbol{\xi}_1, \boldsymbol{\xi}_2) = \begin{pmatrix}1 & 1\\0 & -2\end{pmatrix},$$

则

$$\boldsymbol{A} = \boldsymbol{P}\begin{pmatrix}0 & \\ & -2\end{pmatrix}\boldsymbol{P}^{-1}, \boldsymbol{P}^{-1} = \begin{pmatrix}1 & \frac{1}{2}\\0 & -\frac{1}{2}\end{pmatrix},$$

从而，

$$\begin{aligned}
\mathrm{e}^{\boldsymbol{A}} &= \boldsymbol{P}\begin{pmatrix}\mathrm{e}^0 & 0\\0 & \mathrm{e}^{-2}\end{pmatrix}\boldsymbol{P}^{-1} = \begin{pmatrix}1 & 1\\0 & -2\end{pmatrix}\begin{pmatrix}1 & 0\\0 & \mathrm{e}^{-2}\end{pmatrix}\begin{pmatrix}1 & \frac{1}{2}\\0 & -\frac{1}{2}\end{pmatrix}\\
&= \begin{pmatrix}1 & \mathrm{e}^{-2}\\0 & -2\mathrm{e}^{-2}\end{pmatrix}\begin{pmatrix}1 & \frac{1}{2}\\0 & -\frac{1}{2}\end{pmatrix}\\
&= \begin{pmatrix}1 & \frac{1}{2}-\frac{1}{2}\mathrm{e}^{-2}\\0 & \mathrm{e}^{-2}\end{pmatrix},
\end{aligned}$$

$$\begin{aligned}
\sin(\boldsymbol{A}t) &= \boldsymbol{P}\begin{pmatrix}\sin 0 & 0\\0 & -\sin(2t)\end{pmatrix}\boldsymbol{P}^{-1}\\
&= \begin{pmatrix}1 & 1\\0 & -2\end{pmatrix}\begin{pmatrix}0 & 0\\0 & -\sin(2t)\end{pmatrix}\begin{pmatrix}1 & \frac{1}{2}\\0 & -\frac{1}{2}\end{pmatrix}\\
&= \begin{pmatrix}0 & -\sin(2t)\\0 & 2\sin(2t)\end{pmatrix}\begin{pmatrix}1 & \frac{1}{2}\\0 & -\frac{1}{2}\end{pmatrix}
\end{aligned}$$

$$=\begin{pmatrix}0 & \frac{1}{2}\sin(2t)\\ 0 & -\sin(2t)\end{pmatrix},$$

(2)若

$$\boldsymbol{A}=\boldsymbol{P}\begin{pmatrix}\boldsymbol{J}_1 & & & \\ & \boldsymbol{J}_2 & & \\ & & \ddots & \\ & & & \boldsymbol{J}_s\end{pmatrix}\boldsymbol{P}^{-1}$$

其中 $\boldsymbol{J}_i$ 为 $n_i\times n_i$ 的 Jordan 块,则

$$\boldsymbol{A}t=\boldsymbol{P}\begin{pmatrix}\boldsymbol{J}_1t & & & \\ & \boldsymbol{J}_2t & & \\ & & \ddots & \\ & & & \boldsymbol{J}_st\end{pmatrix}\boldsymbol{P}^{-1},$$

$$\mathrm{e}^{\boldsymbol{A}}=\boldsymbol{P}\begin{pmatrix}\mathrm{e}^{\boldsymbol{J}_1} & & & \\ & \mathrm{e}^{\boldsymbol{J}_2} & & \\ & & \ddots & \\ & & & \mathrm{e}^{\boldsymbol{J}_s}\end{pmatrix}\boldsymbol{P}^{-1},$$

$$\sin\boldsymbol{A}=\boldsymbol{P}\begin{pmatrix}\sin\boldsymbol{J}_1 & & & \\ & \sin\boldsymbol{J}_2 & & \\ & & \ddots & \\ & & & \sin\boldsymbol{J}_s\end{pmatrix}\boldsymbol{P}^{-1},$$

$$\cos\boldsymbol{A}=\boldsymbol{P}\begin{pmatrix}\cos\boldsymbol{J}_1 & & & \\ & \cos\boldsymbol{J}_2 & & \\ & & \ddots & \\ & & & \cos\boldsymbol{J}_s\end{pmatrix}\boldsymbol{P}^{-1},$$

$$\mathrm{e}^{\boldsymbol{A}t}=\boldsymbol{P}\begin{pmatrix}\mathrm{e}^{\boldsymbol{J}_1t} & & & \\ & \mathrm{e}^{\boldsymbol{J}_2t} & & \\ & & \ddots & \\ & & & \mathrm{e}^{\boldsymbol{J}_st}\end{pmatrix}\boldsymbol{P}^{-1},$$

$$\sin(At)=P\begin{pmatrix}\sin(J_1t)&&&\\&\sin(J_2t)&&\\&&\ddots&\\&&&\sin(J_st)\end{pmatrix}P^{-1},$$

$$\cos(At)=P\begin{pmatrix}\cos(J_1t)&&&\\&\cos(J_2t)&&\\&&\ddots&\\&&&\cos(J_st)\end{pmatrix}P^{-1}.$$

例 2　设 $A=\begin{pmatrix}0&1&0\\0&0&1\\2&3&0\end{pmatrix}$,求 e^{A},e^{At}.

解　A 的特征多项式为

$$|\lambda E-A|=\begin{vmatrix}\lambda&-1&0\\0&\lambda&-1\\-2&-3&\lambda\end{vmatrix}=\lambda^3-2-3\lambda=(\lambda+1)^2(\lambda-2),$$

由 $\begin{vmatrix}-1&0\\\lambda&-1\end{vmatrix}=1$ 有 A 的行列式因子为

$$D_2(\lambda)=1,D_1(\lambda)=1,D_3(\lambda)=|\lambda E-A|=(\lambda+1)^2(\lambda-2),$$

故 A 的不变因子为

$$d_1(\lambda)=1,d_2(\lambda)=1,d_3(\lambda)=(\lambda+1)^2(\lambda-2),$$

A 的初等因子为

$$\lambda-2,(\lambda+1)^2,$$

A 的 Jordan 标准形为

$$J=\begin{pmatrix}2&0&0\\0&-1&0\\0&1&-1\end{pmatrix},$$

则存在可逆阵 P,使得

$$A=PJP^{-1},$$

即

$$AP=PJ.$$

记 $P=(p_1,p_2,p_3)$,则

$$AP=(Ap_1,Ap_2,Ap_3),PJ=(2p_1,-p_2+p_3,-p_3),$$

从而

$$\begin{cases}\boldsymbol{A}\boldsymbol{p}_1=2\boldsymbol{p}_1\\ \boldsymbol{A}\boldsymbol{p}_2=-\boldsymbol{p}_2+\boldsymbol{p}_3\\ \boldsymbol{A}\boldsymbol{p}_3=-\boldsymbol{p}_3,\end{cases}$$

即

$$\begin{cases}(2\boldsymbol{E}-\boldsymbol{A})\boldsymbol{p}_1=\boldsymbol{0}\\ (-\boldsymbol{E}-\boldsymbol{A})\boldsymbol{p}_2=-\boldsymbol{p}_3\\ (-\boldsymbol{E}-\boldsymbol{A})\boldsymbol{p}_3=\boldsymbol{0},\end{cases}$$

第一式的一个基础解系为

$$\boldsymbol{p}_1=\begin{pmatrix}1\\2\\4\end{pmatrix},$$

第三式的一个基础解系为

$$\boldsymbol{p}_3=\begin{pmatrix}1\\-1\\1\end{pmatrix},$$

将 $c\boldsymbol{p}_3$ 代入第二式，得当 $c=1$ 时，第二式的一个解

$$\boldsymbol{p}_2=\begin{pmatrix}1\\0\\-1\end{pmatrix},$$

则

$$\boldsymbol{P}=\begin{pmatrix}1&1&1\\2&0&-1\\4&-1&1\end{pmatrix},\boldsymbol{P}^{-1}=\begin{pmatrix}\frac{1}{9}&\frac{2}{9}&\frac{1}{9}\\ \frac{2}{3}&\frac{1}{3}&-\frac{1}{3}\\ \frac{2}{9}&-\frac{5}{9}&\frac{2}{9}\end{pmatrix},$$

故

$$\mathrm{e}^{\boldsymbol{A}}=\boldsymbol{P}\mathrm{e}^{\boldsymbol{J}}\boldsymbol{P}^{-1}=\begin{pmatrix}1&1&1\\2&0&-1\\4&-1&1\end{pmatrix}\begin{pmatrix}\mathrm{e}^2&0&0\\0&\mathrm{e}^{-1}&0\\0&\mathrm{e}^{-1}&\mathrm{e}^{-1}\end{pmatrix}\begin{pmatrix}\frac{1}{9}&\frac{2}{9}&\frac{1}{9}\\ \frac{2}{3}&\frac{1}{3}&-\frac{1}{3}\\ \frac{2}{9}&-\frac{5}{9}&\frac{2}{9}\end{pmatrix}$$

$$=\begin{pmatrix}\dfrac{e^2+14e^{-1}}{9} & \dfrac{2e^2+e^{-1}}{9} & \dfrac{e^2-4e^{-1}}{9}\\ \dfrac{2e^2-8e^{-1}}{9} & \dfrac{4e^2+2e^{-1}}{9} & \dfrac{2e^2+e^{-1}}{9}\\ \dfrac{4e^2+2e^{-1}}{9} & \dfrac{8e^2-5e^{-1}}{9} & \dfrac{4e^2+2e^{-1}}{9}\end{pmatrix},$$

$$e^{At}=\boldsymbol{P}e^{Jt}\boldsymbol{P}^{-1}=\begin{pmatrix}1 & 1 & 1\\ 2 & 0 & -1\\ 4 & -1 & 1\end{pmatrix}\begin{pmatrix}e^{2t} & 0 & 0\\ 0 & e^{-t} & 0\\ 0 & te^{-t} & e^{-t}\end{pmatrix}\begin{pmatrix}\dfrac{1}{9} & \dfrac{2}{9} & \dfrac{1}{9}\\ \dfrac{2}{3} & \dfrac{1}{3} & -\dfrac{1}{3}\\ \dfrac{2}{9} & -\dfrac{5}{9} & \dfrac{2}{9}\end{pmatrix}$$

$$=\begin{pmatrix}\dfrac{e^{2t}+(6t+8)e^{-t}}{9} & \dfrac{2e^{2t}+(3t-2)e^{-t}}{9} & \dfrac{e^{2t}-(3t+1)e^{-t}}{9}\\ \dfrac{2e^{2t}-(6t+2)e^{-t}}{9} & \dfrac{4e^{2t}+(5-3t)e^{-t}}{9} & \dfrac{2e^{2t}+(3t-2)e^{-t}}{9}\\ \dfrac{4e^{2t}+(6t+8)e^{-t}}{9} & \dfrac{8e^{2t}+(6t-11)e^{-t}}{9} & \dfrac{4e^{2t}+(5-3t)e^{-t}}{9}\end{pmatrix}.$$

5.5.2　矩阵谱上的矩阵函数的多项式表示

定义 1　设 $\boldsymbol{A}\in\mathbf{C}^{n\times n}$，$\lambda_1,\lambda_2,\cdots,\lambda_r$ 是 $\boldsymbol{A}$ 的所有互不相同的特征值，$\boldsymbol{A}$ 的最小多项式为

$$m(\lambda)=(\lambda-\lambda_1)^{d_1}(\lambda-\lambda_2)^{d_2}\cdots(\lambda-\lambda_r)^{d_r}.$$

若函数 $f(\lambda)$ 的各阶导数都存在，则

$$\begin{gathered}f(\lambda_1),f'(\lambda_1),\cdots,f^{(d_1-1)}(\lambda_1)\\ f(\lambda_2),f'(\lambda_2),\cdots,f^{(d_2-1)}(\lambda_2)\\ \vdots\\ f(\lambda_r),f'(\lambda_r),\cdots,f^{(d_r-1)}(\lambda_r)\end{gathered}$$

为 $f(\lambda)$ 在 $\boldsymbol{A}$ 的谱上的值，此时称 $f(\lambda)$ 在 $\boldsymbol{A}$ 的谱上有意义.

定理 4　$\boldsymbol{A}\in\mathbf{C}^{n\times n}$ 的最小多项式在 $\boldsymbol{A}$ 的谱上的值全为零.

证明　设 $\lambda_1,\lambda_2,\cdots,\lambda_r$ 是 $\boldsymbol{A}$ 的所有互不相同的特征值，$\boldsymbol{A}$ 的最小多项式

$$m(\lambda)=(\lambda-\lambda_1)^{d_1}(\lambda-\lambda_2)^{d_2}\cdots(\lambda-\lambda_r)^{d_r}.$$

则 $m(\lambda_1)=0(i=1,2,\cdots,r)$.

$$\begin{aligned}m'(\lambda)=&d_1(\lambda-\lambda_1)^{d_1-1}(\lambda-\lambda_2)^{d_2}\cdots(\lambda-\lambda_r)^{d_r}+d_2(\lambda-\lambda_1)^{d_1}(\lambda-\lambda_2)^{d_2-1}\cdots(\lambda-\lambda_r)^{d_r}\\&+\cdots+d_r(\lambda-\lambda_1)^{d_1}(\lambda-\lambda_2)^{d_2}\cdots(\lambda-\lambda_r)^{d_r-1}.\end{aligned}$$

从而 $m'(\lambda_i)=0(i=1,2,\cdots,r)$.

同理可得 $m^{(k)}(\lambda_i)=0(k=2,3,\cdots,d_i-1;i=1,2,\cdots,r)$.

证毕.

定理 5 若多项式 $g(\lambda)$ 在 $\boldsymbol{A}$ 的谱上的值全为零，则 $g(\lambda)$ 必可被 $\boldsymbol{A}$ 的最小多项式整除.

证明 设 $\lambda_1,\lambda_2,\cdots,\lambda_r$ 是 $\boldsymbol{A}$ 的所有互不相同的特征值，$\boldsymbol{A}$ 的最小多项式

$$m(\lambda)=(\lambda-\lambda_1)^{d_1}(\lambda-\lambda_2)^{d_2}\cdots(\lambda-\lambda_r)^{d_r}.$$

由已知有 $g(\lambda_i)=0(i=1,2,\cdots,r)$，$g^{(k)}(\lambda_i)=0(k=1,2,\cdots,d_i-1;i=1,2,\cdots,r)$.

故由根与多项式的关系有

$$(\lambda-\lambda_i)^{d_i}\mid g(\lambda),$$

从而 $m(\lambda)\mid g(\lambda)$.

证毕.

定理 6 设矩阵 $\boldsymbol{A}\in\mathbf{C}^{n\times n}$，$f(\lambda)$ 与 $g(\lambda)$ 为两个多项式，则 $f(\boldsymbol{A})=g(\boldsymbol{A})$ 的充分必要条件是 $f(\lambda)$ 与 $g(\lambda)$ 在 $\boldsymbol{A}$ 的谱上的值相等.

证明 必要性. 设 $f(\boldsymbol{A})=g(\boldsymbol{A})$，$m(\lambda)$ 是 $\boldsymbol{A}$ 的最小多项式. 记

$$h(\lambda)=f(\lambda)-g(\lambda),$$

则 $h(\boldsymbol{A})=0$，从而 $h(\lambda)$ 是 $\boldsymbol{A}$ 的零化多项式，故 $m(\lambda)\mid h(\lambda)$.

由定理 4 有 $m(\lambda)$ 在 $\boldsymbol{A}$ 的谱上的值全为零，从而 $h(\lambda)$ 在 $\boldsymbol{A}$ 的谱上的值全为零，即 $f(\lambda)$ 与 $g(\lambda)$ 在 $\boldsymbol{A}$ 的谱上的值相等.

充分性. 设 $f(\lambda)$ 与 $g(\lambda)$ 在 $\boldsymbol{A}$ 的谱上的值相等. 记 $h(\lambda)=f(\lambda)-g(\lambda)$，则 $h(\lambda)$ 在 $\boldsymbol{A}$ 的谱上的值为零. 由定理 5 有 $h(\lambda)$ 能被 $\boldsymbol{A}$ 的最小多项式整除，则 $h(\lambda)$ 是 $\boldsymbol{A}$ 的零化多项式，即 $h(\boldsymbol{A})=0$，故 $f(\boldsymbol{A})=g(\boldsymbol{A})$.

证毕.

推论 设矩阵 $\boldsymbol{A}\in\mathbf{C}^{n\times n}$，$f(\lambda)$ 是多项式，则 $f(\boldsymbol{A})=0$ 的充分必要条件是 $f(\lambda)$ 在 $\boldsymbol{A}$ 的谱上的值全为零.

定理 7 设复变数幂级数 $\sum\limits_{m=0}^{\infty}c_m z^m$ 的收敛半径是 R，且当 $|z|<R$ 时，$\sum\limits_{m=0}^{\infty}c_m z^m=f(z)$. 若矩阵 $\boldsymbol{A}\in\mathbf{C}^{n\times n}$ 且 $\rho(\boldsymbol{A})<R$，则必有次数小于 s 的多项式 $g(\lambda)$，使得 $f(\lambda)$ 与 $g(\lambda)$ 在 $\boldsymbol{A}$ 的谱上的值相同，且 $f(\boldsymbol{A})=g(\boldsymbol{A})$，其中 s 为 $\boldsymbol{A}$ 的最小多项式 $m(\lambda)$ 的次数.

例 3 设矩阵 $\boldsymbol{A}=\begin{pmatrix}1 & -1\\ -4 & 1\end{pmatrix}$，求 $\boldsymbol{A}^{20}$.

解 设 $f(\lambda)=\lambda^{20}$. 矩阵 $\boldsymbol{A}$ 的特征多项式

$$|\lambda\boldsymbol{E}-\boldsymbol{A}|=\begin{vmatrix}\lambda-1 & 1\\4 & \lambda-1\end{vmatrix}=(\lambda-1)^2-4=(\lambda+1)(\lambda-3),$$

则 $\boldsymbol{A}$ 的特征值为 $\lambda_1=-1,\lambda_2=3$，故 $\boldsymbol{A}$ 的最小多项式为

$$m(\lambda)=(\lambda+1)(\lambda-3)=\lambda^2-2\lambda-3,$$

由定理 7 有存在一个多项式 $g(\lambda)=a+b\lambda$，使得 $f(\lambda)$ 与 $g(\lambda)$ 在 $\boldsymbol{A}$ 的谱上的值相等，故有

$$\begin{cases}f(-1)=g(-1)\\f(3)=g(3),\end{cases}$$

即

$$\begin{cases}a-b=1\\a+3b=3^{20},\end{cases}$$

得

$$a=\frac{3^{20}+3}{4},b=\frac{3^{20}-1}{4}$$

所以

$$g(\lambda)=\frac{1}{4}[(3^{20}+3)+(3^{20}-1)\lambda],$$

从而

$$f(\boldsymbol{A})=g(\boldsymbol{A})=\frac{1}{4}[(3^{20}+3)\boldsymbol{E}+(3^{20}-1)\boldsymbol{A}]=\begin{pmatrix}\frac{3^{20}+1}{2} & \frac{1-3^{20}}{4}\\1-3^{20} & \frac{3^{20}+1}{2}\end{pmatrix}.$$

例 4　设矩阵 $\boldsymbol{A}=\begin{pmatrix}0 & 0 & -2\\0 & 1 & 0\\1 & 0 & 3\end{pmatrix}$，求 $e^{\boldsymbol{A}t}$.

解　设 $f(\lambda)=e^{\lambda t}$. 矩阵 $\boldsymbol{A}$ 的特征多项式为

$$|\lambda\boldsymbol{E}-\boldsymbol{A}|=\begin{vmatrix}\lambda & 0 & 2\\0 & \lambda-1 & 0\\-1 & 0 & \lambda-3\end{vmatrix}=(\lambda-1)(\lambda^2-3\lambda+2)=(\lambda-1)^2(\lambda-2).$$

则矩阵 $\boldsymbol{A}$ 的三阶行列式因子为

$$D_3(\lambda)=(\lambda-1)^2(\lambda-2).$$

又 $\lambda\boldsymbol{E}-\boldsymbol{A}$ 的所有 2 阶子式为

$$\begin{vmatrix}\lambda & 0\\0 & \lambda-1\end{vmatrix}=\lambda(\lambda-1),\begin{vmatrix}\lambda & 2\\0 & 0\end{vmatrix}=0,\begin{vmatrix}0 & 2\\\lambda-1 & 0\end{vmatrix}=-2(\lambda-1),$$

$$\begin{vmatrix} \lambda & 2 \\ -1 & \lambda-3 \end{vmatrix} = (\lambda-1)(\lambda-2), \begin{vmatrix} \lambda & 0 \\ -1 & 0 \end{vmatrix} = 0, \begin{vmatrix} 0 & 2 \\ 0 & \lambda-3 \end{vmatrix} = 0,$$

$$\begin{vmatrix} 0 & \lambda-1 \\ -1 & 0 \end{vmatrix} = \lambda-1, \begin{vmatrix} 0 & 0 \\ -1 & \lambda-3 \end{vmatrix} = 0, \begin{vmatrix} \lambda & 0 \\ 0 & \lambda-3 \end{vmatrix} = (\lambda-1)(\lambda-3),$$

则 $\boldsymbol{A}$ 的二阶行列式因子为

$$D_2(\lambda) = \lambda - 1.$$

故 $\boldsymbol{A}$ 的最小多项式为

$$m(\lambda) = \frac{D_3(\lambda)}{D_2(\lambda)} = (\lambda-1)(\lambda-2) = \lambda^2 - 3\lambda + 2.$$

由定理 7 有存在一个多项式 $g(\lambda) = a + b\lambda$,使得 $f(\lambda)$ 与 $g(\lambda)$ 在 $\boldsymbol{A}$ 的谱上的值相同,故有

$$\begin{cases} g(1) = f(1) \\ g(2) = f(2), \end{cases}$$

即

$$\begin{cases} a + b = \mathrm{e}^t \\ a + 2b = \mathrm{e}^{2t}, \end{cases}$$

得

$$b = \mathrm{e}^{2t} - \mathrm{e}^t, a = 2\mathrm{e}^t - \mathrm{e}^{2t}.$$

故

$$g(\lambda) = (2\mathrm{e}^t - \mathrm{e}^{2t}) + (\mathrm{e}^{2t} - \mathrm{e}^t)\lambda.$$

从而

$$f(\boldsymbol{A}) = g(\boldsymbol{A}) = (2\mathrm{e}^t - \mathrm{e}^{2t})\boldsymbol{E} + (\mathrm{e}^{2t} - \mathrm{e}^t)\boldsymbol{A} = \begin{pmatrix} 2\mathrm{e}^t - \mathrm{e}^{2t} & 0 & -2(\mathrm{e}^{2t} - \mathrm{e}^t) \\ 0 & \mathrm{e}^t & 0 \\ \mathrm{e}^{2t} - \mathrm{e}^t & 0 & -\mathrm{e}^t + 2\mathrm{e}^{2t} \end{pmatrix}.$$

5.5.3 矩阵函数的性质

性质 1 设矩阵 $\boldsymbol{A} \in \mathbf{C}^{n \times n}$,则 $\frac{\mathrm{d}\mathrm{e}^{\boldsymbol{A}t}}{\mathrm{d}t} = \boldsymbol{A}\mathrm{e}^{\boldsymbol{A}t} = \mathrm{e}^{\boldsymbol{A}t}\boldsymbol{A}$.

证明 因为

$$\mathrm{e}^{\boldsymbol{A}t} = \sum_{m=0}^{\infty} \frac{1}{m!}(\boldsymbol{A}t)^m = \sum_{m=0}^{\infty} \frac{1}{m!}\boldsymbol{A}^m t^m$$

对任何 t 都是收敛的,所以可以逐项求导,得

$$\frac{\mathrm{d}\mathrm{e}^{\boldsymbol{A}t}}{\mathrm{d}t} = \sum_{m=1}^{\infty} \frac{1}{(m-1)!}t^{m-1}\boldsymbol{A}^m = \boldsymbol{A}\sum_{m=1}^{\infty} \frac{1}{(m-1)!}(\boldsymbol{A}t)^{m-1}\left(= \left[\sum_{m=1}^{\infty} \frac{1}{(m-1)!}(\boldsymbol{A}t)^{m-1}\right]\boldsymbol{A}\right)$$

$$= A\sum_{k=0}^{\infty}\frac{1}{k!}(At)^k\left(=\left[\sum_{k=0}^{\infty}\frac{1}{k!}(At)^k\right]A\right)=Ae^{At}(=e^{At}A).$$

证毕.

性质 2　设矩阵 $A\in\mathbf{C}^{n\times n}$，则

(1) $e^{iA}=\cos A+i\sin A$；

(2) $\cos A=\frac{1}{2}(e^{iA}+e^{-iA})$；

(3) $\sin A=\frac{1}{2i}(e^{iA}-e^{-iA})$；

(4) $\cos(-A)=\cos A$；

(5) $\sin(-A)=-\sin A$；

(6) $\cos^2A+\sin^2A=E$；

(7) $\sin(A+2\pi E)=\sin A$；

(8) $\cos(A+2\pi E)=\cos A$；

(9) $e^{A+i2\pi E}=e^A$.

证明　略.

性质 3　设矩阵 $A,B\in\mathbf{C}^{n\times n}$，且 $AB=BA$，则

(1) $e^{At}B=Be^{At}$；

(2) $e^Ae^B=e^Be^A$；

(3) $\sin(A+B)=\sin A\cos B+\cos A\sin B$；

(4) $\cos(A+B)=\cos A\cos B-\sin A\sin B$；

(5) 当 $A=B$ 时，$\cos(2A)=\cos^2A-\sin^2A$，$\sin(2A)=2\sin A\cos A$.

证明　(1) 由 $AB=BA$ 有 $A^mB=BA^m$，因此有

$$e^{At}B=\left(\sum_{m=0}^{\infty}\frac{1}{m!}(At)^m\right)B=\sum_{m=0}^{\infty}\frac{1}{m!}t^mA^mB=\sum_{m=0}^{\infty}\frac{1}{m!}t^mBA^m=B\sum_{m=0}^{\infty}\frac{1}{m!}(At)^m$$
$$=Be^{At}.$$

(2) 记

$$C(t)=e^{(A+B)t}e^{-At}e^{-Bt},$$

则有

$$\frac{dC(t)}{dt}=(A+B)e^{(A+B)t}e^{-At}e^{-Bt}-e^{(A+B)t}Ae^{-At}e^{-Bt}-e^{(A+B)t}e^{-At}Be^{-Bt}=O,$$

故 $C(t)$ 为常数函数，因而有

$$C(t)=C(1)=C(0)=E.$$

当 $t=1$ 时，

$$e^{A+B}e^{-A}e^{-B}=E.$$

特别地,取 $B=-A$,有 $e^{O}e^{-A}e^{A}=E$. 由于 $e^{O}=E$,因此

$$e^{-A}e^{A}=E,$$

即

$$(e^{A})^{-1}=e^{-A}.$$

同理$(e^{B})^{-1}=e^{-B}$,则有

$$e^{A+B}(e^{A})^{-1}(e^{B})^{-1}=E.$$

两端右乘 $e^{B}e^{A}$,得

$$e^{A+B}=e^{B}e^{A}.$$

同理

$$e^{B+A}=e^{A}e^{B}.$$

由 $e^{A+B}=e^{B+A}$,有 $e^{A}e^{B}=e^{B}e^{A}$.

(3)

$$\begin{aligned}&\sin A\cos B+\cos A\sin B\\&=\frac{1}{2i}(e^{iA}-e^{-iA})\cdot\frac{1}{2}(e^{iB}+e^{-iB})+\frac{1}{2}(e^{iA}+e^{-iA})\cdot\frac{1}{2i}(e^{iB}-e^{-iB})\\&=\frac{1}{2i}[e^{i(A+B)}-e^{-i(A+B)}]=\sin(A+B).\end{aligned}$$

(4)类似于(3)的证明,可证 $\cos(A+B)=\cos A\cos B-\sin A\sin B$.

(5)由(3)(4)直接可得.

证毕.

5.5.4 矩阵函数在微分方程中的应用

定理 8 设矩阵 $A\in\mathbf{C}^{n\times n}$,向量 $X\in\mathbf{C}^{n}$,t 为单变量,则一阶线性常系数齐次微分方程组

$$\frac{dX}{dt}=AX$$

的通解为 $X=e^{At}K$,其中 $K=(k_1,k_2,\cdots,k_n)^{T}$ 为 $\mathbf{C}^{n}$ 中的任意向量.

定理 9 设矩阵 $A\in\mathbf{C}^{n\times n}$,向量 $X\in\mathbf{C}^{n}$,t 为单变量,则一阶线性常系数齐次微分方程组的定解问题

$$\begin{cases}\dfrac{dX}{dt}=AX\\X(t_0)=(x_1(t_0)x_2(t_0)\cdots x_1(t_0))^{T}\end{cases}$$

有唯一解 $X=e^{A(t-t_0)}X(t_0)$.

定理 10 设矩阵 $A\in\mathbf{C}^{n\times n}$,向量 $X\in\mathbf{C}^{n}$,t 为单变量,则一阶线性常系数非齐次微分

方程组的定解问题

$$\begin{cases}\dfrac{\mathrm{d}\boldsymbol{X}}{\mathrm{d}t}=\boldsymbol{A}\boldsymbol{X}+\boldsymbol{F}(t)\\ \boldsymbol{X}(t_0)=(x_1(t_0),x_2(t_0),\cdots,x_n(t_0))^{\mathrm{T}},\end{cases}$$

其中 $\boldsymbol{F}(t)=(F_1(t),F_2(t),\cdots,F_n(t))^{\mathrm{T}}$,有唯一解

$$\boldsymbol{X}=\mathrm{e}^{\boldsymbol{A}(t-t_0)}\boldsymbol{X}(t_0)+\int_{t_0}^{t}\mathrm{e}^{\boldsymbol{A}(t-\tau)}\boldsymbol{F}(\tau)\mathrm{d}\tau.$$

例 5 求一阶线性常系数齐次微分方程组

$$\begin{cases}\dfrac{\mathrm{d}x_1}{\mathrm{d}t}=3x_1-x_2+x_3\\ \dfrac{\mathrm{d}x_2}{\mathrm{d}t}=2x_1-x_3\\ \dfrac{\mathrm{d}x_3}{\mathrm{d}t}=x_1-x_2+2x_3.\end{cases}$$

解 一阶线性常系数齐次微分方程组的矩阵形式为

$$\frac{\mathrm{d}\boldsymbol{X}}{\mathrm{d}t}=\boldsymbol{A}\boldsymbol{X},$$

其中

$$\boldsymbol{A}=\begin{pmatrix}3&-1&1\\2&0&-1\\1&-1&2\end{pmatrix},\boldsymbol{X}=\begin{pmatrix}x_1\\x_2\\x_3\end{pmatrix}.$$

矩阵 $\boldsymbol{A}$ 的特征多项式

$$|\lambda\boldsymbol{E}-\boldsymbol{A}|=\begin{vmatrix}\lambda-3&1&-1\\-2&\lambda&1\\-1&1&\lambda-2\end{vmatrix}=\lambda(\lambda-2)(\lambda-3),$$

则 $\boldsymbol{A}$ 的特征值为 $\lambda_1=0,\lambda_2=2,\lambda_3=3$. 显然,$\boldsymbol{A}$ 可相似于一个对角矩阵.

矩阵 $\boldsymbol{A}$ 对应于 $\lambda_1=0,\lambda_2=2,\lambda_3=3$ 的特征向量分别为

$$\boldsymbol{X}_1=\begin{pmatrix}1\\5\\2\end{pmatrix},\boldsymbol{X}_2=\begin{pmatrix}1\\1\\0\end{pmatrix},\boldsymbol{X}_3=\begin{pmatrix}2\\1\\1\end{pmatrix}.$$

记

$$\boldsymbol{P}=(\boldsymbol{X}_1,\boldsymbol{X}_2,\boldsymbol{X}_3)=\begin{pmatrix}1&1&2\\5&1&1\\2&0&1\end{pmatrix},$$

则

$$P^{-1}AP=\begin{pmatrix}0&0&0\\0&2&0\\0&0&3\end{pmatrix},$$

$$P^{-1}=-\frac{1}{6}\begin{pmatrix}1&-1&-1\\-3&-3&9\\-2&2&-4\end{pmatrix}.$$

所以

$$\begin{aligned}X&=e^{At}K=P\begin{pmatrix}1&&\\&e^{2t}&\\&&e^{3t}\end{pmatrix}P^{-1}K\\
&=-\frac{1}{6}\begin{pmatrix}1&1&2\\5&1&1\\2&0&1\end{pmatrix}\begin{pmatrix}1&&\\&e^{2t}&\\&&e^{3t}\end{pmatrix}\begin{pmatrix}1&-1&-1\\-3&-3&9\\-2&2&-4\end{pmatrix}\begin{pmatrix}k_1\\k_2\\k_3\end{pmatrix}\\
&=-\frac{1}{6}\begin{pmatrix}1&e^{2t}&2e^{3t}\\5&e^{2t}&e^{3t}\\2&0&e^{3t}\end{pmatrix}\begin{pmatrix}1&-1&-1\\-3&-3&9\\-2&2&-4\end{pmatrix}\begin{pmatrix}k_1\\k_2\\k_3\end{pmatrix}\\
&=-\frac{1}{6}\begin{pmatrix}1-3e^{2t}-4e^{3t}&-1-3e^{2t}+4e^{3t}&-1+9e^{2t}-8e^{3t}\\5-3e^{2t}-2e^{3t}&-5-3e^{2t}+2e^{3t}&-5+9e^{2t}-4e^{3t}\\2-2e^{3t}&-2+2e^{3t}&-2-4e^{3t}\end{pmatrix}\begin{pmatrix}k_1\\k_2\\k_3\end{pmatrix}\\
&=-\frac{1}{6}\begin{pmatrix}(1-3e^{2t}-4e^{3t})k_1+(-1-3e^{2t}+4e^{3t})k_2+(-1+9e^{2t}-8e^{3t})k_3\\(5-3e^{2t}-2e^{3t})k_1+(-5-3e^{2t}+2e^{3t})k_2+(-5+9e^{2t}-4e^{3t})k_3\\(2-2e^{3t})k_1+(-2+2e^{3t})k_2+(-2-4e^{3t})k_3\end{pmatrix}.\end{aligned}$$

例 6 求一阶线性常系数非齐次微分方程组的定解问题

$$\begin{cases}\dfrac{dx}{dt}=Ax+F(t)\\ x(0)=(0,1)^T\end{cases}$$

其中 $A=\begin{pmatrix}1&2\\2&1\end{pmatrix},x=\begin{pmatrix}x_1\\x_2\end{pmatrix},F(t)=\begin{pmatrix}e^{-t}\\0\end{pmatrix}$.

解 矩阵 A 的特征多项式

$$|\lambda E-A|=\begin{vmatrix}\lambda-1&-2\\-2&\lambda-1\end{vmatrix}=(\lambda-3)(\lambda+1),$$

则 $\boldsymbol{A}$ 的特征值为

$$\lambda_1 = -1, \lambda_2 = 3,$$

相应的特征向量分别为

$$\boldsymbol{\alpha}_1 = \begin{pmatrix} -1 \\ 1 \end{pmatrix}, \boldsymbol{\alpha}_2 = \begin{pmatrix} 1 \\ 1 \end{pmatrix}.$$

记

$$\boldsymbol{P} = (\boldsymbol{\alpha}, \boldsymbol{\alpha}_2) = \begin{pmatrix} -1 & 1 \\ 1 & 1 \end{pmatrix},$$

则

$$\boldsymbol{P}^{-1} = -\frac{1}{2}\begin{pmatrix} 1 & -1 \\ -1 & -1 \end{pmatrix}, \boldsymbol{P}^{-1}\boldsymbol{A}\boldsymbol{P} = \begin{pmatrix} -1 & 0 \\ 0 & 3 \end{pmatrix}.$$

故

$$\mathrm{e}^{\boldsymbol{A}t} = \boldsymbol{P}\begin{pmatrix} \mathrm{e}^{-t} & 0 \\ 0 & \mathrm{e}^{3t} \end{pmatrix}\boldsymbol{P}^{-1} = \begin{pmatrix} -1 & 1 \\ 1 & 1 \end{pmatrix}\begin{pmatrix} \mathrm{e}^{-t} & 0 \\ 0 & \mathrm{e}^{3t} \end{pmatrix}\begin{pmatrix} -\frac{1}{2} & \frac{1}{2} \\ \frac{1}{2} & \frac{1}{2} \end{pmatrix}$$

$$= \begin{pmatrix} -\mathrm{e}^{-t} & \mathrm{e}^{3t} \\ \mathrm{e}^{-t} & \mathrm{e}^{3t} \end{pmatrix}\begin{pmatrix} -\frac{1}{2} & \frac{1}{2} \\ \frac{1}{2} & \frac{1}{2} \end{pmatrix}$$

$$= \begin{pmatrix} \frac{1}{2}\mathrm{e}^{-t} + \frac{1}{2}\mathrm{e}^{3t} & -\frac{1}{2}\mathrm{e}^{-t} + \frac{1}{2}\mathrm{e}^{3t} \\ -\frac{1}{2}\mathrm{e}^{-t} + \frac{1}{2}\mathrm{e}^{3t} & \frac{1}{2}\mathrm{e}^{-t} + \frac{1}{2}\mathrm{e}^{3t} \end{pmatrix},$$

$$\mathrm{e}^{\boldsymbol{A}t}\boldsymbol{X}(0) = \begin{pmatrix} \frac{1}{2}\mathrm{e}^{-t} + \frac{1}{2}\mathrm{e}^{3t} & -\frac{1}{2}\mathrm{e}^{-t} + \frac{1}{2}\mathrm{e}^{3t} \\ -\frac{1}{2}\mathrm{e}^{-t} + \frac{1}{2}\mathrm{e}^{3t} & \frac{1}{2}\mathrm{e}^{-t} + \frac{1}{2}\mathrm{e}^{3t} \end{pmatrix}\begin{pmatrix} 0 \\ 1 \end{pmatrix} = \begin{pmatrix} -\frac{1}{2}\mathrm{e}^{-t} + \frac{1}{2}\mathrm{e}^{3t} \\ \frac{1}{2}\mathrm{e}^{-t} + \frac{1}{2}\mathrm{e}^{3t} \end{pmatrix},$$

$$\mathrm{e}^{\boldsymbol{A}(t-\tau)}\boldsymbol{F}(t) = \begin{pmatrix} \frac{1}{2}\mathrm{e}^{-(t-\tau)} + \frac{1}{2}\mathrm{e}^{3(t-\tau)} & -\frac{1}{2}\mathrm{e}^{-(t-\tau)} + \frac{1}{2}\mathrm{e}^{3(t-\tau)} \\ -\frac{1}{2}\mathrm{e}^{-(t-\tau)} + \frac{1}{2}\mathrm{e}^{3(t-\tau)} & \frac{1}{2}\mathrm{e}^{-(t-\tau)} + \frac{1}{2}\mathrm{e}^{3(t-\tau)} \end{pmatrix}\begin{pmatrix} \mathrm{e}^{-\tau} \\ 0 \end{pmatrix} = \begin{pmatrix} \frac{1}{2}\mathrm{e}^{-t} + \frac{1}{2}\mathrm{e}^{3t-4\tau} \\ -\frac{1}{2}\mathrm{e}^{-t} + \frac{1}{2}\mathrm{e}^{3t-4\tau} \end{pmatrix},$$

故

$$\boldsymbol{X} = \mathrm{e}^{\boldsymbol{A}t}\boldsymbol{X}(0) + \int_0^t \mathrm{e}^{\boldsymbol{A}(t-\tau)}\boldsymbol{F}(\tau)\mathrm{d}\tau = \begin{pmatrix} -\frac{1}{2}\mathrm{e}^{-t} + \frac{1}{2}\mathrm{e}^{3t} \\ \frac{1}{2}\mathrm{e}^{-t} + \frac{1}{2}\mathrm{e}^{3t} \end{pmatrix} + \begin{pmatrix} \frac{1}{2}t\mathrm{e}^{-t} - \frac{1}{8}(\mathrm{e}^{-t} - \mathrm{e}^{3t}) \\ -\frac{1}{2}t\mathrm{e}^{-t} - \frac{1}{8}(\mathrm{e}^{-t} - \mathrm{e}^{3t}) \end{pmatrix}$$

$$= \begin{pmatrix} -\frac{5}{8}e^{-t} + \frac{1}{2}te^{-t} + \frac{5}{8}e^{3t} \\ \frac{3}{8}e^{-t} - \frac{1}{2}te^{-t} + \frac{5}{8}e^{3t} \end{pmatrix}.$$

习题 5

1. 设 $\boldsymbol{\alpha}=(-1,2,4,1)\in \mathbf{C}^4$，计算 $\|\boldsymbol{\alpha}\|_1, \|\boldsymbol{\alpha}\|_2, \|\boldsymbol{\alpha}\|_3, \|\boldsymbol{\alpha}\|_\infty$.

2. 设 $\boldsymbol{\alpha}=(-1+\mathrm{i},2,4-3\mathrm{i},1+2\mathrm{i})\in \mathbf{C}^4$，计算 $\|\boldsymbol{\alpha}\|_1, \|\boldsymbol{\alpha}\|_2, \|\boldsymbol{\alpha}\|_3, \|\boldsymbol{\alpha}\|_\infty$.

3. 在直角坐标系中画出下列不等式决定的向量 $\boldsymbol{x}=(x_1,x_2)^{\mathrm{T}}$ 的全体所表示的几何图形：

(1) $\|\boldsymbol{x}\|_1\leqslant 1$；(2) $\|\boldsymbol{x}\|_2\leqslant 1$；(3) $\|\boldsymbol{x}\|_\infty\leqslant 1$.

4. 设 $\boldsymbol{x}\in \mathbf{C}^n$，证明：

(1) $\|\boldsymbol{x}\|_2\leqslant \|\boldsymbol{x}\|_1\leqslant \sqrt{n}\|\boldsymbol{x}\|_2$；

(2) $\|\boldsymbol{x}\|_\infty\leqslant \|\boldsymbol{x}\|_1\leqslant n\|\boldsymbol{x}\|_\infty$；

(3) $\|\boldsymbol{x}\|_\infty\leqslant \|\boldsymbol{x}\|_2\leqslant \sqrt{n}\|\boldsymbol{x}\|_\infty$.

5. 设 $\|\boldsymbol{x}\|_a, \|\boldsymbol{x}\|_b$ 是 $\mathbf{C}^n$ 上的两种范数，k_1,k_2 是正常数. 证明：

$$\max\{\|\boldsymbol{x}\|_a, \|\boldsymbol{x}\|_b\},\ k_1\|\boldsymbol{x}\|_a+k_2\|\boldsymbol{x}\|_b$$

都是 $\mathbf{C}^n$ 上的范数.

6. 设 $\boldsymbol{A}=\begin{pmatrix}2 & -1 & 0\\ 0 & 2 & 3\\ 1 & 2 & 0\end{pmatrix}\in \mathbf{C}^{3\times 3}$，求 $\|\boldsymbol{A}\|_1, \|\boldsymbol{A}\|_2, \|\boldsymbol{A}\|_\infty, \|\boldsymbol{A}\|_F$.

7. 设矩阵 $\boldsymbol{A}=\begin{pmatrix}3 & 2+\mathrm{i} & \mathrm{i}\\ -1 & 2 & 3\\ 3+\mathrm{i} & 1 & 2\end{pmatrix}\in \mathbf{C}^{3\times 3}$，求 $\|\boldsymbol{A}\|_\infty$.

8. 设 $\boldsymbol{A}\in \mathbf{C}^{n\times n}$. 证明：

$$\|\boldsymbol{A}\| = n\max_{1\leqslant i,j\leqslant n}|a_{ij}|$$

是一种矩阵范数.

9. 设 $\boldsymbol{A}=\begin{pmatrix}-1 & 0 & \mathrm{i}\\ \mathrm{i} & 5 & -10\mathrm{i}\\ 2 & \mathrm{i} & -4\end{pmatrix}\in \mathbf{C}^{3\times 3}$，$\boldsymbol{x}=(-1,2,-\mathrm{i})^{\mathrm{T}}\in \mathbf{C}^3$. 求 $\|\boldsymbol{A}\|_1$，$\|\boldsymbol{A}\|_\infty$，$\|\boldsymbol{A}\boldsymbol{x}\|_2$.

10. 设 $A=\begin{pmatrix}2+\mathrm{i} & 4\\ 3-\mathrm{i} & -1+\mathrm{i}\end{pmatrix}\in \mathbf{C}^{2\times 2}$，$x=(1,3)^{\mathrm{T}}\in \mathbf{C}^{2}$. 求 $\|A\|_1$，$\|A\|_\infty$，$\|Ax\|_2$.

11. 证明：对于任意的 $A\in \mathbf{C}^{n\times n}$，都有 $\|A^{\mathrm{H}}\|_1=\|A^{\mathrm{T}}\|_1=\|A\|_\infty$.

12. 求向量序列 $x^{(m)}=\left(\dfrac{3m+5}{m^2+6m+1}\quad \left(1+\dfrac{3}{2m}\right)^m\quad m\sin\dfrac{2}{m}\right)\in \mathbf{C}^3$ 在 $m\to\infty$ 时的极限.

13. 求向量序列 $x^{(m)}=\left(\dfrac{m^2+5}{3m^2+6m+1}\quad \left(1-\dfrac{5}{4m}\right)^m\quad \dfrac{2}{m+1}\right)\in \mathbf{C}^3$ 在 $m\to\infty$ 时的极限.

14. 设矩阵序列 $A^{(m)}=\begin{pmatrix}\dfrac{m}{2^m} & \dfrac{m-4}{2m+3}\\ \sin\dfrac{\pi}{m} & \left(1-\dfrac{1}{m}\right)^m\end{pmatrix}\in \mathbf{C}^{2\times 2}$，求 $\lim\limits_{m\to\infty}A^{(m)}$.

15. 设矩阵序列 $A^{(m)}=\begin{pmatrix}m\sin\dfrac{1}{m} & \dfrac{6m+4}{7m-8} & \left(1+\dfrac{1}{2m}\right)^m\\ 0 & 1 & m\ln\left(1+\dfrac{1}{m}\right)\\ \left(1-\dfrac{2}{m}\right)^m & 3 & 2\end{pmatrix}\in \mathbf{C}^{3\times 3}$. 求 $\lim\limits_{m\to\infty}A^{(m)}$.

16. 设函数矩阵

$$A(t)=\mathrm{e}^{-2t}\begin{pmatrix}\cos(4t)-\sin(4t) & \sin(4t)\\ -2\sin(4t) & \cos(4t)+\sin(4t)\end{pmatrix}.$$

求 $\lim\limits_{t\to\frac{\pi}{2}}A(t)$.

17. 设函数矩阵

$$A(x)=\begin{pmatrix}(1+x)^{\frac{1}{x}} & \mathrm{e}^{2x}\\ 1 & \cos(4x)+\sin(4x)\end{pmatrix}.$$

求 $\lim\limits_{x\to 0}A(x)$.

18. 设函数矩阵 $A(x)=\begin{pmatrix}\mathrm{e}^{3x} & \tan x+\sin(2x)\\ 2\cos(5x) & x^3+x\end{pmatrix}$，求 $\dfrac{\mathrm{d}A(x)}{\mathrm{d}x}$.

19. 设 $A=\begin{pmatrix}\cos(2t) & \sin(3t)\\ \cos t & \sin t\end{pmatrix}$，$B=\begin{pmatrix}\cos t & \cos(3t)\\ \sin t & \sin(2t)\end{pmatrix}$，求 $\dfrac{\mathrm{d}(AB)}{\mathrm{d}t}$.

20. 已知 $A=\begin{pmatrix}u^2+v^2 & \sin(u+v)\\ \cos(u+v) & \mathrm{e}^{uv}\end{pmatrix}$，$B=(u,v)$，求 $\dfrac{\mathrm{d}A}{\mathrm{d}B}$.

21. 设函数矩阵 $A(x)=\begin{pmatrix}\mathrm{e}^{5x} & \sin x+x\\ 2\cos(5x) & \sqrt{1-4x^2}\end{pmatrix}$，求 $\int_0^1 A(x)\,\mathrm{d}x$.

22. 设函数矩阵 $\boldsymbol{A}(t)=\begin{pmatrix} e^{3t} & \sin t \\ \tan t & \sin t\cos t \end{pmatrix}$,求 $\int_0^x \boldsymbol{A}(t)\,dt$.

23. 设函数矩阵 $\boldsymbol{A}(t)=\begin{pmatrix} e^{2t} & te^t & 1 \\ e^{-t} & 2e^{2t} & 0 \\ 3t & 0 & 0 \end{pmatrix}$,求 $\frac{d}{dx}\int_0^{\sin x} \boldsymbol{A}(t)\,dt$.

24. 设函数矩阵 $\boldsymbol{A}(t)=\begin{pmatrix} \sin t & te^t & \cos t \\ t & e^t & t^2 \\ 1 & 0 & t^3 \end{pmatrix}$,求$\frac{d\boldsymbol{A}(t)}{dt}$,$\frac{d|\boldsymbol{A}(t)|}{dt}$,$\left|\frac{d\boldsymbol{A}(t)}{dt}\right|$.

25. 设 $\boldsymbol{A},\boldsymbol{B},\boldsymbol{X}\in\mathbf{R}^{n\times n}$, 求 $\frac{d}{d\boldsymbol{X}}\operatorname{tr}(\boldsymbol{X})$, $\frac{d}{d\boldsymbol{X}}\operatorname{tr}(\boldsymbol{X}\boldsymbol{X}^T)$, $\frac{d}{d\boldsymbol{X}}\operatorname{tr}(\boldsymbol{X}^T\boldsymbol{X})$, $\frac{d}{d\boldsymbol{X}}\operatorname{tr}(\boldsymbol{A}\boldsymbol{X})$, $\frac{d}{d\boldsymbol{X}}\operatorname{tr}(\boldsymbol{X}^T\boldsymbol{B}\boldsymbol{X})$,$\frac{d}{d\boldsymbol{X}}\operatorname{tr}(\boldsymbol{X}\boldsymbol{A})$.

26. 设 $\boldsymbol{y}(t)=(y_1(t),y_2(t),\cdots,y_n(t))^T$,证明:$\frac{d}{dt}\|\boldsymbol{y}\|_2^2=2\boldsymbol{y}^T\frac{d\boldsymbol{y}}{dt}$.

27. 设矩阵序列

$$\boldsymbol{A}_m=\begin{pmatrix} \frac{1}{2^m} & \frac{(-1)^m}{3^m} \\ \frac{2}{m^2+2m} & \frac{3^m}{7^m} \end{pmatrix},$$

判断矩阵级数 $\sum_{m=1}^{\infty}\boldsymbol{A}_m$ 是否绝对收敛?若绝对收敛,求其和函数.

28. 设矩阵序列

$$\boldsymbol{A}_m=\begin{pmatrix} \frac{1}{4m^2+1} & \frac{m+1}{m(m+2)} \\ \frac{2}{(m+1)(m+4)} & \frac{2^m}{3^m} \end{pmatrix},$$

判断矩阵级数 $\sum_{m=1}^{\infty}\boldsymbol{A}_m$ 是否绝对收敛?若绝对收敛,求其和函数.

29. 设矩阵序列 $\boldsymbol{A}_m=\begin{pmatrix} \frac{1}{2^m} & \frac{\pi}{4^m} \\ 0 & \frac{1}{(m+1)(m+2)} \end{pmatrix}(m=1,2,\cdots)$,判断矩阵级数 $\sum_{m=1}^{\infty}\boldsymbol{A}_m$ 的敛散性,若收敛,求其和函数.

30. 设 $\boldsymbol{A}=\begin{pmatrix} 1 & -8 \\ -2 & 1 \end{pmatrix}$,判定矩阵幂级数 $\sum_{m=0}^{\infty}\frac{k}{6^k}\boldsymbol{A}^k$ 是否收敛,若收敛,求和矩阵.

31. 设矩阵 $\boldsymbol{A}=\begin{pmatrix}1 & 0.8 & 2\\ 0.6 & 2 & 0.3\\ 0.1 & 0.23 & 0.83\end{pmatrix}$,判断矩阵幂级数 $\sum\limits_{m=1}^{\infty}\dfrac{m+3}{4^m}\boldsymbol{A}^m$ 的收敛性.

32. 设矩阵 $\boldsymbol{A}=\begin{pmatrix}0.1 & 0.5 & 0.3 & 0.3\\ -0.2 & 0.5 & 0.4 & -0.4\\ 0.1 & -0.2 & -0.3 & -0.4\\ -0.1 & 0.2 & -0.3 & 0.4\end{pmatrix}$,判断矩阵幂级数 $\sum\limits_{k=1}^{\infty}\dfrac{1}{k(k+1)}\left(-\dfrac{\boldsymbol{A}}{2}\right)^k$ 的收敛性.

33. 设矩阵 $\boldsymbol{A}=\begin{pmatrix}2 & 0 & 0\\ 1 & 1 & 1\\ 1 & -1 & 3\end{pmatrix}$,用 Jordan 标准形法求 $\mathrm{e}^{\boldsymbol{A}}, \mathrm{e}^{\boldsymbol{A}t}, \sin\boldsymbol{A}$.

34. 设矩阵 $\boldsymbol{A}=\begin{pmatrix}3 & 1 & -1\\ 1 & 2 & -1\\ 2 & 1 & 0\end{pmatrix}$,用 Jordan 标准形法求 $\mathrm{e}^{\boldsymbol{A}}, \mathrm{e}^{\boldsymbol{A}t}, \sin\boldsymbol{A}$.

35. 设 $\boldsymbol{A}$ 是 n 阶矩阵,证明 $\sin(\boldsymbol{A}+2\pi\boldsymbol{E})=\sin\boldsymbol{A}$.

36. 设 $\boldsymbol{A}$ 是 4 阶矩阵,其 Jordan 标准形由两个二阶非零 Jordan 块构成,且 $\boldsymbol{A}^2=\boldsymbol{O}$,证明:$\sin\boldsymbol{A}=\boldsymbol{A}$.

37. 设矩阵 $\boldsymbol{A}=\begin{pmatrix}2 & 0 & 0\\ 1 & 1 & 1\\ 1 & -1 & 3\end{pmatrix}$,用待定系数法求 $\mathrm{e}^{\boldsymbol{A}}, \mathrm{e}^{\boldsymbol{A}t}, \sin\boldsymbol{A}$.

38. 设 $\boldsymbol{A}=\begin{pmatrix}3 & 1 & -1\\ 1 & 2 & -1\\ 2 & 1 & 0\end{pmatrix}$,用待定系数法求 $\mathrm{e}^{\boldsymbol{A}}, \mathrm{e}^{\boldsymbol{A}t}, \sin\boldsymbol{A}$.

39. 求齐次微分方程组的定解问题

$$\boldsymbol{A}=\begin{pmatrix}2 & -1 & 1\\ 0 & 3 & -1\\ 2 & 1 & 3\end{pmatrix}, \boldsymbol{X}_0=\begin{pmatrix}1\\ 1\\ 1\end{pmatrix}, \begin{cases}\dfrac{\mathrm{d}\boldsymbol{X}}{\mathrm{d}t}=\boldsymbol{A}\boldsymbol{X}\\ \boldsymbol{X}(0)=\boldsymbol{X}_0\end{cases}.$$

40. 设

$$\boldsymbol{A}=\begin{pmatrix}1 & 2 & 2\\ 2 & 1 & 2\\ 2 & 2 & 1\end{pmatrix}, \boldsymbol{X}_0=\begin{pmatrix}1\\ 1\\ -1\end{pmatrix},$$

求齐次微分方程组的定解问题 $\begin{cases}\dfrac{\mathrm{d}\boldsymbol{X}}{\mathrm{d}t}=\boldsymbol{A}\boldsymbol{X}\\ \boldsymbol{X}(0)=\boldsymbol{X}_0\end{cases}$.

41. 求解线性常系数非齐次微分方程组

$$\begin{cases} \dfrac{\mathrm{d}x}{\mathrm{d}t} = \boldsymbol{A}\boldsymbol{x}(t) + \boldsymbol{f}(t) \\ \boldsymbol{X}(0) = [1,1,-1]^{\mathrm{T}} \end{cases}$$

其中 $\boldsymbol{A} = \begin{pmatrix} -2 & 1 & 0 \\ -4 & 2 & 0 \\ 1 & 0 & 1 \end{pmatrix}$，$\boldsymbol{f}(t) = [1,2,\mathrm{e}^t - 1]^{\mathrm{T}}$.

第6章 矩阵分解

本章主要介绍五种矩阵分解：矩阵的谱分解、矩阵的三角分解、矩阵的满秩分解、矩阵的 QR 分解、矩阵的奇异值分解. 这些矩阵分解在科学和工程中具有广泛的应用，例如图像处理、量子力学、网络分析、信号处理、计算机科学等.

6.1 矩阵的谱分解

定义 1 设矩阵 $\boldsymbol{A} \in \mathbf{C}^{n \times n}$. 若 $\boldsymbol{A}$ 的每个特征值的代数重数与几何重数相等，则称 $\boldsymbol{A}$ 是单纯矩阵.

显然有

定理 1 设矩阵 $\boldsymbol{A} \in \mathbf{C}^{n \times n}$，则 $\boldsymbol{A}$ 是单纯矩阵的充分必要条件是 $\boldsymbol{A}$ 与对角矩阵相似.

定义 2 设矩阵 $\boldsymbol{A} \in \mathbf{C}^{n \times n}$，$\lambda_1, \lambda_2, \cdots, \lambda_s$ 是 $\boldsymbol{A}$ 所有的互不相同的特征值. 若存在 s 个矩阵 $\boldsymbol{A}_1, \boldsymbol{A}_2, \cdots, \boldsymbol{A}_s \in \mathbf{C}^{n \times n}$，满足：

(1) 幂等性：$\boldsymbol{A}_i^2 = \boldsymbol{A}_i \ (i = 1, 2, \cdots, s)$，

(2) 分离性：$\boldsymbol{A}_i \boldsymbol{A}_j = 0 \ (i, j = 1, 2, \cdots, s, i \neq j)$，

(3) 可加性：$\boldsymbol{A}_1 + \boldsymbol{A}_2 + \cdots + \boldsymbol{A}_S = \boldsymbol{E}$，

(4) $\boldsymbol{A} = \lambda_1 \boldsymbol{A}_1 + \lambda_2 \boldsymbol{A}_2 + \cdots + \lambda_s \boldsymbol{A}_s$，

则称 $\boldsymbol{A}$ 可进行谱分解，且 $\boldsymbol{A}$ 的谱分解为

$$\boldsymbol{A} = \lambda_1 \boldsymbol{A}_1 + \lambda_2 \boldsymbol{A}_2 + \cdots + \lambda_s \boldsymbol{A}_s,$$

其中 $\boldsymbol{A}_1, \boldsymbol{A}_2, \cdots, \boldsymbol{A}_s$ 称为 $\boldsymbol{A}$ 的谱阵.

定理 2 若矩阵 $\boldsymbol{A} \in \mathbf{C}^{n \times n}$ 是单纯矩阵，则 $\boldsymbol{A}$ 的谱分解存在.

设 $\boldsymbol{A} \in \mathbf{C}^{n \times n}$，且 $\boldsymbol{A}$ 的谱分解为 $\boldsymbol{A} = \lambda_1 \boldsymbol{A}_1 + \lambda_2 \boldsymbol{A}_2 + \cdots + \lambda_s \boldsymbol{A}_s$，则

$$\boldsymbol{A}^2 = \lambda_1^2 \boldsymbol{A}_1 + \lambda_2^2 \boldsymbol{A}_2 + \cdots + \lambda_s^2 \boldsymbol{A}_s$$

$$A^l = \lambda_1^l A_1 + \lambda_2^l A_2 + \cdots + \lambda_s^l A_s.$$

若 $f(\lambda) = a_0 + a_1\lambda + \cdots + a_m\lambda^m$，则

$$f(A) = f(\lambda_1)A_1 + f(\lambda_2)A_2 + \cdots + f(\lambda_s)A_s.$$

例如 $A^2 + A + E$ 的谱分解为 $(\lambda_1^2 + \lambda_1 + 1)A_1 + (\lambda_2^2 + \lambda_2 + 1)A_2 + \cdots + (\lambda_s^2 + \lambda_s + 1)A_s$.

定理 3　设矩阵 $A \in \mathbf{C}^{n\times n}$，$\lambda_1, \lambda_2, \cdots, \lambda_s$ 是 A 所有的互不相同的特征值，则 A 是单纯矩阵的充分必要条件是存在 s 个矩阵

$$A_i = \frac{\varphi_i(A)}{\varphi_i(\lambda_i)},$$

其中 $\varphi_i(\lambda) = \prod\limits_{\substack{j=1 \\ j\neq 1}}^{s} (\lambda - \lambda_j)$，$i = 1, 2, \cdots, s$，且满足

(1) $A_iA_j = \begin{cases} A_i & i=j \\ 0 & i\neq j \quad i,j = 1,2,\cdots,s, \end{cases}$

(2) $A_1 + A_2 + \cdots + A_S = E$,

(3) $A = \lambda_1 A_1 + \lambda_2 A_2 + \cdots + \lambda_s A_s$.

例 1　求矩阵 $A = \begin{pmatrix} 1 & 1 \\ 4 & 1 \end{pmatrix}$ 的谱分解.

解　矩阵 A 的特征多项式

$$|\lambda E - A| = \begin{vmatrix} \lambda - 1 & -1 \\ -4 & \lambda - 1 \end{vmatrix} = (\lambda - 1)^2 - 4 = (\lambda - 3)(\lambda + 1),$$

则 A 的特征值为 $\lambda_1 = 3$，$\lambda_2 = -1$，从而 A 可以与对角矩阵相似，即 A 是单纯矩阵. 故

$$\varphi_1(\lambda) = \lambda - \lambda_2 = \lambda + 1, \quad \varphi_2(\lambda) = \lambda - \lambda_1 = \lambda - 3,$$

$$\varphi_1(\lambda_1) = \lambda_1 + 1 = 4, \quad \varphi_2(\lambda) = \lambda_2 - 3 = -4,$$

$$\varphi_1(A) = A + E = \begin{pmatrix} 2 & 1 \\ 4 & 2 \end{pmatrix}, \quad \varphi_2(A) = A - 3E = \begin{pmatrix} -2 & 1 \\ 4 & -2 \end{pmatrix},$$

于是

$$A_1 = \frac{\varphi_1(A)}{\varphi_1(\lambda_1)} = \begin{pmatrix} \frac{1}{2} & \frac{1}{4} \\ 1 & \frac{1}{2} \end{pmatrix}, A_2 = \frac{\varphi_2(A)}{\varphi_2(\lambda_2)} = \begin{pmatrix} \frac{1}{2} & -\frac{1}{4} \\ -1 & \frac{1}{2} \end{pmatrix},$$

从而 A 的谱分解为

$$A = 3A_1 - A_2.$$

定义 3　设矩阵 $A \in \mathbf{C}^{n\times n}$. 若 $AA^{\mathrm{H}} = A^{\mathrm{H}}A$，则称 A 为正规矩阵.

定理 4　设矩阵 $A \in \mathbf{C}^{n\times n}$. 则 A 为正规矩阵的充分必要条件是 A 酉相似于对角矩阵.

根据定理 1 和定理 2 有正规矩阵的谱分解一定存在. 根据定理 4, 可得正规矩阵谱分解的另外一种方法.

设矩阵 $\boldsymbol{A}\in\mathbf{C}^{n\times n}$ 为正规矩阵, 由定理 4 有存在酉矩阵 $\boldsymbol{U}$, 使得

$$\boldsymbol{U}^{\mathrm{H}}\boldsymbol{A}\boldsymbol{U}=\mathrm{diag}(\underbrace{\lambda_1,\lambda_1,\cdots,\lambda_1}_{d_1},\underbrace{\lambda_2,\lambda_2,\cdots,\lambda_2}_{d_2},\cdots,\underbrace{\lambda_s,\lambda_s,\cdots,\lambda_s}_{d_s}),$$

其中 $\lambda_1,\lambda_2,\cdots,\lambda_s$ 是矩阵 $\boldsymbol{A}$ 所有的互不相同的特征值, 其代数重数分别为 $d_1,d_2,\cdots,d_s$, 且 $d_1+d_2+\cdots+d_s=n$.

记

$$\boldsymbol{U}=(\boldsymbol{u}_{11},\boldsymbol{u}_{12},\cdots,\boldsymbol{u}_{1d_1},\boldsymbol{u}_{21},\boldsymbol{u}_{22},\cdots,\boldsymbol{u}_{2d_2},\cdots,\boldsymbol{u}_{s1},\boldsymbol{u}_{s2},\cdots,\boldsymbol{u}_{sd_s}),$$

其中 $\boldsymbol{u}_{i1},\boldsymbol{u}_{i2},\cdots,\boldsymbol{u}_{id_i}$ 是对应于特征值 $\lambda_i(i=1,2,\cdots,s)$ 的单位正交的特征向量组, 则

$$\begin{aligned}\boldsymbol{A}&=\boldsymbol{U}\mathrm{diag}(\underbrace{\lambda_1,\lambda_1,\cdots,\lambda_1}_{d_1},\underbrace{\lambda_2,\lambda_2,\cdots,\lambda_2}_{d_2},\cdots,\underbrace{\lambda_s,\lambda_s,\cdots,\lambda_s}_{d_s})\boldsymbol{U}^{\mathrm{H}}\\
&=(\boldsymbol{u}_{11},\cdots,\boldsymbol{u}_{1d_1},\boldsymbol{u}_{21},\cdots,\boldsymbol{u}_{2d_2},\cdots,\boldsymbol{u}_{s1},\cdots,\boldsymbol{u}_{sd_s})\begin{pmatrix}\lambda_1&&&&&&&&\\&\ddots&&&&&&&\\&&\lambda_1&&&&&&\\&&&\lambda_2&&&&&\\&&&&\ddots&&&&\\&&&&&\lambda_2&&&\\&&&&&&\ddots&&\\&&&&&&&\lambda_s&\\&&&&&&&&\ddots\\&&&&&&&&&\lambda_s\end{pmatrix}\begin{pmatrix}\boldsymbol{u}_{11}^{\mathrm{H}}\\\vdots\\\boldsymbol{u}_{1d_1}^{\mathrm{H}}\\\boldsymbol{u}_{21}^{\mathrm{H}}\\\vdots\\\boldsymbol{u}_{2d_2}^{\mathrm{H}}\\\vdots\\\boldsymbol{u}_{s1}^{\mathrm{H}}\\\vdots\\\boldsymbol{u}_{sd_s}^{\mathrm{H}}\end{pmatrix}\\
&=\lambda_1\boldsymbol{u}_{11}\boldsymbol{u}_{11}^{\mathrm{H}}+\lambda_1\boldsymbol{u}_{12}\boldsymbol{u}_{12}^{\mathrm{H}}+\cdots+\lambda_1\boldsymbol{u}_{1d_1}\boldsymbol{u}_{1d_1}^{\mathrm{H}}+\lambda_2\boldsymbol{u}_{21}\boldsymbol{u}_{21}^{\mathrm{H}}+\lambda_2\boldsymbol{u}_{22}\boldsymbol{u}_{22}^{\mathrm{H}}+\cdots+\lambda_2\boldsymbol{u}_{2d_2}\boldsymbol{u}_{2d_2}^{\mathrm{H}}\\
&\quad+\cdots+\lambda_s\boldsymbol{u}_{s1}\boldsymbol{u}_{s1}^{\mathrm{H}}+\lambda_s\boldsymbol{u}_{s2}\boldsymbol{u}_{s2}^{\mathrm{H}}+\cdots+\lambda_s\boldsymbol{u}_{sd_s}\boldsymbol{u}_{sd_s}^{\mathrm{H}}\\
&=\lambda_1(\boldsymbol{u}_{11}\boldsymbol{u}_{11}^{\mathrm{H}}+\boldsymbol{u}_{12}\boldsymbol{u}_{12}^{\mathrm{H}}+\cdots+\boldsymbol{u}_{1d_1}\boldsymbol{u}_{1d_1}^{\mathrm{H}})+\lambda_2(\boldsymbol{u}_{21}\boldsymbol{u}_{21}^{\mathrm{H}}+\boldsymbol{u}_{22}\boldsymbol{u}_{22}^{\mathrm{H}}+\cdots+\boldsymbol{u}_{2d_2}\boldsymbol{u}_{2d_2}^{\mathrm{H}}),\\
&\quad+\cdots+\lambda_s(\boldsymbol{u}_{s1}\boldsymbol{u}_{s1}^{\mathrm{H}}+\boldsymbol{u}_{s2}\boldsymbol{u}_{s2}^{\mathrm{H}}+\cdots+\boldsymbol{u}_{sd_s}\boldsymbol{u}_{sd_s}^{\mathrm{H}}),\end{aligned}$$

记

$$\begin{gathered}\boldsymbol{A}_1=\boldsymbol{u}_{11}\boldsymbol{u}_{11}^{\mathrm{H}}+\boldsymbol{u}_{12}\boldsymbol{u}_{12}^{\mathrm{H}}+\cdots+\boldsymbol{u}_{1d_1}\boldsymbol{u}_{1d_1}^{\mathrm{H}},\\
\boldsymbol{A}_2=\boldsymbol{u}_{21}\boldsymbol{u}_{11}^{\mathrm{H}}+\boldsymbol{u}_{22}\boldsymbol{u}_{12}^{\mathrm{H}}+\cdots+\boldsymbol{u}_{2d_2}\boldsymbol{u}_{2d_2}^{\mathrm{H}},\\
\vdots\\
\boldsymbol{A}_s=\boldsymbol{u}_{s1}\boldsymbol{u}_{s1}^{\mathrm{H}}+\boldsymbol{u}_{s2}\boldsymbol{u}_{s2}^{\mathrm{H}}+\cdots+\boldsymbol{u}_{sd_s}\boldsymbol{u}_{sd_s}^{\mathrm{H}},\end{gathered}$$

显然 $\boldsymbol{A}_1,\boldsymbol{A}_2,\cdots,\boldsymbol{A}_s\in\mathbf{C}^{n\times n}$，满足：

幂等性：$\boldsymbol{A}_i^2=\boldsymbol{A}_i(i=1,2,\cdots,s)$，

分离性：$\boldsymbol{A}_i\boldsymbol{A}_j=0(i,j=1,2,\cdots,s,i\neq j)$，

可加性：$\boldsymbol{A}_1+\boldsymbol{A}_2+\cdots+\boldsymbol{A}_S=\boldsymbol{E}$，

$\boldsymbol{A}=\lambda_1\boldsymbol{A}_1+\lambda_2\boldsymbol{A}_2+\cdots+\lambda_s\boldsymbol{A}_s$，

从而 $\boldsymbol{A}=\lambda_1\boldsymbol{A}_1+\lambda_2\boldsymbol{A}_2+\cdots+\lambda_s\boldsymbol{A}_s$ 是正规矩阵 $\boldsymbol{A}$ 的谱分解.

例 2 设矩阵

$$\boldsymbol{A}=\begin{pmatrix}0&1&1\\1&0&1\\1&1&0\end{pmatrix}.$$

(1)判断 $\boldsymbol{A}$ 是否为正规矩阵；(2)求矩阵 $\boldsymbol{A}$ 的谱分解.

解 (1)由

$$\boldsymbol{A}\boldsymbol{A}^{\mathrm{H}}=\begin{pmatrix}0&1&1\\1&0&1\\1&1&0\end{pmatrix}\begin{pmatrix}0&1&1\\1&0&1\\1&1&0\end{pmatrix}=\begin{pmatrix}2&1&1\\1&2&1\\1&1&2\end{pmatrix}=\boldsymbol{A}^{\mathrm{H}}\boldsymbol{A}$$

有 $\boldsymbol{A}$ 为正规矩阵.

(2)**解法 1**：由(1)有 $\boldsymbol{A}$ 为正规矩阵，从而矩阵 $\boldsymbol{A}$ 的谱分解是存在的.

由特征多项式

$$f(\lambda)=|\lambda\boldsymbol{E}-\boldsymbol{A}|=\begin{vmatrix}\lambda&-1&-1\\-1&\lambda&-1\\-1&-1&\lambda\end{vmatrix}=(\lambda-2)(\lambda+1)^2,$$

有 $\boldsymbol{A}$ 的特征值为 $\lambda_1=2,\lambda_2=\lambda_3=-1$，对应的特征向量分别为

$$\boldsymbol{\alpha}_1=\begin{pmatrix}1\\1\\1\end{pmatrix}(\lambda_1=2),\boldsymbol{\alpha}_2=\begin{pmatrix}-1\\1\\0\end{pmatrix},\boldsymbol{\alpha}_3=\begin{pmatrix}-1\\0\\1\end{pmatrix}(\lambda_2=\lambda_3=-1).$$

将向量组 $\boldsymbol{\alpha}_1,\boldsymbol{\alpha}_2,\boldsymbol{\alpha}_3$ 正交化，得

$$\boldsymbol{\beta}_1=\begin{pmatrix}1\\1\\1\end{pmatrix},\boldsymbol{\beta}_2=\begin{pmatrix}-1\\1\\0\end{pmatrix},\boldsymbol{\beta}_3=\begin{pmatrix}-\frac{1}{2}\\-\frac{1}{2}\\1\end{pmatrix},$$

将向量组 $\boldsymbol{\beta}_1,\boldsymbol{\beta}_2,\boldsymbol{\beta}_3$ 单位化，得

$$\boldsymbol{\gamma}_1=\begin{pmatrix}\frac{1}{\sqrt{3}}\\ \frac{1}{\sqrt{3}}\\ \frac{1}{\sqrt{3}}\end{pmatrix},\boldsymbol{\gamma}_2=\begin{pmatrix}-\frac{1}{\sqrt{2}}\\ \frac{1}{\sqrt{2}}\\ 0\end{pmatrix},\boldsymbol{\gamma}_3=\begin{pmatrix}-\frac{1}{\sqrt{6}}\\ -\frac{1}{\sqrt{6}}\\ \frac{2}{\sqrt{6}}\end{pmatrix}.$$

记

$$\boldsymbol{A}_1=\boldsymbol{\gamma}_1\boldsymbol{\gamma}_1^{\mathrm{H}}=\begin{pmatrix}\frac{1}{\sqrt{3}}\\ \frac{1}{\sqrt{3}}\\ \frac{1}{\sqrt{3}}\end{pmatrix}\left(\frac{1}{\sqrt{3}}\quad\frac{1}{\sqrt{3}}\quad\frac{1}{\sqrt{3}}\right)=\begin{pmatrix}\frac{1}{3}&\frac{1}{3}&\frac{1}{3}\\ \frac{1}{3}&\frac{1}{3}&\frac{1}{3}\\ \frac{1}{3}&\frac{1}{3}&\frac{1}{3}\end{pmatrix},$$

$$\boldsymbol{A}_2=\boldsymbol{\gamma}_2\boldsymbol{\gamma}_2^{\mathrm{H}}+\boldsymbol{\gamma}_3\boldsymbol{\gamma}_3^{\mathrm{H}}=\begin{pmatrix}-\frac{1}{\sqrt{2}}\\ \frac{1}{\sqrt{2}}\\ 0\end{pmatrix}\left(-\frac{1}{\sqrt{2}}\quad\frac{1}{\sqrt{2}}\quad 0\right)+\begin{pmatrix}-\frac{1}{\sqrt{6}}\\ -\frac{1}{\sqrt{6}}\\ \frac{2}{\sqrt{6}}\end{pmatrix}\left(-\frac{1}{\sqrt{6}}\quad -\frac{1}{\sqrt{6}}\quad \frac{2}{\sqrt{6}}\right)$$

$$=\begin{pmatrix}\frac{1}{2}&-\frac{1}{2}&0\\ -\frac{1}{2}&\frac{1}{2}&0\\ 0&0&0\end{pmatrix}+\begin{pmatrix}\frac{1}{6}&\frac{1}{6}&-\frac{1}{3}\\ \frac{1}{6}&\frac{1}{6}&-\frac{1}{3}\\ -\frac{1}{3}&-\frac{1}{3}&\frac{2}{3}\end{pmatrix}=\begin{pmatrix}\frac{2}{3}&-\frac{1}{3}&-\frac{1}{3}\\ -\frac{1}{3}&\frac{2}{3}&-\frac{1}{3}\\ -\frac{1}{3}&-\frac{1}{3}&\frac{2}{3}\end{pmatrix},$$

则矩阵 $\boldsymbol{A}$ 的谱分解是

$$\boldsymbol{A}=2\boldsymbol{A}_1-\boldsymbol{A}_2.$$

解法2:由 $\boldsymbol{A}$ 是对称矩阵有 $\boldsymbol{A}$ 可以相似于对角矩阵,则 $\boldsymbol{A}$ 是单纯矩阵.

由特征多项式

$$f(\lambda)=|\lambda\boldsymbol{E}-\boldsymbol{A}|=\begin{vmatrix}\lambda&-1&-1\\ -1&\lambda&-1\\ -1&-1&\lambda\end{vmatrix}=(\lambda-2)(\lambda+1)^2,$$

有 $\boldsymbol{A}$ 的特征值为 $\lambda_1=2,\lambda_2=\lambda_3=-1$, 最小多项式可能为

$$(\lambda-2)(\lambda+1),(\lambda-2)(\lambda+1)^2.$$

由

$$(\boldsymbol{A}-2\boldsymbol{E})(\boldsymbol{A}+\boldsymbol{E})=\begin{pmatrix}2&-1&-1\\-1&2&-1\\-1&-1&2\end{pmatrix}\begin{pmatrix}-1&-1&-1\\-1&-1&-1\\-1&-1&-1\end{pmatrix}=\begin{pmatrix}0&0&0\\0&0&0\\0&0&0\end{pmatrix}$$

有 $\boldsymbol{A}$ 的最小多项式为

$$(\lambda-2)(\lambda+1).$$

则

$$\varphi_1(\lambda)=\lambda+1,\varphi_2(\lambda)=\lambda-2,$$

$$\varphi_1(2)=3,\varphi_2(-1)=-3,$$

$$\varphi_1(\boldsymbol{A})=\boldsymbol{A}+\boldsymbol{E}=\begin{pmatrix}1&1&1\\1&1&1\\1&1&1\end{pmatrix},\varphi_2(\boldsymbol{A})=\boldsymbol{A}-2\boldsymbol{E}=\begin{pmatrix}-2&1&1\\1&-2&1\\1&1&-2\end{pmatrix}.$$

记

$$\boldsymbol{A}_1=\frac{\varphi_1(\boldsymbol{A})}{\varphi_1(2)}=\begin{pmatrix}\frac{1}{3}&\frac{1}{3}&\frac{1}{3}\\\frac{1}{3}&\frac{1}{3}&\frac{1}{3}\\\frac{1}{3}&\frac{1}{3}&\frac{1}{3}\end{pmatrix},$$

$$\boldsymbol{A}_2=\frac{\varphi_2(\boldsymbol{A})}{\varphi_2(-1)}=\begin{pmatrix}\frac{2}{3}&-\frac{1}{3}&-\frac{1}{3}\\-\frac{1}{3}&\frac{2}{3}&-\frac{1}{3}\\-\frac{1}{3}&-\frac{1}{3}&\frac{2}{3}\end{pmatrix},$$

则矩阵 $\boldsymbol{A}$ 的谱分解是

$$\boldsymbol{A}=2\boldsymbol{A}_1-\boldsymbol{A}_2.$$

6.2 矩阵的三角分解

定义 1 设矩阵 $\boldsymbol{A}\in\mathbf{C}^{n\times n}$. 若存在下三角矩阵 $\boldsymbol{L}\in\mathbf{C}^{n\times n}$ 和上三角矩阵 $\boldsymbol{U}\in\mathbf{C}^{n\times n}$,使得

$$\boldsymbol{A}=\boldsymbol{L}\boldsymbol{U},$$

则称 $\boldsymbol{A}$ 可以作三角分解(简称 LU 分解),且 $\boldsymbol{A}$ 的三角分解为 $\boldsymbol{A}=\boldsymbol{L}\boldsymbol{U}$.

定理 1 设矩阵 $\boldsymbol{A}\in\mathbf{C}^{n\times n}$ 是 n 阶可逆矩阵,则 $\boldsymbol{A}$ 可以作 LU 分解的充分必要条件是 $\boldsymbol{A}$

的各阶顺序主子式非零.

定义 2　设矩阵 $\boldsymbol{A}\in\mathbf{C}^{n\times n}$. 若存在主对角元素为 1 的下三角矩阵 $\boldsymbol{L}\in P^{n\times n}$(即单位下三角矩阵)、对角矩阵 $\boldsymbol{D}$ 和主对角元素为 1 的上三角矩阵 $\boldsymbol{U}\in P^{n\times n}$(即单位上三角矩阵),使得

$$\boldsymbol{A}=\boldsymbol{LDU},$$

则称 $\boldsymbol{A}$ 可以作 LDU 分解,且 $\boldsymbol{A}$ 的 LDU 分解为 $\boldsymbol{A}=\boldsymbol{LDU}$.

定理 2　设矩阵 $\boldsymbol{A}\in\mathbf{C}^{n\times n}$是 n 阶可逆矩阵,则 $\boldsymbol{A}$ 有唯一的 LDU 分解的充分必要条件是 $\boldsymbol{A}$ 的各阶顺序主子式非零.

例 1　设矩阵$\boldsymbol{A}=\begin{pmatrix}2&4&1\\-1&2&0\\1&1&2\end{pmatrix}$,求 $\boldsymbol{A}$ 的 LU 和 LDU 分解.

解　矩阵 $\boldsymbol{A}$ 的各阶顺序主子式

$$|2|=2\neq0,\ \begin{vmatrix}2&4\\-1&2\end{vmatrix}=8\neq0,\ \begin{vmatrix}2&4&1\\-1&2&0\\1&1&2\end{vmatrix}=5\neq0,$$

由定理 1 和定理 2 有 $\boldsymbol{A}$ 可以进行 LU 和 LDU 分解.

对下面矩阵作初等行变换(**注意:不要互换两行**):

$$(\boldsymbol{A}\ \boldsymbol{E})=\begin{pmatrix}2&4&1&1&0&0\\-1&2&0&0&1&0\\1&1&2&0&0&1\end{pmatrix}\to\begin{pmatrix}2&4&1&1&0&0\\0&4&\frac{1}{2}&\frac{1}{2}&1&0\\0&-1&\frac{3}{2}&-\frac{1}{2}&0&1\end{pmatrix}$$

$$\to\begin{pmatrix}2&4&1&1&0&0\\0&4&\frac{1}{2}&\frac{1}{2}&1&0\\0&0&\frac{13}{8}&-\frac{3}{8}&\frac{1}{4}&1\end{pmatrix}=(\boldsymbol{U}\ \boldsymbol{P}),$$

记

$$\boldsymbol{U}=\begin{pmatrix}2&4&1\\0&4&\frac{1}{2}\\0&0&\frac{13}{8}\end{pmatrix},\boldsymbol{P}=\begin{pmatrix}1&0&0\\\frac{1}{2}&1&0\\-\frac{3}{8}&\frac{1}{4}&1\end{pmatrix},$$

则

$$L = P^{-1} = \begin{pmatrix} 1 & 0 & 0 \\ -\frac{1}{2} & 1 & 0 \\ \frac{1}{2} & -\frac{1}{4} & 1 \end{pmatrix}.$$

于是 A 的 LU 分解为

$$A = LU,$$

因此 A 的 LDU 分解为

$$A = \begin{pmatrix} 1 & 0 & 0 \\ -\frac{1}{2} & 1 & 0 \\ \frac{1}{2} & -\frac{1}{4} & 1 \end{pmatrix} \begin{pmatrix} 2 & 0 & 0 \\ 0 & 4 & 0 \\ 0 & 0 & \frac{8}{13} \end{pmatrix} \begin{pmatrix} 1 & 2 & \frac{1}{2} \\ 0 & 1 & \frac{1}{8} \\ 0 & 0 & 1 \end{pmatrix}.$$

若 $A \in \mathbf{C}^{n \times n}$ 可以作 LU 分解,则 $A = LU$,于是线性方程组 $AX = b$ 的求解问题可归结为两个易于求解的线性方程组

$$Ly = b$$

和

$$Ux = y$$

的求解问题.

6.3 矩阵的满秩分解

定义 1 设矩阵 $A \in \mathbf{C}^{m \times n}$,且 $\mathrm{rank}(A) = r$. 若存在秩为 r 的矩阵 $F \in \mathbf{C}^{m \times r}$ 和 $G \in \mathbf{C}^{m \times r}$,使得

$$A = FG,$$

则称 A 可作满秩分解,且 A 的满秩分解为 $A = FG$.

设 A 的满秩分解为 $A = FG$,则对于任何 r 阶可逆矩阵 D,都有

$$A = FG = (FD)(D^{-1}G),$$

记

$$F_1 = FD, G_1 = D^{-1}G,$$

则 $\mathrm{rank}(F_1) = \mathrm{rank}(F)$,$\mathrm{rank}(G_1) = \mathrm{rank}(G)$,所以满秩分解不是唯一的.

定理 1 任何非零矩阵都存在满秩分解.

例 1 求矩阵 $A = \begin{pmatrix} -1 & 0 & 1 & 2 \\ -1 & 1 & 2 & 3 \\ 1 & 1 & 0 & -1 \end{pmatrix}$ 的满秩分解.

解 对下列矩阵 $(\boldsymbol{A}\ \boldsymbol{E})$ 进行初等行变换,把 $\boldsymbol{A}$ 化为上阶梯形矩阵.

$$(\boldsymbol{A}\ \boldsymbol{E})=\begin{pmatrix}-1&0&1&2&1&0&0\\-1&1&2&3&0&1&0\\1&1&0&-1&0&0&1\end{pmatrix}$$

$$\rightarrow\begin{pmatrix}-1&0&1&2&1&0&0\\0&1&1&1&-1&1&0\\0&1&1&1&1&0&1\end{pmatrix}$$

$$\rightarrow\begin{pmatrix}-1&0&1&2&1&0&0\\0&1&1&1&-1&1&0\\0&0&0&0&2&-1&1\end{pmatrix}.$$

记

$$\boldsymbol{G}=\begin{pmatrix}-1&0&1&2\\0&1&1&1\end{pmatrix},\boldsymbol{P}=\begin{pmatrix}1&0&0\\-1&1&0\\2&-1&1\end{pmatrix},$$

则 $\operatorname{rank}(\boldsymbol{A})=2$. 从而

$$\boldsymbol{P}^{-1}=\begin{pmatrix}1&0&0\\1&1&0\\-1&1&1\end{pmatrix}$$

记

$$\boldsymbol{F}=\begin{pmatrix}1&0\\1&1\\-1&1\end{pmatrix},$$

则 $\boldsymbol{A}$ 的满秩分解为 $\boldsymbol{A}=\boldsymbol{F}\boldsymbol{G}$.

同样可以对 $\begin{pmatrix}\boldsymbol{A}\\\boldsymbol{E}\end{pmatrix}$ 进行初等列变换,从而对 $\boldsymbol{A}$ 进行满秩分解.

下面介绍另一种满秩分解的方法,可以避免求逆矩阵.

设矩阵 $\boldsymbol{A}\in P^{m\times n}$, 且 $\operatorname{rank}(\boldsymbol{A})=r$,则 $\boldsymbol{A}$ 一定存在 r 个线性无关的列向量. 为方便起见,不妨设 $\boldsymbol{A}$ 的前 r 列线性无关. 于是后 $n-r$ 个列向量可以用前 r 个列向量线性表示,用分块矩阵表示为

$$\boldsymbol{A}=(\boldsymbol{F}\quad \boldsymbol{A}_1)=(\boldsymbol{F}\quad \boldsymbol{F}\boldsymbol{Q})$$

其中 $\boldsymbol{F}$ 为 $\boldsymbol{A}$ 的前 r 个列向量构成的 $m\times r$ 列满秩矩阵,$\boldsymbol{A}_1$ 为 $\boldsymbol{A}$ 的后 $n-r$ 个列向量构成的 $m\times(n-r)$ 矩阵,$\boldsymbol{Q}$ 是一个 $r\times(n-r)$ 矩阵,于是

$$\boldsymbol{A}=\boldsymbol{F}(\boldsymbol{E}_r\quad \boldsymbol{Q}).$$

记

$$G = (E_r \quad Q),$$

则 G 是 $r \times n$ 的行满秩矩阵，于是

$$A = FG$$

为 A 的满秩分解.

由此得到求矩阵 A 满秩分解的方法：

(1)对 A 进行初等行变换，化为行最简形矩阵 $\begin{pmatrix} G \\ 0 \end{pmatrix}$，去掉全为 0 的后 $m-r$ 行，得 G.

(2)根据 G 中的单位矩阵 E 对应的列，找出矩阵 A 中相对应的列向量 α_{j_1}，$\alpha_{j_2}, \cdots, \alpha_{j_r}$.

(3)令 $F = (\alpha_{j_1}, \alpha_{j_2}, \cdots, \alpha_{j_r})$，则 F 为列满秩矩阵，且 $A = FG$ 为 A 的一个满秩分解.

例 2 求矩阵 $A = \begin{pmatrix} -1 & 0 & 1 & 2 \\ -1 & 1 & 2 & 3 \\ 1 & 1 & 0 & -1 \end{pmatrix}$ 的满秩分解.

解 对 A 进行初等行变换，化为行最简形矩阵：

$$A = \begin{pmatrix} -1 & 0 & 1 & 2 \\ -1 & 1 & 2 & 3 \\ 1 & 1 & 0 & -1 \end{pmatrix} \to \begin{pmatrix} -1 & 0 & 1 & 2 \\ 0 & 1 & 1 & 1 \\ 0 & 1 & 1 & 1 \end{pmatrix} \to \begin{pmatrix} -1 & 0 & 1 & 2 \\ 0 & 1 & 1 & 1 \\ 0 & 0 & 0 & 0 \end{pmatrix} \to \begin{pmatrix} 1 & 0 & -1 & -2 \\ 0 & 1 & 1 & 1 \\ 0 & 0 & 0 & 0 \end{pmatrix}$$

则

$$G = \begin{pmatrix} 1 & 0 & -1 & -2 \\ 0 & 1 & 1 & 1 \end{pmatrix}, F = \begin{pmatrix} -1 & 0 \\ -1 & 1 \\ 1 & 1 \end{pmatrix},$$

于是 $A = FG$.

6.4 矩阵的 QR 分解

定义 1 设矩阵 $A \in \mathbf{C}^{n \times n}$. 若存在酉矩阵 $Q \in \mathbf{C}^{n \times n}$ 和上三角矩阵 $R \in \mathbf{C}^{n \times n}$，使得

$$A = QR,$$

则称 A 可以作 QR 分解，且 A 的 QR 分解为 $A = QR$.

定理 1 设矩阵 $A \in \mathbf{C}^{n \times n}$. 若 A 是可逆的，则 A 可以作 QR 分解.

证明 记 $A = (\alpha_1, \alpha_2, \cdots, \alpha_n)$. 由 A 可逆，有 $\alpha_1, \alpha_2, \cdots, \alpha_n$ 线性无关. 由 Schmidt 正交化方法，有

$$\boldsymbol{\beta}_1=\boldsymbol{\alpha}_1$$
$$\boldsymbol{\beta}_2=\boldsymbol{\alpha}_2-k_{21}\boldsymbol{\beta}_1$$
$$\vdots$$
$$\boldsymbol{\beta}_n=\boldsymbol{\alpha}_n-k_{n1}\boldsymbol{\beta}_1-\cdots-k_{nn-1}\boldsymbol{\beta}_{n-1},$$

其中 $k_{ij}=\dfrac{(\boldsymbol{\alpha}_i,\boldsymbol{\beta}_j)}{(\boldsymbol{\beta}_j,\boldsymbol{\beta}_j)}(j<i)$，于是

$$(\boldsymbol{\alpha}_1,\boldsymbol{\alpha}_2,\cdots,\boldsymbol{\alpha}_n)=(\boldsymbol{\beta}_1,\boldsymbol{\beta}_2,\cdots,\boldsymbol{\beta}_n)\begin{pmatrix}1 & k_{21} & \cdots & k_{n1}\\ & 1 & \ddots & \vdots\\ & & \ddots & k_{nn-1}\\ & & & 1\end{pmatrix}.$$

再对 $\boldsymbol{\beta}_1,\boldsymbol{\beta}_2,\cdots,\boldsymbol{\beta}_n$ 单位化，得 $\boldsymbol{\gamma}_i=\dfrac{1}{\|\boldsymbol{\beta}_i\|}\boldsymbol{\beta}_i(i=1,2,\cdots,n)$，则

$$\boldsymbol{A}=(\boldsymbol{\gamma}_1,\boldsymbol{\gamma}_2,\cdots,\boldsymbol{\gamma}_n)\begin{pmatrix}\|\boldsymbol{\beta}_1\| & & & \\ & \|\boldsymbol{\beta}_2\| & & \\ & & \ddots & \\ & & & \|\boldsymbol{\beta}_n\|\end{pmatrix}\begin{pmatrix}1 & k_{21} & \cdots & k_{n1}\\ & 1 & \ddots & \vdots\\ & & \ddots & k_{nn-1}\\ & & & 1\end{pmatrix}.$$

记

$$\boldsymbol{Q}=(\boldsymbol{\gamma}_1,\boldsymbol{\gamma}_2,\cdots,\boldsymbol{\gamma}_n),$$

$$\begin{aligned}\boldsymbol{R}&=\begin{pmatrix}\|\boldsymbol{\beta}_1\| & & & \\ & \|\boldsymbol{\beta}_2\| & & \\ & & \ddots & \\ & & & \|\boldsymbol{\beta}_n\|\end{pmatrix}\begin{pmatrix}1 & k_{21} & \cdots & k_{n1}\\ & 1 & \ddots & \vdots\\ & & \ddots & k_{nn-1}\\ & & & 1\end{pmatrix}\\
&=\begin{pmatrix}\|\boldsymbol{\beta}_1\| & k_{21}\|\boldsymbol{\beta}_1\| & \cdots & \cdots & k_{n1}\|\boldsymbol{\beta}_1\|\\ 0 & \|\boldsymbol{\beta}_2\| & \cdots & \cdots & k_{n2}\|\boldsymbol{\beta}_2\|\\ \vdots & \vdots & \ddots & \vdots & \vdots\\ 0 & 0 & \cdots & \|\boldsymbol{\beta}_{n-1}\| & k_{nn-1}\|\boldsymbol{\beta}_{n-1}\|\\ 0 & 0 & \cdots & 0 & \|\boldsymbol{\beta}_n\|\end{pmatrix}\\
&=\begin{pmatrix}\|\boldsymbol{\beta}_1\| & (\boldsymbol{\alpha}_1,\boldsymbol{\gamma}_1) & \cdots & (\boldsymbol{\alpha}_{n-1},\boldsymbol{\gamma}_1) & (\boldsymbol{\alpha}_n,\boldsymbol{\gamma}_1)\\ 0 & \|\boldsymbol{\beta}_2\| & \cdots & (\boldsymbol{\alpha}_{n-1},\boldsymbol{\gamma}_2) & (\boldsymbol{\alpha}_n,\boldsymbol{\gamma}_2)\\ \vdots & \vdots & \ddots & \vdots & \vdots\\ 0 & 0 & \cdots & \|\boldsymbol{\beta}_{n-1}\| & (\boldsymbol{\alpha}_n,\boldsymbol{\gamma}_{n-1})\\ 0 & 0 & \cdots & 0 & \|\boldsymbol{\beta}_n\|\end{pmatrix},\end{aligned}$$

则 $\boldsymbol{Q}$ 为酉矩阵,由 $\|\boldsymbol{\beta}_i\|>0(i=1,2,\cdots,n)$ 有 $\boldsymbol{R}$ 为上三角矩阵,从而 $\boldsymbol{A}$ 有 QR 分解为 $\boldsymbol{A}=\boldsymbol{QR}$.

证毕.

定理 1 中的这种分解方法称为 Schmidt 正交化方法.

注意:可逆矩阵 $\boldsymbol{A}$ 的 QR 分解除相差一个对角元的模全等于 1 的对角阵 $\boldsymbol{D}$ 的因子外,分解是唯一的.

例 1 用 Schmidt 正交化方法求 $\boldsymbol{A}=\begin{pmatrix}0&1&1\\1&0&1\\1&1&0\end{pmatrix}$ 的 QR 分解.

解 由 $|\boldsymbol{A}|=2$ 有 $\boldsymbol{A}$ 是可逆的. 记

$$\boldsymbol{A}=(\boldsymbol{\alpha}_1,\boldsymbol{\alpha}_2,\boldsymbol{\alpha}_3),$$

其中 $\boldsymbol{\alpha}_1=\begin{pmatrix}0\\1\\1\end{pmatrix},\boldsymbol{\alpha}_2=\begin{pmatrix}1\\0\\1\end{pmatrix},\boldsymbol{\alpha}_3=\begin{pmatrix}1\\1\\0\end{pmatrix}$.

对 $\boldsymbol{\alpha}_1,\boldsymbol{\alpha}_2,\boldsymbol{\alpha}_3$ 进行 Schmidt 正交化有

$$\boldsymbol{\beta}_1=\boldsymbol{\alpha}_1=\begin{pmatrix}0\\1\\1\end{pmatrix},$$

$$\boldsymbol{\beta}_2=\boldsymbol{\alpha}_2-\frac{(\boldsymbol{\alpha}_2,\boldsymbol{\beta}_1)}{(\boldsymbol{\beta}_1,\boldsymbol{\beta}_1)}\boldsymbol{\beta}_1=\begin{pmatrix}1\\0\\1\end{pmatrix}-\frac{1}{2}\begin{pmatrix}0\\1\\1\end{pmatrix}=\begin{pmatrix}1\\-\frac{1}{2}\\\frac{1}{2}\end{pmatrix},$$

$$\begin{aligned}\boldsymbol{\beta}_3&=\boldsymbol{\alpha}_3-\frac{(\boldsymbol{\alpha}_3,\boldsymbol{\beta}_1)}{(\boldsymbol{\beta}_1,\boldsymbol{\beta}_1)}\boldsymbol{\beta}_1-\frac{(\boldsymbol{\alpha}_3,\boldsymbol{\beta}_2)}{(\boldsymbol{\beta}_2,\boldsymbol{\beta}_2)}\boldsymbol{\beta}_2\\&=\begin{pmatrix}1\\1\\0\end{pmatrix}-\frac{1}{2}\begin{pmatrix}0\\1\\1\end{pmatrix}-\frac{\frac{1}{2}}{\frac{3}{2}}\begin{pmatrix}1\\-\frac{1}{2}\\\frac{1}{2}\end{pmatrix}=\begin{pmatrix}1\\\frac{1}{2}\\-\frac{1}{2}\end{pmatrix}-\begin{pmatrix}\frac{1}{3}\\-\frac{1}{6}\\\frac{1}{6}\end{pmatrix}=\begin{pmatrix}\frac{2}{3}\\\frac{2}{3}\\-\frac{2}{3}\end{pmatrix},\end{aligned}$$

单位化,得

$$\boldsymbol{\gamma}_1=\frac{\boldsymbol{\beta}_1}{\|\boldsymbol{\beta}_1\|}=\begin{pmatrix}0\\\frac{1}{\sqrt{2}}\\\frac{1}{\sqrt{2}}\end{pmatrix},\boldsymbol{\gamma}_2=\frac{\boldsymbol{\beta}_2}{\|\boldsymbol{\beta}_2\|}=\begin{pmatrix}\frac{2}{\sqrt{6}}\\-\frac{1}{\sqrt{6}}\\\frac{1}{\sqrt{6}}\end{pmatrix},\boldsymbol{\gamma}_3=\frac{\boldsymbol{\beta}_3}{\|\boldsymbol{\beta}_3\|}=\begin{pmatrix}\frac{\sqrt{3}}{3}\\\frac{\sqrt{3}}{3}\\-\frac{\sqrt{3}}{3}\end{pmatrix}.$$

则

$$Q=(\gamma_1,\gamma_2,\gamma_3)=\begin{pmatrix}0 & \frac{2}{\sqrt{6}} & \frac{\sqrt{3}}{3}\\ \frac{1}{\sqrt{2}} & -\frac{1}{\sqrt{6}} & \frac{\sqrt{3}}{3}\\ \frac{1}{\sqrt{2}} & \frac{1}{\sqrt{6}} & -\frac{\sqrt{3}}{3}\end{pmatrix},$$

$$R=\begin{pmatrix}\sqrt{2} & 0 & 0\\ 0 & \frac{\sqrt{6}}{2} & 0\\ 0 & 0 & \frac{\sqrt{3}}{2}\end{pmatrix}\begin{pmatrix}1 & \frac{1}{2} & \frac{1}{2}\\ 0 & 1 & \frac{1}{3}\\ 0 & 0 & 1\end{pmatrix}=\begin{pmatrix}\sqrt{2} & \frac{\sqrt{2}}{2} & \frac{\sqrt{2}}{2}\\ 0 & \frac{\sqrt{6}}{2} & \frac{\sqrt{6}}{6}\\ 0 & 0 & \frac{\sqrt{3}}{2}\end{pmatrix},$$

因此 A 的 QR 分解为 $A=QR$.

若矩阵是列满秩，利用 Schmidt 正交化方法可以得到矩阵的 QR 分解；若矩阵不是列满秩，事实上也可以利用这一方法得到矩阵的 QR 分解.

例 2　求矩阵

$$A=\begin{pmatrix}1 & 1 & 2\\ 2 & 0 & 2\\ 1 & 2 & 3\end{pmatrix}$$

的 QR 分解.

解　记 $A=(\alpha_1,\alpha_2,\alpha_3)$. 对 $\alpha_1,\alpha_2,\alpha_3$ 进行 Schmidt 正交化，得

$$\beta_1=\alpha_1=\begin{pmatrix}1\\2\\1\end{pmatrix},$$

$$\beta_2=\alpha_2-\frac{(\alpha_2,\beta_1)}{(\beta_1,\beta_1)}\beta_1=\begin{pmatrix}1\\0\\2\end{pmatrix}-\frac{3}{6}\begin{pmatrix}1\\2\\1\end{pmatrix}=\begin{pmatrix}\frac{1}{2}\\-1\\\frac{3}{2}\end{pmatrix},$$

$$\beta_3=\alpha_3-\frac{(\alpha_3,\beta_1)}{(\beta_1,\beta_1)}\beta_1-\frac{(\alpha_3,\beta_2)}{(\beta_2,\beta_2)}\beta_2=\begin{pmatrix}2\\2\\3\end{pmatrix}-\frac{9}{6}\begin{pmatrix}1\\2\\1\end{pmatrix}-\frac{\frac{7}{2}}{\frac{7}{2}}\begin{pmatrix}\frac{1}{2}\\-1\\\frac{3}{2}\end{pmatrix}=\begin{pmatrix}0\\0\\0\end{pmatrix},$$

单位化,得

$$\boldsymbol{\gamma}_1=\begin{pmatrix}\frac{1}{\sqrt{6}}\\\frac{2}{\sqrt{6}}\\\frac{1}{\sqrt{6}}\end{pmatrix},\boldsymbol{\gamma}_2=\begin{pmatrix}\frac{1}{\sqrt{4}}\\-\frac{2}{\sqrt{4}}\\\frac{3}{\sqrt{4}}\end{pmatrix},\boldsymbol{\gamma}_3=\begin{pmatrix}0\\0\\0\end{pmatrix}.$$

记

$$\boldsymbol{Q}=(\boldsymbol{\gamma}_1,\boldsymbol{\gamma}_2,\boldsymbol{\gamma}_3)=\begin{pmatrix}\frac{1}{\sqrt{6}}&\frac{1}{\sqrt{4}}&0\\\frac{2}{\sqrt{6}}&-\frac{2}{\sqrt{4}}&0\\\frac{1}{\sqrt{6}}&\frac{3}{\sqrt{14}}&0\end{pmatrix},$$

$$\boldsymbol{R}=\begin{pmatrix}\sqrt{6}&0&0\\0&\frac{\sqrt{14}}{2}&0\\0&0&0\end{pmatrix}\begin{pmatrix}1&\frac{1}{2}&\frac{3}{2}\\0&1&1\\0&0&1\end{pmatrix}=\begin{pmatrix}\sqrt{6}&\frac{\sqrt{6}}{2}&\frac{3\sqrt{6}}{2}\\0&\frac{\sqrt{14}}{2}&\frac{\sqrt{14}}{2}\\0&0&0\end{pmatrix}.$$

则 $\boldsymbol{A}=\boldsymbol{QR}$,但由于 $\boldsymbol{Q}$ 不是酉矩阵,$\boldsymbol{Q}$ 的第 3 列取任何值都不影响等式,故 $\boldsymbol{Q}$ 的第 3 列取

$$\begin{pmatrix}-\frac{4}{\sqrt{21}}\\\frac{1}{\sqrt{21}}\\\frac{2}{\sqrt{21}}\end{pmatrix},$$

于是

$$\boldsymbol{Q}=\begin{pmatrix}\frac{1}{\sqrt{6}}&\frac{1}{\sqrt{14}}&-\frac{4}{\sqrt{21}}\\\frac{2}{\sqrt{6}}&-\frac{2}{\sqrt{14}}&\frac{1}{\sqrt{21}}\\\frac{1}{\sqrt{6}}&\frac{3}{\sqrt{14}}&\frac{2}{\sqrt{21}}\end{pmatrix}$$

从而 $\boldsymbol{A}$ 的 QR 分解为 $\boldsymbol{A}=\boldsymbol{QR}$.

对于不是列满秩的矩阵,也可以利用下面的 Householder 方法得到矩阵的 QR 分解.

定义 2 设 $\boldsymbol{u} \in \mathbf{C}^n$ 是单位向量,称

$$\boldsymbol{H} = \boldsymbol{E} - 2\boldsymbol{u}\boldsymbol{u}^{\mathrm{H}}$$

为 Householder 矩阵或 Householder 变换.

引理 1 设 $z \in \mathbf{C}^n$ 是单位向量,则对于非零向量 $\boldsymbol{x} \in \mathbf{C}^n$,存在 Householder 矩阵 $\boldsymbol{H} = \boldsymbol{E} - 2\boldsymbol{u}\boldsymbol{u}^{\mathrm{H}}$,使得 $\boldsymbol{H}\boldsymbol{x} = az$,其中 $a = \|\boldsymbol{x}\|_2$.

证明 当 $\boldsymbol{x} = az$ 时,取单位向量 $\boldsymbol{u}$ 满足 $\boldsymbol{u}^{\mathrm{H}}\boldsymbol{x} = 0$,则有

$$\boldsymbol{H}\boldsymbol{x} = (\boldsymbol{E} - 2\boldsymbol{u}\boldsymbol{u}^{\mathrm{H}})\boldsymbol{x} = \boldsymbol{x} - 2\boldsymbol{u}\boldsymbol{u}^{\mathrm{H}}\boldsymbol{x} = \boldsymbol{x} - 2\boldsymbol{u}(\boldsymbol{u}^{\mathrm{H}}\boldsymbol{x}) = \boldsymbol{x} = az$$

当 $\boldsymbol{x} \neq az$ 时,由 $\boldsymbol{H}\boldsymbol{x} = az$ 有 $2(\boldsymbol{u}^{\mathrm{H}}\boldsymbol{x})\boldsymbol{u} = \boldsymbol{x} - az$,故可取

$$\boldsymbol{u} = \frac{\boldsymbol{x} - az}{\|\boldsymbol{x} - az\|_2},$$

使得 $\boldsymbol{H}\boldsymbol{x} = az$.

证毕.

对于任意 n 阶矩阵 $\boldsymbol{A} = (\boldsymbol{\alpha}_1, \boldsymbol{\alpha}_2, \cdots, \boldsymbol{\alpha}_n) \in \mathbf{C}^{n \times n}$,不妨设 $\boldsymbol{\alpha}_1 \neq \boldsymbol{0}$,构造 n 阶 Householder 矩阵 $\boldsymbol{H}_1$,使得

$$\boldsymbol{H}_1\boldsymbol{\alpha}_1 = (\|\boldsymbol{\alpha}_1\|, 0, \cdots, 0)^{\mathrm{H}},$$

再对 $\boldsymbol{H}_1\boldsymbol{A}$ 右下方 $n-1$ 阶矩阵 $\boldsymbol{A}_1$ 的第一列 $\boldsymbol{\alpha}_1^{(1)}$,构造 $n-1$ 阶 Householder 矩阵 $\boldsymbol{H}_2$,使得

$$\boldsymbol{H}_2\boldsymbol{\alpha}_1^{(1)} = (\|\boldsymbol{\alpha}_1^{(1)}\|, 0, \cdots, 0)^{\mathrm{H}},$$

一直下去,就可以得到如下定理:

定理 2 设 $\boldsymbol{A}$ 为任意 n 阶矩阵,则必存在 n 阶酉矩阵 $\boldsymbol{Q}$ 和 n 阶上三角矩阵 $\boldsymbol{R}$,使得 $\boldsymbol{A} = \boldsymbol{Q}\boldsymbol{R}$.

6.5 矩阵的奇异值分解

定义 1 设矩阵 $\boldsymbol{A} \in \mathbf{C}^{m \times n}$,$\mathrm{rank}(\boldsymbol{A}) = r$,则 n 阶 Hermite 矩阵 $\boldsymbol{A}^{\mathrm{H}}\boldsymbol{A}$ 是半正定的,因而 $\boldsymbol{A}^{\mathrm{H}}\boldsymbol{A}$ 的特征值 $\lambda_i (i = 1, 2, \cdots, n)$ 均为非负实数,且满足

$$\lambda_1 \geqslant \lambda_2 \geqslant \cdots \geqslant \lambda_r > \lambda_{r+1} = \cdots = \lambda_n = 0,$$

则称 $\sigma_i = \sqrt{\lambda_i} (i = 1, 2, \cdots, n)$ 为矩阵 $\boldsymbol{A}$ 的奇异值.

定理 1 设矩阵 $\boldsymbol{A} \in \mathbf{C}^{m \times n}$,$\mathrm{rank}(\boldsymbol{A}) = r$,则存在 m 阶酉矩阵 $\boldsymbol{U}$ 及 n 阶酉矩阵 $\boldsymbol{V}$,使得

$$\boldsymbol{A} = \boldsymbol{U}\begin{pmatrix} \boldsymbol{\Sigma} & 0 \\ 0 & 0 \end{pmatrix}\boldsymbol{V}^{\mathrm{H}},$$

其中 $\boldsymbol{\Sigma}=\operatorname{diag}(\sigma_1,\sigma_2,\cdots,\sigma_r)$，且 $\sigma_1\geqslant\sigma_2\geqslant\cdots\geqslant\sigma_r>0$，$\sigma_i(i=1,2,\cdots,r)$ 是 $\boldsymbol{A}$ 的正奇异值.

证明 设 $\boldsymbol{A}\in\mathbf{C}^{m\times n}$ 的秩为 r，则 $\boldsymbol{A}^{\mathrm{H}}\boldsymbol{A}$ 的秩为 r，且有 r 个特征值大于 0，其余 $n-r$ 个特征值等于 0.

设 $\sigma_1^2\geqslant\cdots\geqslant\sigma_r{}^2>0$ 为 $\boldsymbol{A}^{\mathrm{H}}\boldsymbol{A}$ 的 r 个正特征值，其对应的正交单位特征向量为

$$\boldsymbol{q}_1,\boldsymbol{q}_2,\cdots,\boldsymbol{q}_r$$

且有

$$\boldsymbol{A}^{\mathrm{H}}\boldsymbol{A}\boldsymbol{q}_i=\sigma_i^2\boldsymbol{q}_i\quad i=1,2,\cdots,r.$$

记

$$\boldsymbol{p}_i=\frac{1}{\sigma_i}\boldsymbol{A}\boldsymbol{q}_i,$$

则

$$\boldsymbol{A}\boldsymbol{q}_i=\sigma_i\boldsymbol{p}_i,\boldsymbol{A}^{\mathrm{H}}\boldsymbol{p}_i=\sigma_i\boldsymbol{q}_i,$$

且 $\boldsymbol{p}_1,\boldsymbol{p}_2,\cdots,\boldsymbol{p}_r$ 也是正交单位向量组，

$$(\boldsymbol{p}_i,\boldsymbol{p}_j)=\boldsymbol{p}_j{}^{\mathrm{H}}\boldsymbol{p}_i=\left(\frac{1}{\sigma_j}\boldsymbol{A}\boldsymbol{q}_j\right)^{\mathrm{H}}\frac{1}{\sigma_i}\boldsymbol{A}\boldsymbol{q}_i=\frac{1}{\sigma_i\sigma_j}\boldsymbol{q}_j{}^{\mathrm{H}}\boldsymbol{A}^{\mathrm{H}}\boldsymbol{A}\boldsymbol{q}_i=\frac{1}{\sigma_i\sigma_j}\boldsymbol{q}_j{}^{\mathrm{H}}\sigma_i^2\boldsymbol{q}_i=\frac{\sigma_i}{\sigma_j}\boldsymbol{q}_j{}^{\mathrm{H}}\boldsymbol{q}_i=\delta_{ij},$$

$\boldsymbol{p}_1,\boldsymbol{p}_2,\cdots,\boldsymbol{p}_r$ 是 $\boldsymbol{A}\boldsymbol{A}^{\mathrm{H}}$ 的特征向量，对应的特征值分别为 $\sigma_1^2,\sigma_2^2,\cdots,\sigma_r^2$，即：

$$\boldsymbol{A}\boldsymbol{A}^{\mathrm{H}}\boldsymbol{p}_i=\boldsymbol{A}\sigma_i\boldsymbol{q}_i=\sigma_i\boldsymbol{A}\boldsymbol{q}_i=\sigma_i^2\boldsymbol{p}_i,$$

0 是 $\boldsymbol{A}^{\mathrm{H}}\boldsymbol{A}$ 的 $n-r$ 重特征值，设其对应的特征向量为 $\boldsymbol{q}_{r+1},\cdots,\boldsymbol{q}_n$（已单位化、正交化），则 $\boldsymbol{q}_1,\boldsymbol{q}_2,\cdots,\boldsymbol{q}_n$ 是 $\mathbf{C}^n$ 的一组标准正交基.

同理 0 是 $\boldsymbol{A}\boldsymbol{A}^{\mathrm{H}}$ 的 $m-r$ 重特征值，设其对应的特征向量为 $\boldsymbol{p}_{r+1}\cdots\boldsymbol{p}_m$（已单位化、正交化），则 $\boldsymbol{p}_1,\boldsymbol{p}_2,\cdots,\boldsymbol{p}_m$ 是 $\mathbf{C}^m$ 的一组标准正交基.

记

$$\boldsymbol{V}=(\boldsymbol{q}_1,\boldsymbol{q}_2,\cdots,\boldsymbol{q}_n),\boldsymbol{U}=(\boldsymbol{p}_1,\boldsymbol{p}_2,\cdots,\boldsymbol{p}_m),$$

则 $\boldsymbol{U},\boldsymbol{V}$ 分别是 m 阶和 n 阶酉矩阵，且

$$\boldsymbol{U}^{\mathrm{H}}\boldsymbol{A}\boldsymbol{V}=\begin{pmatrix}\boldsymbol{p}_1{}^{\mathrm{H}}\\\boldsymbol{p}_2{}^{\mathrm{H}}\\\vdots\\\boldsymbol{p}_m{}^{\mathrm{H}}\end{pmatrix}\boldsymbol{A}(\boldsymbol{q}_1,\boldsymbol{q}_2,\cdots,\boldsymbol{q}_n)=\begin{pmatrix}\boldsymbol{p}_1{}^{\mathrm{H}}\\\boldsymbol{p}_2{}^{\mathrm{H}}\\\vdots\\\boldsymbol{p}_m{}^{\mathrm{H}}\end{pmatrix}(\boldsymbol{A}\boldsymbol{q}_1,\boldsymbol{A}\boldsymbol{q}_2,\cdots,\boldsymbol{A}\boldsymbol{q}_n)$$

$$\begin{pmatrix}\boldsymbol{p}_1{}^{\mathrm{H}}\\\boldsymbol{p}_2{}^{\mathrm{H}}\\\vdots\\\boldsymbol{p}_m{}^{\mathrm{H}}\end{pmatrix}(\sigma_1\boldsymbol{p}_1,\sigma_2\boldsymbol{p}_2,\cdots,\sigma_r\boldsymbol{p}_r,\boldsymbol{0},\cdots,\boldsymbol{0})=\begin{pmatrix}\sigma_1&0&\cdots&0&0&\cdots&0\\0&\sigma_2&\cdots&0&0&\cdots&0\\\vdots&\vdots&\ddots&\vdots&\vdots&&\vdots\\0&0&\cdots&\sigma_r&0&\cdots&0\\\vdots&\vdots&&\vdots&\vdots&&\vdots\\0&0&\cdots&0&0&\cdots&0\end{pmatrix}=\begin{pmatrix}\boldsymbol{\Sigma}&\boldsymbol{O}\\\boldsymbol{O}&\boldsymbol{O}\end{pmatrix},$$

从而有

$$A = U\begin{pmatrix} \boldsymbol{\Sigma} & O \\ O & O \end{pmatrix}V^{\mathrm{H}}.$$

证毕.

从定理 1 的证明过程可看出矩阵 A 的奇异值由 $A^{\mathrm{H}}A$ 唯一确定,但酉矩阵 U 和 V 一般不唯一,因此 A 的奇异值分解一般也不唯一.

例 1　求矩阵

$$A = \begin{pmatrix} 1 & 1 & 0 \\ 0 & 0 & 1 \\ 0 & 0 & 0 \end{pmatrix}$$

的奇异值分解.

解　矩阵

$$A^{\mathrm{H}}A = \begin{pmatrix} 1 & 1 & 0 \\ 1 & 1 & 0 \\ 0 & 0 & 1 \end{pmatrix}.$$

$A^{\mathrm{H}}A$ 的特征多项式

$$|\lambda E - A^{\mathrm{H}}A| = \begin{vmatrix} \lambda-1 & -1 & 0 \\ -1 & \lambda-1 & 0 \\ 0 & 0 & \lambda-1 \end{vmatrix} = (\lambda-1)\lambda(\lambda-2),$$

所以 $A^{\mathrm{H}}A$ 的特征值 $\lambda_1=2,\lambda_2=1,\lambda_3=0$, A 的奇异值 $\sigma_1=\sqrt{2},\sigma_2=1,\sigma_3=0$.

因而矩阵 $\boldsymbol{\Sigma} = \begin{pmatrix} \sqrt{2} & 0 \\ 0 & 1 \end{pmatrix}$. 又 $A^{\mathrm{H}}A$ 的特征值 $\lambda_1=2,\lambda_2=1,\lambda_3=0$ 的对应特征向量分别是

$$p_1 = \begin{pmatrix} 1 \\ 1 \\ 0 \end{pmatrix},\quad p_2 = \begin{pmatrix} 0 \\ 0 \\ 1 \end{pmatrix},\quad p_3 = \begin{pmatrix} 1 \\ -1 \\ 0 \end{pmatrix}$$

单位化

$$\gamma_1 = \begin{pmatrix} \frac{1}{\sqrt{2}} \\ \frac{1}{\sqrt{2}} \\ 0 \end{pmatrix},\quad \gamma_2 = \begin{pmatrix} 0 \\ 0 \\ 1 \end{pmatrix},\quad \gamma_3 = \begin{pmatrix} \frac{1}{\sqrt{2}} \\ -\frac{1}{\sqrt{2}} \\ 0 \end{pmatrix}.$$

记

$$V=(\gamma_1,\gamma_2,\gamma_3)=\begin{pmatrix}\frac{1}{\sqrt{2}} & 0 & \frac{1}{\sqrt{2}}\\ \frac{1}{\sqrt{2}} & 0 & -\frac{1}{\sqrt{2}}\\ 0 & 1 & 0\end{pmatrix},$$

又

$$U_1=AV_1\Sigma^{-1}=\begin{pmatrix}1&1&0\\0&0&1\\0&0&0\end{pmatrix}\begin{pmatrix}\frac{1}{\sqrt{2}} & 0\\ \frac{1}{\sqrt{2}} & 0\\ 0 & 1\end{pmatrix}\begin{pmatrix}\frac{1}{\sqrt{2}} & 0\\ 0 & 1\end{pmatrix}$$

$$=\begin{pmatrix}1&1&0\\0&0&1\\0&0&0\end{pmatrix}\begin{pmatrix}\frac{1}{2} & 0\\ \frac{1}{2} & 0\\ 0 & 1\end{pmatrix}=\begin{pmatrix}1&0\\0&1\\0&0\end{pmatrix}$$

取 U_1 的正交补空间 $U_1^{\perp}$ 的标准正交基

$$U_3=\begin{pmatrix}0\\0\\1\end{pmatrix},$$

得

$$U=(U_1,U_3)=\begin{pmatrix}1&0&0\\0&1&0\\0&0&1\end{pmatrix},$$

所以 A 的奇异值分解为

$$A=U\begin{pmatrix}\sqrt{2}&0&0\\0&1&0\\0&0&0\end{pmatrix}V^{\mathrm{H}}.$$

6.6 应用实例——LU 分解求解线性方程组

若矩阵 $A\in\mathbf{C}^{n\times n}$ 可以作 LU 分解，则 $A=LU$，于是线性方程组 $AX=b$ 的求解问题可归结为两个易于求解的线性方程组

$$\boldsymbol{Ly}=\boldsymbol{b}$$

和

$$\boldsymbol{Ux}=\boldsymbol{y}$$

的求解问题.

在军工领域,LU 分解广泛应用于求解线性方程组,例如在弹道计算、飞行器控制系统设计、雷达信号处理和结构力学分析中.

例 1　考虑空气阻力、重力和风力的影响时,弹道计算涉及求解一组描述运动轨迹的线性方程组,不妨设弹道计算的线性方程组为

$$\begin{cases}2x_1+3x_2+x_3=5\\4x_1+8x_2+x_3=11\\6x_1+7x_2+7x_3=15.\end{cases}$$

解　记$\boldsymbol{A}=\begin{pmatrix}2&3&1\\4&8&1\\6&7&7\end{pmatrix}$,$\boldsymbol{b}=\begin{pmatrix}5\\11\\15\end{pmatrix}$,可求得矩阵 $\boldsymbol{A}$ 的 LU 分解为

$$\boldsymbol{A}=\boldsymbol{LU}=\begin{pmatrix}1&0&0\\2&1&0\\3&-1&1\end{pmatrix}\begin{pmatrix}2&3&1\\0&2&-1\\0&0&3\end{pmatrix}.$$

先解方程组 $\boldsymbol{Ly}=\boldsymbol{b}$:

$$\begin{pmatrix}1&0&0\\2&1&0\\3&-1&1\end{pmatrix}\begin{pmatrix}y_1\\y_2\\y_3\end{pmatrix}=\begin{pmatrix}5\\11\\15\end{pmatrix}$$

逐行求解可得:$y_1=5,y_2=1,y_3=1$.

再解方程组 $\boldsymbol{Ux}=\boldsymbol{y}$,即

$$\begin{pmatrix}2&3&1\\0&2&-1\\0&0&3\end{pmatrix}\begin{pmatrix}x_1\\x_2\\x_3\end{pmatrix}=\begin{pmatrix}5\\1\\1\end{pmatrix}$$

逐行求解可得:$x_3=\frac{1}{3},x_2=\frac{2}{3},x_1=\frac{4}{3}$.

因此,原方程组的解为

$$\boldsymbol{x}=\left(\frac{4}{3},\frac{2}{3},\frac{1}{3}\right)^{\mathrm{T}}.$$

通过 LU 分解,可以高效求解弹道方程组,得到导弹或炮弹的运动参数.

习题 6

1. 求下列矩阵的谱分解.

(1) $A=\begin{pmatrix}3&0&0\\0&3&2\\0&2&0\end{pmatrix}$, (2) $A=\begin{pmatrix}3&0&1\\0&2&0\\1&0&3\end{pmatrix}$,

(3) $A=\begin{pmatrix}0&1&1&-1\\1&0&-1&1\\1&-1&0&1\\-1&1&1&0\end{pmatrix}$, (4) $A=\begin{pmatrix}0&\mathrm{i}&1\\-\mathrm{i}&0&0\\1&0&0\end{pmatrix}$.

2. 求矩阵

$$A=\begin{pmatrix}1&2&3\\0&-3&4\\0&4&3\end{pmatrix}$$

的谱分解,并计算 A^{100}.

3. 求下列矩阵的 LU 和 LDU 分解.

(1) $A=\begin{pmatrix}2&-1&3\\1&2&1\\2&4&2\end{pmatrix}$, (2) $A=\begin{pmatrix}1&1&0\\1&2&-2\\0&-2&5\end{pmatrix}$.

4. 可逆矩阵一定有 LU 分解吗? 若没有,请举例说明.

5. 设矩阵

$$A=\begin{pmatrix}3&2&-1\\-1&0&0\\-1&3&0\end{pmatrix},B=\begin{pmatrix}0&2&-1\\-1&4&-1\\1&3&-5\end{pmatrix},$$

判断矩阵 A 与 B 能否进行 LU 分解,并给出理由.

6. 试利用 LU 分解求解线性方程组:

$$\begin{cases}2x_1-4x_2+3x_3-4x_4-11x_5=28\\-x_1+2x_2-x_3+2x_4+5x_5=-13\\-3x_3+2x_4+5x_5=-10\\3x_1-5x_2+10x_3-7x_4+12x_5=31\end{cases}$$

7. 求下列矩阵的满秩分解.

(1) $A=\begin{pmatrix}2&1&6&1&0\\3&2&10&1&0\\2&3&10&-1&3\\4&4&16&0&1\end{pmatrix}$，　　(2) $A=\begin{pmatrix}1&0&-1&1\\1&-2&-3&-1\\-1&4&5&3\end{pmatrix}$.

8. 设 A 为 n 阶幂等矩阵，其满秩分解为 $A=BC$，证明 $CB=E$.

9. 利用 Schmidt 正交化方法求下列矩阵的 QR 分解.

(1) $A=\begin{pmatrix}1&2&2\\2&1&2\\1&2&1\end{pmatrix}$，　　(2) $A=\begin{pmatrix}0&3&1\\0&4&-2\\2&1&2\end{pmatrix}$，

(3) $A=\begin{pmatrix}1&2&3\\2&-3&-1\\-1&1&0\end{pmatrix}$，　　(4) $A=\begin{pmatrix}1&1&1\\1&0&1\\0&1&2\end{pmatrix}$.

10. 利用 QR 分解求解线性方程组

$$\begin{cases}3x_1+3x_2+4x_3=2\\x_1+x_2+9x_3=-7\\x_1+2x_2-6x_3=9.\end{cases}$$

11. 求下列矩阵的奇异值分解.

(1) $A=\begin{pmatrix}1&2&0\\2&0&2\end{pmatrix}$，　(2) $A=\begin{pmatrix}1&1&0\\0&0&1\\0&0&0\end{pmatrix}$，　(3) $A=\begin{pmatrix}2&0\\0&3\\0&0\end{pmatrix}$.

12. 若 n 阶矩阵 A 是正定矩阵，证明 A 的奇异值和特征值相同.

13. 设矩阵 $A=\begin{pmatrix}\mathrm{i}&\mathrm{i}&1\\2&0&2\mathrm{i}\end{pmatrix}$，求 A 和 A^{H} 的奇异值，并讨论二者的关系.

第 7 章
特征值的估计与广义逆矩阵

多项式的因式分解还未解决，这造成 n 阶矩阵 $\boldsymbol{A}$ 的特征值的求解就有一定的难度，使得讨论特征值的估计及范围就成为一种实际需要. 类似于逆矩阵的性质，引入广义逆矩阵求解相容线性方程组.

7.1 特征值界的估计

设矩阵 $\boldsymbol{A} \in \mathbf{C}^{n\times n}$. 记

$$\boldsymbol{B}=\frac{\boldsymbol{A}+\boldsymbol{A}^{\mathrm{H}}}{2},\boldsymbol{C}=\frac{\boldsymbol{A}-\boldsymbol{A}^{\mathrm{H}}}{2}.$$

则 $\boldsymbol{B}^{\mathrm{H}}=\boldsymbol{B},\boldsymbol{C}^{\mathrm{H}}=-\boldsymbol{C}$，即 $\boldsymbol{B}$ 为 Hermite 矩阵，$\boldsymbol{C}$ 为反 Hermite 矩阵，从而 $\boldsymbol{A}=\boldsymbol{B}+\boldsymbol{C}$，即 $\boldsymbol{A}$ 可以表示为一个 Hermite 矩阵和一个反 Hermite 矩阵之和.

定义 1 设 $\boldsymbol{A} \in \mathbf{C}^{n\times n}$. 若 $\boldsymbol{A}\boldsymbol{A}^{\mathrm{H}}=\boldsymbol{A}^{\mathrm{H}}\boldsymbol{A}$，则称 $\boldsymbol{A}$ 为正规矩阵.

容易验证，对角矩阵、实对称矩阵、实反对称矩阵、Hermite 矩阵、反 Hermite 矩阵、正交矩阵以及酉矩阵都是正规矩阵. 但正规矩阵还有很多，例如

$$\begin{pmatrix}1 & -1\\ 1 & 1\end{pmatrix}.$$

引理 1 设矩阵 $\boldsymbol{A} \in \mathbf{C}^{n\times n}$，则存在酉矩阵 $\boldsymbol{U}$ 和主对角线上的元素是 $\boldsymbol{A}$ 的特征值的上(或下)三角矩阵 $\boldsymbol{T}$，使得

$$\boldsymbol{U}^{\mathrm{H}}\boldsymbol{A}\boldsymbol{U}=\boldsymbol{T}.$$

引理 2 设矩阵 $\boldsymbol{A} \in \mathbf{C}^{n\times n}$，则 $\boldsymbol{A}$ 为正规矩阵的充分必要条件是 $\boldsymbol{A}$ 酉相似于对角矩阵.

定理 1 设矩阵 $\boldsymbol{A} \in \mathbf{C}^{n\times n}$，$\lambda_1,\lambda_2,\cdots,\lambda_n$ 是 $\boldsymbol{A}$ 的 n 个特征值，则

$$\sum_{i=1}^{n}|\lambda_i|^2 \leqslant \sum_{i=1}^{n}\sum_{j=1}^{n}|a_{ij}|^2=\operatorname{tr}(\boldsymbol{A}^{\mathrm{H}}\boldsymbol{A})=\operatorname{tr}(\boldsymbol{A}\boldsymbol{A}^{\mathrm{H}})=\|\boldsymbol{A}\|_F^2,$$

等号成立的充分必要条件是 $\boldsymbol{A}$ 是正规矩阵.

证明　由引理 1 知存在酉矩阵 $\boldsymbol{U}$ 和主对角线上的元素是 $\boldsymbol{A}$ 的特征值的上(或下)三角矩阵 $\boldsymbol{T}$,使得

$$\boldsymbol{U}^{\mathrm{H}}\boldsymbol{A}\boldsymbol{U}=\boldsymbol{T}.$$

两端取共轭转置,可得

$$\boldsymbol{U}^{\mathrm{H}}\boldsymbol{A}^{\mathrm{H}}\boldsymbol{U}=\boldsymbol{T}^{\mathrm{H}},$$

则

$$\boldsymbol{T}\boldsymbol{T}^{\mathrm{H}}=(\boldsymbol{U}^{\mathrm{H}}\boldsymbol{A}\boldsymbol{U})(\boldsymbol{U}^{\mathrm{H}}\boldsymbol{A}^{\mathrm{H}}\boldsymbol{U})=\boldsymbol{U}^{\mathrm{H}}(\boldsymbol{A}\boldsymbol{A}^{\mathrm{H}})\boldsymbol{U}.$$

从而

$$\mathrm{tr}(\boldsymbol{T}\boldsymbol{T}^{\mathrm{H}})=\mathrm{tr}(\boldsymbol{U}^{\mathrm{H}}(\boldsymbol{A}\boldsymbol{A}^{\mathrm{H}})\boldsymbol{U})=\mathrm{tr}(\boldsymbol{A}\boldsymbol{A}^{\mathrm{H}}).$$

则

$$\sum_{i=1}^{n}|\lambda_i|^2=\sum_{i=1}^{n}|t_{ii}|^2\leqslant\sum_{i=1}^{n}\sum_{j=1}^{n}|t_{ij}|^2=\mathrm{tr}(\boldsymbol{T}\boldsymbol{T}^{\mathrm{H}})=\mathrm{tr}(\boldsymbol{A}\boldsymbol{A}^{\mathrm{H}}).$$

上述不等式取等号当且仅当 $i\neq j$ 时都有 $t_{ij}=0$. 因此矩阵 $\boldsymbol{A}$ 酉相似于对角矩阵,也就是 $\boldsymbol{A}$ 为正规矩阵.

证毕.

定理 2　设矩阵 $\boldsymbol{A}=(a_{ij})\in\mathbf{C}^{n\times n}$,$\boldsymbol{B}=\dfrac{\boldsymbol{A}+\boldsymbol{A}^{\mathrm{H}}}{2}=(b_{ij})$,$\boldsymbol{C}=\dfrac{\boldsymbol{A}-\boldsymbol{A}^{\mathrm{H}}}{2}=(c_{ij})$,$\lambda_1,\lambda_2,\cdots,\lambda_n$ 是 $\boldsymbol{A}$ 的 n 个特征值,则

(1) $|\lambda_k|\leqslant n\cdot\max\limits_{1\leqslant i,j\leqslant n}|a_{ij}|\ (k=1,2,\cdots,n)$,

(2) $|\mathrm{Re}(\lambda_k)|\leqslant n\cdot\max\limits_{1\leqslant i,j\leqslant n}|b_{ij}|\ (k=1,2,\cdots,n)$,

(3) $|\mathrm{Im}(\lambda_k)|\leqslant n\cdot\max\limits_{1\leqslant i,j\leqslant n}|c_{ij}|\ (k=1,2,\cdots,n)$,

其中 $\mathrm{Re}(\lambda_k)$ 和 $\mathrm{Im}(\lambda_k)$ 分别表示特征值 λ_k 的实部和虚部 $(k=1,2,\cdots,n)$.

证明　由引理 1 可知存在酉矩阵 $\boldsymbol{U}$ 和主对角线上的元素是 $\boldsymbol{A}$ 的特征值的上三角矩阵 $\boldsymbol{T}$,使得

$$\boldsymbol{U}^{\mathrm{H}}\boldsymbol{A}\boldsymbol{U}=\boldsymbol{T}.$$

两端取共轭转置,可得

$$\boldsymbol{U}^{\mathrm{H}}\boldsymbol{A}^{\mathrm{H}}\boldsymbol{U}=\boldsymbol{T}^{\mathrm{H}},$$

由 $\boldsymbol{B}=\dfrac{\boldsymbol{A}+\boldsymbol{A}^{\mathrm{H}}}{2}$,$\boldsymbol{C}=\dfrac{\boldsymbol{A}-\boldsymbol{A}^{\mathrm{H}}}{2}$ 有

$$\boldsymbol{U}^{\mathrm{H}}\boldsymbol{B}\boldsymbol{U}=\boldsymbol{U}^{\mathrm{H}}\left(\frac{\boldsymbol{A}+\boldsymbol{A}^{\mathrm{H}}}{2}\right)\boldsymbol{U}=\frac{1}{2}(\boldsymbol{T}+\boldsymbol{T}^{\mathrm{H}}),$$

$$\boldsymbol{U}^{\mathrm{H}}\boldsymbol{C}\boldsymbol{U}=\boldsymbol{U}^{\mathrm{H}}\left(\frac{\boldsymbol{A}-\boldsymbol{A}^{\mathrm{H}}}{2}\right)\boldsymbol{U}=\frac{1}{2}(\boldsymbol{T}-\boldsymbol{T}^{\mathrm{H}}).$$

注意到 $\boldsymbol{T}$ 是三角形矩阵,且 $\boldsymbol{T}$ 的主对角线上的元素都是 $\boldsymbol{A}$ 的特征值. 而 F 范数在酉变换下保持不变,所以

$$\sum_{1\leqslant i,j\leqslant n}|b_{ij}|^2=\sum_{i=1}^{n}\left|\frac{\lambda_i+\bar{\lambda}_i}{2}\right|^2+\sum_{1\leqslant i<j\leqslant n}\frac{1}{2}|t_{ij}|^2\leqslant n^2\cdot\max_{1\leqslant i,j\leqslant n}|b_{ij}|^2,$$

$$\sum_{1\leqslant i,j\leqslant n}|c_{ij}|^2=\sum_{i=1}^{n}\left|\frac{\lambda-\bar{\lambda}_i}{2}\right|^2+\sum_{1\leqslant i<j\leqslant n}\frac{1}{2}|t_{ij}|^2\leqslant n^2\max_{1\leqslant i,j\leqslant n}|c_{ij}|^2.$$

于是有

$$\sum_{i=1}^{n}|\mathrm{Re}(\lambda_i)|^2=\sum_{i=1}^{n}\left|\frac{\lambda_i+\bar{\lambda}}{2}\right|^2\leqslant n^2\cdot\max_{1\leqslant i,j\leqslant n}|b_{ij}|^2,$$

$$\sum_{i=1}^{n}|\mathrm{Im}(\lambda_i)|^2=\sum_{i=1}^{n}\left|\frac{\lambda_i-\bar{\lambda}_i}{2}\right|^2\leqslant n^2\cdot\max_{1\leqslant i,j\leqslant n}|c_{ij}|^2,$$

可得

$$|\mathrm{Re}(\lambda_k)|\leqslant n\cdot\max_{1\leqslant i,j\leqslant n}|b_{ij}|\quad(k=1,2,\cdots,n),$$

$$|\mathrm{Im}(\lambda_k)|\leqslant n\cdot\max_{1\leqslant i,j\leqslant n}|c_{ij}|\quad(k=1,2,\cdots,n),$$

再由引理 1 有

$$\sum_{i=1}^{n}|\lambda_i|^2\leqslant\sum_{i=1}^{n}\sum_{j=1}^{n}|a_{ij}|^2\leqslant n^2\cdot\max_{1\leqslant i,j\leqslant n}|a_{ij}|^2,$$

因此,

$$|\lambda_k|\leqslant n\cdot\max_{1\leqslant i,j\leqslant n}|a_{ij}|\quad(k=1,2,\cdots,n).$$

证毕.

由定理 2 很容易得到如下推论.

推论 1 实对称矩阵的特征值全为实数.

推论 2 反实对称矩阵的特征值为 0 或纯虚数.

推论 3 Hermite 矩阵的特征值全为实数.

推论 4 反 Hermite 矩阵的特征值为 0 或纯虚数.

定理 2 对矩阵 $\boldsymbol{A}\in\mathbf{C}^{n\times n}$ 的特征值进行了界的估计,以及特征值的实部和虚部都有了界的估计. 下面给出矩阵 $\boldsymbol{A}\in\mathbf{C}^{n\times n}$ 的特征值的虚部更精确的一个定理.

定理 3 设矩阵 $\boldsymbol{A}=(a_{ij})\in\mathbf{C}^{n\times n}$, $\boldsymbol{C}=\dfrac{\boldsymbol{A}-\boldsymbol{A}^{\mathrm{H}}}{2}=(c_{ij})$,则

$$|\mathrm{Im}(\lambda_i)|\leqslant\sqrt{\frac{n(n+1)}{2}}\max_{1\leqslant i,j\leqslant n}|c_{ij}|.$$

证明 略.

例 1　估计矩阵 $\boldsymbol{A}=\begin{pmatrix}1 & 2 & -1\\ 3 & 6 & -2\\ 0 & 1 & 4\end{pmatrix}$ 的特征值的界限.

解　矩阵 $\boldsymbol{B}=\dfrac{\boldsymbol{A}+\boldsymbol{A}^{\mathrm{H}}}{2}=\begin{pmatrix}1 & \frac{5}{2} & -\frac{1}{2}\\ \frac{5}{2} & 6 & -\frac{1}{2}\\ -\frac{1}{2} & -\frac{1}{2} & 4\end{pmatrix}$，$\boldsymbol{C}=\dfrac{\boldsymbol{A}-\boldsymbol{A}^{\mathrm{H}}}{2}=\begin{pmatrix}0 & -\frac{1}{2} & -\frac{1}{2}\\ \frac{1}{2} & 0 & -\frac{3}{2}\\ \frac{1}{2} & \frac{3}{2} & 0\end{pmatrix}$,

则矩阵 $\boldsymbol{A}$ 的特征值 λ 的界限为

$$|\lambda|\leqslant 3\times 6=18,$$
$$|\mathrm{Re}(\lambda)|\leqslant 3\times 6=18,$$
$$|\mathrm{Im}(\lambda)|\leqslant 3\times\frac{3}{2}=\frac{9}{2}.$$

7.2　圆盘定理

7.1 节对矩阵的特征值的界大致作了估计,本节所介绍的圆盘定理是对矩阵的特征值在复平面上的具体位置进一步精确估计.

下面的两个定理都称为圆盘定理.

定理 1　设矩阵 $\boldsymbol{A}=(a_{ij})\in\mathbf{C}^{n\times n}$,$\lambda$ 是 $\boldsymbol{A}$ 的任一特征值,且

$$R_i=|a_{i1}|+|a_{i2}|+\cdots+|a_{i\,i-1}|+|a_{i\,i+1}|+\cdots+|a_{in}|\,(i=1,2,\cdots,n).$$

记

$$S_i=\{z\,|\,|z-a_{ii}|\leqslant R_i\}\,(i=1,2,\cdots,n),$$

则

$$\lambda\in S_1\cup S_2\cup\cdots\cup S_n.$$

定理中 S_i 称为第 i 个盖尔圆.

证明　设 λ 是 $\boldsymbol{A}$ 的任一特征值,$\boldsymbol{x}$ 为 $\boldsymbol{A}$ 的属于 λ 的一个特征向量,则

$$\boldsymbol{Ax}=\lambda\boldsymbol{x},$$

即

$$a_{i1}x_1+a_{i2}x_2+\cdots+a_{in}x_n=\lambda x_i\,(i=1,2,\cdots,n),$$

有

$$(\lambda-a_{ii})x_i=a_{i1}x_1+\cdots+a_{ii-1}x_{i-1}+a_{ii+1}x_{i+1}+\cdots+a_{in}x_n\,(i=1,2,\cdots,n).$$

设

$$|x_l| = \max\{|x_1|, |x_2|, \cdots, |x_n|\},$$

则 $x_l \neq 0$，故考虑上述等式中的第 l 个等式

$$(\lambda - a_{ll})x_l = a_{l1}x_1 + \cdots + a_{ll-1}x_{l-1} + a_{ll+1}x_{l+1} + \cdots + a_{ln}x_n,$$

故

$$|\lambda - a_{ll}| \leqslant |a_{l1}| \left|\frac{x_1}{x_l}\right| + \cdots + |a_{ll-1}| \left|\frac{x_{l-1}}{x_l}\right| + |a_{ll+1}| \left|\frac{x_{l+1}}{x_l}\right| + \cdots + |a_{ln}| \left|\frac{x_n}{x_l}\right|$$

$$\leqslant |a_{l1}| + \cdots + |a_{ll-1}| + |a_{ll+1}| + \cdots + |a_{ln}| = S_l,$$

即

$$\lambda \in S_l,$$

从而

$$\lambda \in S_1 \cup S_2 \cup \cdots \cup S_n.$$

证毕.

若两个盖尔圆相交,则这两个盖尔圆的并集构成一个连通区域. 一般地,由 $\boldsymbol{A}$ 的 k 个相交的盖尔圆的并集构成的连通区域称为一个连通部分,并说这是由 k 个盖尔圆组成的.

定理 2 设 $\boldsymbol{A} \in \mathbf{C}^{n \times n}$,则 $\boldsymbol{A}$ 的任一由 k 个盖尔圆组成的连通区域中有且仅有 $\boldsymbol{A}$ 的 k 个特征值(当 $\boldsymbol{A}$ 的主对角线上有相同元素时,则按重复次数计算,有相同特征值时也需要按重复次数计算).

例 1 估计 $\boldsymbol{A} = \begin{pmatrix} 0 & 1 & -1 \\ 1.3 & 2 & -0.7 \\ 0.5 & 0.5\mathrm{i} & 4\mathrm{i} \end{pmatrix}$ 的特征值范围.

解 $S_1 = \{z \mid |z| \leqslant 2\}, S_2 = \{z \mid |z-2| \leqslant 2\}, S_3 = \{z \mid |z-4\mathrm{i}| \leqslant 1\}$,则 $\boldsymbol{A}$ 的任一特征值

$$\lambda \in S_1 \cup S_2 \cup S_3.$$

由定理 2 可得,由一个盖尔圆组成的连通部分有且仅有一个特征值;由 k 个盖尔圆组成的连通部分有且仅有 k 个特征值,但其中每个盖尔圆未必有 1 个特征值.

例 2 设矩阵 $\boldsymbol{A} = \begin{pmatrix} 1 & -0.8 \\ 0.5 & 0 \end{pmatrix}$,求 $\boldsymbol{A}$ 的特征值的精确位置.

解 $S_1 = \{z \mid |z-1| \leqslant 0.8\}, S_2 = \{z \mid |z| \leqslant 0.5\}$, 则矩阵 $\boldsymbol{A}$ 的任一特征值 $\lambda \in S_1 \cup S_2$.

又矩阵 $\boldsymbol{A}$ 的特征多项式

$$|\lambda \boldsymbol{E} - \boldsymbol{A}| = \begin{vmatrix} \lambda - 1 & 0.8 \\ -0.5 & \lambda \end{vmatrix} = \lambda^2 - \lambda + 0.40,$$

所以 $\boldsymbol{A}$ 的特征值为

$$\lambda_1=\frac{1+\sqrt{0.6}\mathrm{i}}{2},\lambda_2=\frac{1-\sqrt{0.6}\mathrm{i}}{2},$$

$$|\lambda_1|=|\lambda_2|=\frac{1}{2}\times\sqrt{1.6}=\sqrt{0.4}>0.5,$$

$$|\lambda_1-1|=|\lambda_2-1|=\frac{1}{2}\times\sqrt{1.6}=\sqrt{0.4}<0.8,$$

则

$$\lambda_1,\lambda_2\in S_1,$$

但 $\lambda_1,\lambda_2\notin S_2$.

7.3　广义逆矩阵与线性方程组的解

定义1　设 $\boldsymbol{A}\in\mathbf{C}^{m\times n}$,若存在 $\boldsymbol{G}\in\mathbf{C}^{n\times m}$ 满足 Moore - Penrose 方程

(1)$\boldsymbol{AGA}=\boldsymbol{A}$,　(2)$\boldsymbol{GAG}=\boldsymbol{G}$,　(3)$(\boldsymbol{GA})^{\mathrm{H}}=\boldsymbol{GA}$,　(4)$(\boldsymbol{AG})^{\mathrm{H}}=\boldsymbol{AG}$ 的一部分或全部,则称 $\boldsymbol{G}$ 为 $\boldsymbol{A}$ 的广义逆矩阵.

由定义1知 $\boldsymbol{A}$ 的广义逆矩阵共有 $\mathrm{C}_4^1+\mathrm{C}_4^2+\mathrm{C}_4^3+\mathrm{C}_4^4=15$ 类.本节主要介绍满足 Moore - Penrose 方程(1)的 $\boldsymbol{A}$ 的广义逆矩阵.

设线性方程组

$$\boldsymbol{Ax}=\boldsymbol{b}$$

其中 $\boldsymbol{A}\in\mathbf{C}^{m\times n},\boldsymbol{x}\in\mathbf{C}^{n},\boldsymbol{b}\in\mathbf{C}^{m}$.

若 $m=n$,且 $\boldsymbol{A}$ 是可逆矩阵,则 $\boldsymbol{Ax}=\boldsymbol{b}$ 有唯一解 $\boldsymbol{x}=\boldsymbol{A}^{-1}\boldsymbol{b}$;否则 $\boldsymbol{Ax}=\boldsymbol{b}$ 不一定有解,即使有解,解也不唯一.

下面我们来讨论一般的线性方程组 $\boldsymbol{Ax}=\boldsymbol{b}$.若 $\boldsymbol{Ax}=\boldsymbol{b}$,是否存在某个 $n\times m$ 矩阵 $\boldsymbol{G}$,使得 $\boldsymbol{x}=\boldsymbol{Gb}$ 是 $\boldsymbol{Ax}=\boldsymbol{b}$ 的解?若能,矩阵 $\boldsymbol{G}$ 如何求,且 $\boldsymbol{G}$ 具有什么性质?

定理1　设矩阵 $\boldsymbol{A}\in\mathbf{C}^{m\times n}$, $V=\{\boldsymbol{b}\mid$线性方程组 $\boldsymbol{Ax}=\boldsymbol{b}$有解$\}$,则任意 $\boldsymbol{b}\in V$,存在 $\boldsymbol{G}\in\mathbf{C}^{n\times m}$,使得 $\boldsymbol{x}=\boldsymbol{Gb}$ 是线性方程组 $\boldsymbol{Ax}=\boldsymbol{b}$ 的解的充分必要条件是 $\boldsymbol{G}$ 满足 $\boldsymbol{AGA}=\boldsymbol{A}$.

证明　必要性.设任意 $\boldsymbol{b}\in V$,存在矩阵 $\boldsymbol{G}\in\mathbf{C}^{n\times m}$,使得 $\boldsymbol{x}=\boldsymbol{Gb}$ 是 $\boldsymbol{Ax}=\boldsymbol{b}$ 的解,则设 $\boldsymbol{e}_i$ 为第 i 个分量为1,其余分量全为0的 n 维列向量.

记

$$\boldsymbol{b}_i=\boldsymbol{Ae}_i(i=1,2,\cdots,n),$$

则 $\boldsymbol{x}=\boldsymbol{Gb}_i=\boldsymbol{GAe}_i$ 是 $\boldsymbol{A}x=\boldsymbol{b}_i$ 的解$(i=1,2,\cdots,n)$,所以

$$\boldsymbol{AGAe}_i=\boldsymbol{Ae}_i(i=1,2,\cdots,n),$$

故 $\boldsymbol{AGA}=\boldsymbol{A}$.

充分性. 设 $\boldsymbol{G}$ 满足 $\boldsymbol{AGA}=\boldsymbol{A}$,则对任意 $\boldsymbol{b}\in V$, 存在 $\boldsymbol{z}\in\mathbf{C}^n$,使得 $\boldsymbol{b}=\boldsymbol{Az}$, 因此 $\boldsymbol{AGAz}=\boldsymbol{Az}=\boldsymbol{b}$,有 $\boldsymbol{AGb}=\boldsymbol{b}$,即 $\boldsymbol{x}=\boldsymbol{Gb}$ 是方程 $\boldsymbol{Ax}=\boldsymbol{b}$ 的解.

证毕.

定义 2 设矩阵 $\boldsymbol{A}\in\mathbf{C}^{m\times n}$. 若存在 $\boldsymbol{G}\in\mathbf{C}^{n\times m}$满足 $\boldsymbol{AGA}=\boldsymbol{A}$, 则称 $\boldsymbol{G}$ 是 $\boldsymbol{A}$ 的一个$\{1\}$-广义逆,或称 $\boldsymbol{G}$ 是 $\boldsymbol{A}$ 的一个减号逆,记作 $\boldsymbol{A}^-$.

引理 1 设矩阵 $\boldsymbol{A}\in\mathbf{C}^{m\times n}$的秩为 r,则存在可逆矩阵 $\boldsymbol{P}\in\mathbf{C}^{m\times m}$,$\boldsymbol{Q}\in\mathbf{C}^{n\times n}$,使得

$$\boldsymbol{PAQ}=\begin{pmatrix}\boldsymbol{E}_r & \boldsymbol{O}\\ \boldsymbol{O} & \boldsymbol{O}\end{pmatrix}.$$

定理 2 设矩阵 $\boldsymbol{A}\in\mathbf{C}^{m\times n}$的秩为 r,则存在 $\boldsymbol{G}\in\mathbf{C}^{n\times m}$满足 $\boldsymbol{AGA}=\boldsymbol{A}$ 的充分必要条件是

$$\boldsymbol{G}=\boldsymbol{Q}\begin{pmatrix}\boldsymbol{E}_r & \boldsymbol{G}_{12}\\ \boldsymbol{G}_{21} & \boldsymbol{G}_{22}\end{pmatrix}\boldsymbol{P},$$

其中 $\boldsymbol{G}_{12},\boldsymbol{G}_{21},\boldsymbol{G}_{22}$分别是 $r\times(m-r)$,$(n-r)\times r$,$(n-r)\times(m-r)$的任意矩阵.

证明 已知 $\boldsymbol{A}$ 的秩为 r,则由引理 1 存在可逆矩阵 $\boldsymbol{P}\in\mathbf{C}^{m\times m}$,$\boldsymbol{Q}\in\mathbf{C}^{n\times n}$,使得

$$\boldsymbol{PAQ}=\begin{pmatrix}\boldsymbol{E}_r & \boldsymbol{O}\\ \boldsymbol{O} & \boldsymbol{O}\end{pmatrix},$$

即

$$\boldsymbol{A}=\boldsymbol{P}^{-1}\begin{pmatrix}\boldsymbol{E}_r & \boldsymbol{O}\\ \boldsymbol{O} & \boldsymbol{O}\end{pmatrix}\boldsymbol{Q}^{-1}.$$

必要性. 由 $\boldsymbol{AGA}=\boldsymbol{A}$ 得

$$\boldsymbol{P}^{-1}\begin{pmatrix}\boldsymbol{E}_r & \boldsymbol{O}\\ \boldsymbol{O} & \boldsymbol{O}\end{pmatrix}\boldsymbol{Q}^{-1}\boldsymbol{GP}^{-1}\begin{pmatrix}\boldsymbol{E}_r & \boldsymbol{O}\\ \boldsymbol{O} & \boldsymbol{O}\end{pmatrix}\boldsymbol{Q}^{-1}=\boldsymbol{P}^{-1}\begin{pmatrix}\boldsymbol{E}_r & \boldsymbol{O}\\ \boldsymbol{O} & \boldsymbol{O}\end{pmatrix}\boldsymbol{Q}^{-1},$$

即

$$\begin{pmatrix}\boldsymbol{E}_r & \boldsymbol{O}\\ \boldsymbol{O} & \boldsymbol{O}\end{pmatrix}\boldsymbol{Q}^{-1}\boldsymbol{GP}^{-1}\begin{pmatrix}\boldsymbol{E}_r & \boldsymbol{O}\\ \boldsymbol{O} & \boldsymbol{O}\end{pmatrix}=\begin{pmatrix}\boldsymbol{E}_r & \boldsymbol{O}\\ \boldsymbol{O} & \boldsymbol{O}\end{pmatrix}.$$

记

$$\boldsymbol{Q}^{-1}\boldsymbol{GP}^{-1}=\begin{pmatrix}\boldsymbol{G}_{11} & \boldsymbol{G}_{12}\\ \boldsymbol{G}_{21} & \boldsymbol{G}_{22}\end{pmatrix},$$

其中 $\boldsymbol{G}_{11},\boldsymbol{G}_{12},\boldsymbol{G}_{21},\boldsymbol{G}_{22}$分别是 $r\times r$,$r\times(m-r)$,$(n-r)\times r$,$(n-r)\times(m-r)$的矩阵. 则 $\boldsymbol{G}_{11}=\boldsymbol{E}_r$,故

$$\boldsymbol{G}=\boldsymbol{Q}\begin{pmatrix}\boldsymbol{E}_r & \boldsymbol{G}_{12}\\ \boldsymbol{G}_{21} & \boldsymbol{G}_{22}\end{pmatrix}\boldsymbol{P},$$

其中 $\boldsymbol{G}_{12},\boldsymbol{G}_{21},\boldsymbol{G}_{22}$分别是 $r\times(m-r)$,$(n-r)\times r$,$(n-r)\times(m-r)$的任意矩阵.

充分性. 设

$$G=Q\begin{pmatrix}E_r & G_{12}\\ G_{21} & G_{22}\end{pmatrix}P,$$

其中 G_{12},G_{21},G_{22} 分别是 $r\times(m-r),(n-r)\times r,(n-r)\times(m-r)$ 的任意矩阵, 则

$$AGA=P^{-1}\begin{pmatrix}E_r & O\\ O & O\end{pmatrix}Q^{-1}Q\begin{pmatrix}E_r & G_{12}\\ G_{21} & G_{22}\end{pmatrix}PP^{-1}\begin{pmatrix}E_r & O\\ O & O\end{pmatrix}Q^{-1}=P^{-1}\begin{pmatrix}E_r & O\\ O & O\end{pmatrix}Q^{-1}=A.$$

证毕.

由定义 2 知定理 2 中的 $G=Q\begin{pmatrix}E_r & G_{12}\\ G_{21} & G_{22}\end{pmatrix}P$ 是 A 的减号逆, 即

$$A^-=Q\begin{pmatrix}E_r & G_{12}\\ G_{21} & G_{22}\end{pmatrix}P,$$

其中 G_{12},G_{21},G_{22} 分别是 $r\times(m-r),(n-r)\times r,(n-r)\times(m-r)$ 的任意矩阵, 从而可知 A^{-1} 不唯一. 定理 2 同时也给出了求 A^- 的方法, 具体步骤为:

(1) 求使得 $PAQ=\begin{pmatrix}E_r & O\\ O & O\end{pmatrix}$ 成立的 m 阶可逆矩阵 P 和 n 阶可逆矩阵 Q.

(2) 写出 A 的减号逆

$$A^-=Q\begin{pmatrix}E_r & G_{11}\\ G_{21} & G_{22}\end{pmatrix}P,$$

其中 G_{12},G_{21},G_{22} 分别是 $r\times(m-r),(n-r)\times r,(n-r)\times(m-r)$ 的任意矩阵.

由

$$\begin{pmatrix}P & O\\ O & E\end{pmatrix}\begin{pmatrix}A & E\\ E & *\end{pmatrix}\begin{pmatrix}Q & O\\ O & E\end{pmatrix}=\begin{pmatrix}PAQ & P\\ Q & *\end{pmatrix}=\begin{pmatrix}\begin{pmatrix}E_r & O\\ O & O\end{pmatrix} & P\\ Q & *\end{pmatrix}$$

得, 对矩阵

$$\begin{pmatrix}A & E\\ E & *\end{pmatrix}$$

的前 m 行作初等行变换, 前 n 列作初等列变换, E 的位置记录了对 A 进行初等变换的过程, 得到 P 和 Q.

例 1　求矩阵 $A=\begin{pmatrix}1 & 1 & 2\\ 2 & 2 & 1\\ 3 & 3 & 3\end{pmatrix}$ 的减号逆 A^-.

解　因为

$$\begin{pmatrix} A & E \\ E & * \end{pmatrix} = \begin{pmatrix} 1 & 1 & 2 & 1 & 0 & 0 \\ 2 & 2 & 1 & 0 & 1 & 0 \\ 3 & 3 & 3 & 0 & 0 & 1 \\ 1 & 0 & 0 & & & \\ 0 & 1 & 0 & & * & \\ 0 & 0 & 1 & & & \end{pmatrix} \to \begin{pmatrix} 1 & 1 & 2 & 1 & 0 & 0 \\ 0 & 0 & -3 & -2 & 1 & 0 \\ 0 & 0 & -3 & -3 & 0 & 1 \\ 1 & 0 & 0 & & & \\ 0 & 1 & 0 & & * & \\ 0 & 0 & 1 & & & \end{pmatrix}$$

$$\to \begin{pmatrix} 1 & 1 & 2 & 1 & 0 & 0 \\ 0 & 0 & 1 & \frac{2}{3} & -\frac{1}{3} & 0 \\ 0 & 0 & 0 & -1 & -1 & 1 \\ 1 & 0 & 0 & & & \\ 0 & 1 & 0 & & * & \\ 0 & 0 & 1 & & & \end{pmatrix} \to \begin{pmatrix} 1 & 0 & 0 & 1 & 0 & 0 \\ 0 & 0 & 1 & \frac{2}{3} & -\frac{1}{3} & 0 \\ 0 & 0 & 0 & -1 & -1 & 1 \\ 1 & -1 & -2 & & & \\ 0 & 1 & 0 & & * & \\ 0 & 0 & 1 & & & \end{pmatrix}$$

$$\to \begin{pmatrix} 1 & 0 & 0 & 1 & 0 & 0 \\ 0 & 1 & 0 & \frac{2}{3} & -\frac{1}{3} & 0 \\ 0 & 0 & 0 & -1 & -1 & 1 \\ 1 & -2 & -1 & & & \\ 0 & 0 & 1 & & * & \\ 0 & 1 & 0 & & & \end{pmatrix},$$

所以

$$P = \begin{pmatrix} 1 & 0 & 0 \\ \frac{2}{3} & -\frac{1}{3} & 0 \\ -1 & -1 & 1 \end{pmatrix}, \quad Q = \begin{pmatrix} 1 & -2 & -1 \\ 0 & 0 & 1 \\ 0 & 1 & 0 \end{pmatrix}.$$

因此

$$A^- = Q\begin{pmatrix} E_r & G_{12} \\ G_{21} & G_{22} \end{pmatrix}P = \begin{pmatrix} 1 & -2 & -1 \\ 0 & 0 & 1 \\ 0 & 1 & 0 \end{pmatrix}\begin{pmatrix} 1 & 0 & g_{13} \\ 0 & 1 & g_{23} \\ g_{31} & g_{32} & g_{33} \end{pmatrix}\begin{pmatrix} 1 & 0 & 0 \\ \frac{2}{3} & -\frac{1}{3} & 0 \\ -1 & -1 & 1 \end{pmatrix},$$

$$= \begin{pmatrix} -\frac{1}{3} - g_{31} - \frac{2}{3}g_{32} - g_{13} + 2g_{23} + g_{33} & \frac{2}{3} + \frac{1}{3}g_{32} - g_{13} + 2g_{23} + g_{33} & g_{13} - 2g_{23} - g_{33} \\ g_{31} + \frac{2}{3}g_{23} - g_{33} & -\frac{1}{3}g_{32} - g_{33} & g_{33} \\ \frac{2}{3} - g_{23} & -\frac{1}{3} - g_{23} & g_{23} \end{pmatrix}$$

其中 $g_{31},g_{32},g_{33},g_{13},g_{23}$ 是任意常数，特别地，

$$\boldsymbol{A}^{-}=\begin{pmatrix}-\frac{1}{3} & \frac{2}{3} & 0\\ 0 & 0 & 0\\ \frac{3}{3} & -\frac{1}{3} & 0\end{pmatrix}$$

是 $\boldsymbol{A}$ 的一个减号逆.

定理3 设矩阵 $\boldsymbol{A}\in\mathbf{C}^{m\times n}$，$\boldsymbol{A}^{-}$ 是 $\boldsymbol{A}$ 的一个减号逆，则任意 $\boldsymbol{V}\in\mathbf{C}^{n\times m}$，

$$\boldsymbol{G}=\boldsymbol{A}^{-}+\boldsymbol{V}-\boldsymbol{A}^{-}\boldsymbol{AVAA}^{-}$$

是 $\boldsymbol{A}$ 的减号逆，且 $\boldsymbol{A}$ 的任意一个减号逆都可以表示成这种形式.

证明 由 $\boldsymbol{A}^{-}$ 是 $\boldsymbol{A}$ 的一个减号逆有 $\boldsymbol{AA}^{-}\boldsymbol{A}=\boldsymbol{A}$.

由

$$\begin{aligned}\boldsymbol{AGA}&=\boldsymbol{A}(\boldsymbol{A}^{-}+\boldsymbol{V}-\boldsymbol{A}^{-}\boldsymbol{AVAA}^{-})\boldsymbol{A}=\boldsymbol{AA}^{-}\boldsymbol{A}+\boldsymbol{AVA}-\boldsymbol{AA}^{-}\boldsymbol{AVAA}^{-}\boldsymbol{A}\\&=\boldsymbol{A}+\boldsymbol{AVA}-\boldsymbol{AVA}=\boldsymbol{A},\end{aligned}$$

有 $\boldsymbol{G}=\boldsymbol{A}^{-}+\boldsymbol{V}-\boldsymbol{A}-\boldsymbol{A}^{-}\boldsymbol{AVAA}^{-}$ 是 $\boldsymbol{A}$ 的减号逆.

另一方面，若 $\boldsymbol{H}$ 是 $\boldsymbol{A}$ 的任意一个减号逆，则 $\boldsymbol{A}(\boldsymbol{H}-\boldsymbol{A}^{-})\boldsymbol{A}=\boldsymbol{A}-\boldsymbol{A}=\boldsymbol{O}$. 于是

$$\boldsymbol{H}=\boldsymbol{A}^{-}+(\boldsymbol{H}-\boldsymbol{A}^{-})-\boldsymbol{A}^{-}\boldsymbol{A}(\boldsymbol{H}-\boldsymbol{A}^{-})\boldsymbol{AA}^{-}$$

取 $\boldsymbol{V}=\boldsymbol{H}-\boldsymbol{A}^{-}$，则有

$$\boldsymbol{H}=\boldsymbol{A}^{-}+\boldsymbol{V}-\boldsymbol{A}^{-}\boldsymbol{AVAA}^{-}.$$

证毕.

定理4 设矩阵 $\boldsymbol{A}\in\mathbf{C}^{m\times n}$，$\boldsymbol{A}^{-}$ 是 $\boldsymbol{A}$ 的一个减号逆，则任意 $\boldsymbol{V},\boldsymbol{W}\in\mathbf{C}^{n\times m}$，

$$\boldsymbol{G}=\boldsymbol{A}^{-}+\boldsymbol{V}(\boldsymbol{E}_m-\boldsymbol{AA}^{-})+(\boldsymbol{E}_n-\boldsymbol{A}^{-}\boldsymbol{A})\boldsymbol{W}$$

是 $\boldsymbol{A}$ 的减号逆，且 $\boldsymbol{A}$ 的任意一个减号逆都可以表示成这种形式.

证明 由 $\boldsymbol{A}^{-}$ 是 $\boldsymbol{A}$ 的一个减号逆有 $\boldsymbol{AA}^{-}\boldsymbol{A}=\boldsymbol{A}$.

由

$$\begin{aligned}\boldsymbol{AGA}&=\boldsymbol{A}[\boldsymbol{A}^{-}+\boldsymbol{V}(\boldsymbol{E}_m-\boldsymbol{AA}^{-})+(\boldsymbol{E}_n-\boldsymbol{A}^{-}\boldsymbol{A})\boldsymbol{W}]\boldsymbol{A}\\&=\boldsymbol{AA}^{-}\boldsymbol{A}+\boldsymbol{AV}(\boldsymbol{E}_m-\boldsymbol{AA}^{-})\boldsymbol{A}+\boldsymbol{A}(\boldsymbol{E}_n-\boldsymbol{A}^{-}\boldsymbol{A})\boldsymbol{WA}\\&=\boldsymbol{A}+\boldsymbol{AV}(\boldsymbol{A}-\boldsymbol{AA}^{-}\boldsymbol{A})+(\boldsymbol{A}-\boldsymbol{AA}^{-}\boldsymbol{A})\boldsymbol{WA}\\&=\boldsymbol{A}\end{aligned}$$

有 $\boldsymbol{G}=\boldsymbol{A}^{-}+\boldsymbol{V}(\boldsymbol{E}_m-\boldsymbol{AA}^{-})+(\boldsymbol{E}_n-\boldsymbol{A}^{-}\boldsymbol{A})\boldsymbol{W}$ 是 $\boldsymbol{A}$ 的减号逆.

另一方面，设 $\boldsymbol{H}$ 是 $\boldsymbol{A}$ 的任一减号逆，则 $\boldsymbol{AHA}=\boldsymbol{A}$. 于是

$$\begin{aligned}\boldsymbol{H}&=\boldsymbol{A}^{-}+(\boldsymbol{H}-\boldsymbol{A}^{-})\\&=\boldsymbol{A}^{-}+(\boldsymbol{H}-\boldsymbol{A}^{-})-(\boldsymbol{H}-\boldsymbol{A}^{-})\boldsymbol{AA}^{-}+\boldsymbol{HAA}^{-}-\boldsymbol{A}^{-}\boldsymbol{AA}^{-}\end{aligned}$$

$$=A^- + (H - A^-) - (H - A^-)AA^- + HAA^- - A^-AHAA^-$$
$$=A^- + (H - A^-)(E_m - AA^-) + (E_n - A^-A)HAA^-$$

取 $V = H - A^-$，　$W = HAA^-$，则有

$$H = A^- + V(E_m - AA^-) + (E_n - A^-A)W.$$

证毕.

定理 5　设矩阵 $A \in \mathbf{C}^{m\times n}$，$A^-$ 是 A 的一个减号逆，且 $(A^-A)^H = A^-A$，列向量 $b \in \mathbf{C}^m$ 使得线性方程组 $Ax = b$ 有解，则 $x = A^-b$ 是 $Ax = b$ 的最小范数解.

定理 6　设矩阵 $A \in \mathbf{C}^{m\times n}$，$A^-$ 是 A 的一个减号逆，且 $(AA^-)^H = AA^-$，则对任给的列向量 $b \in \mathbf{C}^m$，$x = A^-b$ 是 $Ax = b$ 的最小二乘解.

定理 7　设 $A \in \mathbf{C}^{m\times n}$，$k \in \mathbf{C}$，则

(1) $\operatorname{rank}(A^-) \geqslant \operatorname{rank}(A)$.

(2) A^-A，AA^- 都是幂等矩阵，且 $\operatorname{rank}(AA^-) = \operatorname{rank}(A^-A) = \operatorname{rank}(A)$.

(3) 当 $m = n$ 时，若 A 是可逆矩阵，则 $A^- = A^{-1}$.

(4) $(kA)^- = \begin{cases} \dfrac{1}{k}A^- & k \neq 0 \\ 0 & k = 0. \end{cases}$

(5) $(A^-)^H = (A^H)^-$，$(A^-)^T = (A^T)^-$.

定理 8　设矩阵 $A \in \mathbf{C}^{m\times n}$，$A^-$ 是 A 的一个减号逆，则齐次线性方程组 $Ax = \mathbf{0}$ 的通解是

$$x = (E_n - A^-A)y,$$

其中 y 是 $\mathbf{C}^n$ 中的任一列向量.

定理 9　设矩阵 $A \in \mathbf{C}^{m\times n}$，$A^-$ 是 A 的一个减号逆，$b \in \mathbf{C}^m$. 若非齐次线性方程组 $Ax = b$ 是相容的，则 $Ax = b$ 的通解是

$$x = A^-b + (E_n - A^-A)y.$$

其中 y 是 $\mathbf{C}^n$ 中的任一列向量.

证明　只需证明 $x = A^-b$ 是 $Ax = b$ 的解即可.

由 $Ax = b$ 有解可得存在 $y \in \mathbf{C}^n$，使得 $Ay = b$，故

$$A(A^-b) = AA^-b = AA^-Ay = (AA^-A)y = Ay = b$$

于是 $x = A^-b$ 是 $Ax = b$ 的解.

证毕.

例 2　求相容线性方程组

$$\begin{cases} x_1 + x_2 + 2x_3 = 4 \\ 2x_1 + 2x_2 + x_3 = 5 \\ 3x_1 + 3x_2 + 3x_3 = 9 \end{cases}$$

的通解.

解　该线性方程组的矩阵形式为

$$\boldsymbol{Ax}=\boldsymbol{b},$$

其中

$$\boldsymbol{A}=\begin{pmatrix}1&1&2\\2&2&1\\3&3&3\end{pmatrix},\quad \boldsymbol{x}=\begin{pmatrix}x_1\\x_2\\x_3\end{pmatrix},\quad \boldsymbol{b}=\begin{pmatrix}4\\5\\9\end{pmatrix}.$$

由例 1 有 $\boldsymbol{A}$ 的一个减号逆为

$$\boldsymbol{A}^{-}=\begin{pmatrix}-\dfrac{1}{3}&\dfrac{2}{3}&0\\0&0&0\\\dfrac{2}{3}&-\dfrac{1}{3}&0\end{pmatrix}.$$

因此,该线性方程组的通解为

$$\boldsymbol{x}=\begin{pmatrix}-\dfrac{1}{3}&\dfrac{2}{3}&0\\0&0&0\\\dfrac{2}{3}&-\dfrac{1}{3}&0\end{pmatrix}\begin{pmatrix}4\\5\\9\end{pmatrix}+\left(\boldsymbol{E}_3-\begin{pmatrix}-\dfrac{1}{3}&\dfrac{2}{3}&0\\0&0&0\\\dfrac{2}{3}&-\dfrac{1}{3}&0\end{pmatrix}\begin{pmatrix}1&1&2\\2&2&1\\3&3&3\end{pmatrix}\right)\begin{pmatrix}y_1\\y_2\\y_3\end{pmatrix}$$

$$=\begin{pmatrix}2\\0\\1\end{pmatrix}+\begin{pmatrix}0&-1&0\\0&1&0\\0&0&0\end{pmatrix}\begin{pmatrix}y_1\\y_2\\y_3\end{pmatrix}=\begin{pmatrix}2\\0\\1\end{pmatrix}+\begin{pmatrix}-y_2\\y_2\\0\end{pmatrix}=\begin{pmatrix}2\\0\\1\end{pmatrix}+y_2\begin{pmatrix}-1\\1\\0\end{pmatrix},$$

其中 y_2 为任一常数.

7.4　应用实例

圆盘定理在科学和工程中有广泛的应用,特别是在特征值估计、稳定性分析、误差估计、图论分析和量子力学中. 在军工领域,圆盘定理在稳定性分析中具有重要应用,尤其是在控制系统设计、飞行器动力学分析和武器系统性能评估中.

7.4.1　圆盘定理在火炮控制系统的稳定性分析中的应用

例 1　火炮控制系统需要在高动态环境下保持稳定,以确保射击精度. 设火炮控制系统的状态矩阵为

$$A=\begin{pmatrix}-1.5 & 0.3 & 0\\ 0.2 & -2.5 & 0.4\\ 0 & 0.2 & -1.0\end{pmatrix}.$$

解 矩阵 A 的盖尔圆盘：

$$S_1=\{z\mid |z+1.5|\leqslant 0.3\},S_2=\{z\mid |z+2.5|\leqslant 0.6\},S_3=\{z\mid |z+1.0|\leqslant 0.2\}.$$

所有圆盘都位于复平面的左半部分,因此可以初步判断火炮控制系统是稳定的.

7.4.2 圆盘定理在图论与网络分析中的应用

在图论中,拉普拉斯矩阵的特征值分布与图的性质密切相关.

例 2 估计图的拉普拉斯矩阵

$$L=\begin{pmatrix}2 & -1 & 0 & -1\\ -1 & 3 & -1 & -1\\ 0 & -1 & 2 & -1\\ -1 & -1 & -1 & 3\end{pmatrix}$$

的特征值分布.

解 矩阵 L 的盖尔圆盘：

$$S_1=\{z\mid |z-2|\leqslant 2\},S_2=\{z\mid |z-3|\leqslant 3\},S_3=\{z\mid |z-2|\leqslant 2\},S_4=\{z\mid |z-3|\leqslant 3\}.$$

通过圆盘定理,可以估计拉普拉斯矩阵的特征值分布范围,进而分析图的性质(如连通性).

习题 7

1. 估计矩阵 A 的特征值的界限.

$$(1)A=\begin{pmatrix}2 & 1 & 4\\ 1 & 2 & -2+\mathrm{i}\\ \mathrm{i} & 1 & 1-\mathrm{i}\end{pmatrix},\ (2)A=\begin{pmatrix}0 & \mathrm{i} & 3\\ 1 & 2 & \mathrm{i}\\ \mathrm{i} & 1 & 4\mathrm{i}\end{pmatrix},\ (3)A=\begin{pmatrix}1 & 0.2 & 0.3+0.4\mathrm{i}\\ 0.4 & 1.5 & -0.4\\ 0 & 0.3\mathrm{i} & 3\end{pmatrix}.$$

2. 证明 7.1 节的推论 1 ~ 推论 4.

3. 试估计矩阵 A 的特征值的分布.

$$(1)A=\begin{pmatrix}2+\mathrm{i} & 3 & 4\\ 2 & 2 & 3+5\mathrm{i}\\ 1 & 1 & 3\end{pmatrix},\ (2)A=\begin{pmatrix}0 & \mathrm{i} & 3\\ 1 & 2 & \mathrm{i}\\ \mathrm{i} & 1 & 4\mathrm{i}\end{pmatrix},\ (3)A=\begin{pmatrix}2 & \mathrm{i} & 3\\ 1 & 0 & 2\mathrm{i}\\ \mathrm{i} & 1 & 4\mathrm{i}\end{pmatrix}.$$

4. 设矩阵

$$A=\begin{pmatrix}20 & 3 & 2.8\\ 4 & 10 & 2\\ 0.5 & 1 & 10\mathrm{i}\end{pmatrix},$$

试用盖尔圆盘定理证明矩阵 $\boldsymbol{A}$ 是单纯矩阵.

5. 设 $\boldsymbol{A}$ 是 n 阶实矩阵,若 $\boldsymbol{A}$ 的 n 个盖尔圆彼此分离,判断下列命题是否正确:

(1) $\boldsymbol{A}$ 的特征值均为实数;

(2) $\boldsymbol{A}$ 是单纯矩阵.

6. 求下列矩阵的减号逆 $\boldsymbol{A}^-$.

$$(1)\boldsymbol{A}=\begin{pmatrix}1&1&1\\1&2&4\\2&3&5\end{pmatrix},\ (2)\boldsymbol{A}=\begin{pmatrix}0&0&2\\1&1&0\\0&0&1\\1&1&1\end{pmatrix},\ (3)\boldsymbol{A}=\begin{pmatrix}1&-1&1&-1\\-1&2&-1&1\end{pmatrix}.$$

7. 判断下列线性方程组是否相容,若相容,则利用广义逆方法求其通解.

$$(1)\begin{cases}x_1+x_2+x_3=1\\x_1+2x_2+4x_3=1\\2x_1+3x_2+5x_3=2\end{cases},\ (2)\begin{cases}x_1+2x_2-x_3+2x_4=1\\2x_1+4x_2+x_3+x_4=5\\-x_1-2x_2-2x_3+x_4=-4\end{cases},$$

$$(3)\begin{cases}x_1-x_2+x_3-x_4=1\\-x_1+2x_2-x_3+x_4=1\end{cases}.$$

8. 设矩阵 $\boldsymbol{A}=\begin{pmatrix}1&1&1&1\\3&2&1&-3\\0&1&2&6\end{pmatrix},\boldsymbol{b}=\begin{pmatrix}1\\2\\3\end{pmatrix}$. 求线性方程组 $\boldsymbol{Ax}=\boldsymbol{b}$ 的最小范数二乘解.

9. 求解矩阵方程 $\boldsymbol{XA}=\boldsymbol{b}$,其中

$$\boldsymbol{A}=\begin{pmatrix}1&1&-1\\0&2&2\\1&-1&0\end{pmatrix},\boldsymbol{b}=\begin{pmatrix}1&-1&1\\1&1&0\\2&1&1\end{pmatrix}.$$

参考文献

[1] 黄有度,朱士信,殷明. 矩阵理论及其应用[M]. 3 版. 合肥:合肥工业大学出版社,2020.

[2] 吴群,周羚君,殷俊锋. 矩阵分析[M]. 上海:同济大学出版社,2017.

[3] 陈祖明,周家胜. 矩阵论引论[M]. 北京:北京航空航天大学出版社,1998.

[4] 杨凤藻. 矩阵理论及其应用[M]. 北京:科学出版社,2017.

[5] 张兆军,李灿,段纳. 矩阵分析与应用[M]. 徐州:中国矿业大学出版社,2022.

[6] 杨萍. 工程数学工程应用案例及分析[M]. 西安:西安电子科技大学出版社,2022.

[7] 北京大学数学系前代数小组,王萼芳,石生明. 高等代数[M]. 5 版. 北京:高等教育出版社,2019.

[8] 罗家洪,方卫东. 矩阵分析引论[M]. 5 版. 广州:华南理工大学出版社,2013.

[9] 张贤达. 矩阵分析与应用[M]. 2 版. 北京:清华大学出版社,2013.

[10] 王磊,张继龙. 矩阵基本理论与应用[M]. 2 版. 北京:北京航空航天大学出版社,2024.

[11] 郭东亮,黄小红,黄海风. 矩阵论及其应用[M]. 北京:清华大学出版社,2024.

[12] 胡广书. 数字信号处理——理论、算法与实现[M]. 3 版. 北京:清华大学出版社,2012.

[13] 曹胜芳. 基于压缩感知和稀疏光验的图像复原研究[D]. 太原:中北大学,2023.

[14] 高玉斌,梅银珍. 线性代数[M]. 2 版. 北京:高等教育出版社,2024.

[15] FARIN G, HANSFORD D. 实用线性代数(图解版) Practical Linear Algebra[M]. 北京:机械工业出版社,2014.